高等学校建筑环境与能源应用工程专业
"十三五"规划·"互联网+"创新系列教材

暖通空调工程调试

王志毅　黎远光　王志鑫　江吉华　编著

中南大学出版社
www.csupress.com.cn

图书在版编目(CIP)数据

暖通空调工程调试/王志毅等编著. —长沙：中南大学出版社，2017.3

ISBN 978 - 7 - 5487 - 2745 - 3

Ⅰ. 暖… Ⅱ. ①王… ②黎… ③王… ④江… Ⅲ. ①采暖设备 - 调试方法 ②通风设备 - 调试方法 ③空气调节设备 - 调试方法 Ⅳ. TU83

中国版本图书馆 CIP 数据核字(2017)第 061503 号

暖通空调工程调试

王志毅　黎远光　王志鑫　江吉华　编著

□责任编辑	刘颖维
□责任印制	易红卫
□出版发行	中南大学出版社
	社址：长沙市麓山南路　　　邮编：410083
	发行科电话：0731 - 88876770　　传真：0731 - 88710482
□印　　装	长沙市井岗印刷厂

□开　　本	787×1092　1/16	□印张 15		□字数 376 千字	
□版　　次	2017 年 3 月第 1 版		□2017 年 3 月第 1 次印刷		
□书　　号	ISBN 978 - 7 - 5487 - 2745 - 3				
□定　　价	52.00 元				

高等学校建筑环境与能源应用工程专业
"十三五"规划·"互联网+"创新系列教材编委会

主　任

廖胜明　　杨昌智　　王汉青

副主任(按姓氏笔画排序)

王春青　　周文和　　郝小礼　　曹小林　　寇广孝

委　员(按姓氏笔画排序)

王志毅　　方达宪　　向立平　　刘建龙　　齐学军

江燕涛　　孙志强　　苏　华　　杨秀峰　　李　沙

李新禹　　余克志　　谷雅秀　　邹声华　　张振迎

陈　文　　周乃君　　周传辉　　黄小美　　隋学敏

喻李葵　　傅俊萍　　管延文　　薛永飞

秘　书

刘颖维(中南大学出版社)

出版说明
Publisher's Note

遵照《国务院关于印发"十三五"国家战略性新兴产业发展规划的通知》(国发〔2016〕67号)提出的推进"互联网+"行动，拓展"互联网+"应用，促进教育事业服务智能化的发展战略，中南大学出版社理工出版中心、中南大学能源科学与工程学院廖胜明教授，湖南大学土木工程学院杨昌智教授，南华大学王汉青教授等共同组织国内建筑环境与能源应用工程领域一批专家、学者组成"高等学校建筑环境与能源应用工程专业'十三五'规划·'互联网+'创新系列教材"编委会，共同商讨、编写、审定、出版这套系列教材。

本套教材的编写原则与特色：

1. 新颖性

本套教材打破传统的教材出版模式，融入"互联网+""虚拟化、移动化、数据化、个性化、精准化、场景化"的特色，最终建立多媒体教学资源服务平台，打造立体化教材。采用"互联网+"的形式出版，其特点为：扫描书中的二维码，阅读丰富的工程图片，演示动画，操作视频，工程案例，拓展知识，三维模型等。

2. 严谨性

本套教材以《高等学校建筑环境与能源应用工程本科指导性专业规范》为指导，教材内容在严格按照规范要求的基础上编写、展开、丰富，精益求精，认真把好编写人员遴选关、教材大纲评审关、教材内容主审关。另外，本套教材的编辑出版，中南大学出版社将严格按照国家相关出版规范和标准执行，认真把好编辑出版关。

3. 实用性

本套教材针对90后学生的知识结构与素质特点，以应用型人才培养为目标，注重理论知识与案例分析相结合，传统教学方式与基于现代信息技术的教学手段相结合，重点培养学生的工程实践能力，提高学生的创新素质。

4. 先进性

本套教材要既能突出建筑环境与能源应用工程专业理论知识的传承，又能尽可能全面反映该领域的新理论、新技术和新方法。本着面向实践、面向未来、面向世界的教育理念，培养符合社会主义现代化建设需要，面向国家未来建设，适应未来科技发展，德智体美全面发展以及具有国际视野的建筑环境与能源应用工程专业高素质人才。

本套教材不仅仅是面向建筑环境与能源应用工程专业本科生的课程教材，还可以作为其他层次学历教育和短期培训教材和广大建筑环境与能源应用工程专业技术人员的专业参考书。由于我们的水平和经验有限，这套教材可能会存在不尽人意的地方，敬请读者朋友们不吝赐教。编审委员会将根据读者意见、建筑环境与能源应用工程专业的发展趋势和教学手段的提升，对教材进行认真的修订，以期保持这套教材的时代性和实用性。

编委会

2017 年 1 月

前言
Preface

建筑系统调试是一个确保建筑所有的系统按照业主的使用要求及设计意图的需求协调运行的系统化过程，通过从设计初期阶段编制项目要求和设计基础，直到施工、验收和维保阶段进行系统运行性能的实际测量验证达到上述目的。

暖通空调工程的测试和调整统称为调试。暖通空调工程调试是近年来迅速发展的一项能够提高建筑运行能源效率的涉及工程专业技术经验、技能和管理的工作。由于其对建筑工程交付时的性能能够带来明显有效的提升，近年来成为众多建筑工程业主、工程管理团队的新宠。暖通空调工程调试是一项非常有推广前景的无成本(从硬件成本的角度考虑)或低成本的建筑节能增效措施，可以为建筑业主、住户和物业管理团队带来令人惊喜的回报。

在暖通空调工程安装结束，正式投入使用前进行系统调试，对于检验设计是否正确、施工是否可靠、设备性能是否合格都是必不可少的，也是施工单位交工前的重要工序。

暖通空调工程测定与调整，就是要检测各机组风量、水量和性能是否满足设计要求，并按设计要求调整平衡各个风口的风量、末端设备的水量，以保证室内新风量、温度、湿度等满足人体舒适性要求。

检测完毕后，应针对检测中发现的问题提出恰当的改进措施，使系统更完善，从而使暖通空调系统在运行中达到经济和实用的目的。

基于此，本书从暖通空调基础知识及调试中经常使用的焓湿图、压焓图出发，学习设计图纸后，逐步论述主机、末端、辅机、水风平衡、电气控制的调试，并且介绍了测量仪表，提供调试案例、清单参考。

本书编写过程中，上海交通大学的谷波教授提供了一些有益的资料；在暖通空调主机末端设备调试方面，参考了浙江盾安机电科技有限公司的产品；浙江省汉嘉建筑设计研究院的金晓楠工程师，研究生罗晨娴、任夫磊、王应杰等在本书的编写过程中做了不少工作，在此表示诚挚的谢意。

本书得到了浙江理工大学教材建设项目资助，适合作为建筑环境与能源应用工程专业的教学用书，也可以供暖通空调施工安装、现场调试人员、运行管理人员参考。限于作者的水平，缺点、差错在所难免，恳请广大读者批评指正。

作 者
2017 年 2 月

目 录

Contents

绪 论 ……………………………………………………………………………… (1)

  0.1 暖通空调工程调试的意义 ………………………………………………… (1)

  0.2 暖通空调工程调试的重要性 ……………………………………………… (1)

  0.3 联合调试与测控 …………………………………………………………… (2)

第1章 热力学原理及常用图表 …………………………………………………… (8)

  1.1 湿空气 ……………………………………………………………………… (8)

  1.2 制冷剂的压焓图（$\lg p - h$ 图） ………………………………………… (15)

  1.3 载冷剂 ……………………………………………………………………… (22)

第2章 设计图纸的学习与分析 …………………………………………………… (26)

  2.1 设计说明内容 ……………………………………………………………… (26)

  2.2 空调房间的冷负荷校核 …………………………………………………… (31)

  2.3 设计深度 …………………………………………………………………… (35)

  2.4 施工图设计 ………………………………………………………………… (36)

  2.5 需要认真学习的环保、节能措施 ………………………………………… (42)

第3章 空调制冷主机系统调试 …………………………………………………… (44)

  3.1 水冷冷水机组概述 ………………………………………………………… (44)

  3.2 水冷冷水机组收货存放与安装前期准备 ………………………………… (45)

  3.3 管道连接 …………………………………………………………………… (47)

  3.4 水冷冷水机组电气连接 …………………………………………………… (49)

  3.5 水冷冷水机组运转调试 …………………………………………………… (51)

  3.6 水冷冷水机组机器保养维护与故障处理 ………………………………… (55)

  3.7 风冷式冷水(热泵)机组概述 …………………………………………… (59)

  3.8 机组安装调试前期准备 …………………………………………………… (60)

  3.9 关于调试操作使用前的检查 ……………………………………………… (63)

  3.10 空气侧换热器清洗 ……………………………………………………… (64)

  3.11 调试中满液式机组油位保护处理流程 ………………………………… (64)

第 4 章　集中空调末端调试 ……………………………………………………（68）

　4.1　组合式空调机组 ……………………………………………………………（68）

　4.2　风机盘管 ……………………………………………………………………（80）

　4.3　柜式空气处理机组 …………………………………………………………（83）

第 5 章　屋顶机、多联机系统调试 ………………………………………………（86）

　5.1　屋顶机系统 …………………………………………………………………（86）

　5.2　多联机 ………………………………………………………………………（93）

第 6 章　空调水系统调试 …………………………………………………………（98）

　6.1　供暖空调工程水管道系统 …………………………………………………（98）

　6.2　水系统调试准备工作 ………………………………………………………（104）

　6.3　空调水系统的调试 …………………………………………………………（107）

　6.4　冷却塔 ………………………………………………………………………（109）

　6.5　水系统调试案例 ……………………………………………………………（116）

第 7 章　通风空调风系统调试 ……………………………………………………（121）

　7.1　概　述 ………………………………………………………………………（121）

　7.2　风机 …………………………………………………………………………（123）

　7.3　风管漏光法检测和漏风量测试 ……………………………………………（126）

　7.4　空调系统风量测定 …………………………………………………………（127）

　7.5　风系统调试案例 ……………………………………………………………（133）

第 8 章　电气控制系统调试 ………………………………………………………（136）

　8.1　电控系统调试用低压电器 …………………………………………………（136）

　8.2　电动机 ………………………………………………………………………（137）

　8.3　电气线路、电气图 …………………………………………………………（137）

　8.4　自动控制设备 ………………………………………………………………（137）

　8.5　中央空调控制逻辑 …………………………………………………………（140）

　8.6　自控系统调试案例 …………………………………………………………（148）

第 9 章　调试常用测量仪表 ………………………………………………………（157）

　9.1　超声波流量计 ………………………………………………………………（158）

　9.2　红外热像仪 …………………………………………………………………（160）

　9.3　钳形电流表 …………………………………………………………………（164）

　9.4　皮托管 ………………………………………………………………………（165）

第 10 章　暖通空调工程调试实例 ·· (167)

　　10.1　项目背景 ·· (167)

　　10.2　调试组织 ·· (167)

　　10.3　地源热泵空调系统概况 ·· (167)

　　10.4　系统分项调试 ··· (169)

　　10.5　地源热泵及水泵的能效评价 ·· (171)

　　10.6　调试结论及建议 ··· (171)

第 11 章　暖通空调工程调试清单 ·· (173)

　　11.1　系统设备预调试 ··· (173)

　　11.2　功能性调试单 ··· (200)

　　11.3　系统联动调试 ··· (222)

参考文献 ·· (227)

绪　论

0.1　暖通空调工程调试的意义

随着经济的发展和人民生活水平的提高，暖通空调在国民经济的各个部门中发挥着越来越重要的作用。尤其是近年来暖通空调技术的迅速发展和广泛应用，不仅为工农业生产、科学研究、国防建设以及医疗卫生、商业、文化、娱乐业提供了必要的环境，而且也创造了可观的经济效益。同时，民用建筑的日益普及，暖通空调给民众创造了舒适的生活环境，极大地提高了民众的物质文化生活水平。

暖通空调工程的测试和调整统称为调试。通过调试，一方面可以发现工程设计、施工和设备性能等方面的问题，从而采取相应的措施，保证系统达到设计要求；另一方面也可以使运行人员熟悉和掌握系统的性能和特点，并为系统的经济合理运行积累资料。对于已经投入使用的空调系统，如因工艺条件的改变或维护管理不当出现系统失调，也可以通过测定与调整改进运行状况，或找出系统不能正常工作的原因并加以改进。因此对空调系统的测定与调整是检查空调系统设计是否达到预期效果的重要途径。这项工作对设计、施工和运行管理技术人员而言都是非常重要的。

0.2　暖通空调工程调试的重要性

暖通空调系统工程由于其安装、运行条件可能发生改变，或者经过长时间的运行，其性能会发生一定程度的衰减。有关文献指出：热泵在实际运行时的效率比标准试验条件下的效率低10%左右，而某些安装不合适的热泵，其性能衰减甚至会高达30%。调试对于暖通空调系统是非常重要的，它不仅能监测暖通空调设备的运行和参数优化，而且也能够实现暖通空调系统的故障报警、故障诊断及故障隔离，甚至可以帮助操作者进行系统评估、系统维护，从而降低暖通空调系统运行能耗，延长其使用寿命，并防止事故发生。近年来也有研究表明，商业建筑中的暖通空调经过故障检测和诊断调试后，能达到20%~30%的节能效果，有的甚至达到36%的节能效果。

大型暖通空调系统部件众多，管路复杂，制冷机组冷凝器、蒸发器、锅炉、换热器等都是压力容器，其安装、调试都有严格的要求。由于大型暖通空调系统在安装调试过程中涉及业主、施工单位（可能是不同的施工单位或同一施工单位的不同施工小组）和设备的生产商等几方，所以在施工调试过程中，因各方互不协调或未严格按照规范和施工调试要求所造成的安装调试不过关或设备性能下降甚至设备报废的事情屡见不鲜。

0.3　联合调试与测控

0.3.1　联合调试

暖通空调工程调试对于保证系统的正常运行和提高设备能效具有重要意义。为了使整个工程系统在节能、高效的状态下运行，以达到设计预期的效果，调试的质量十分重要。对于新建的暖通空调系统，在完成安装交付使用之前，应通过测试、调整和试运转来检验设计、施工安装和设备性能等方面是否符合生产工艺和使用要求。如发现问题，必须采取相应的技术措施，保证达到设计要求。另外，通过调试，还可以使运行人员熟悉和掌握系统的性能和特点，并为系统的经济合理运行积累资料。对于已经投入使用的空调系统，当发现某些方面不能满足生产工艺和使用要求时，需要通过测试查明原因，以便采取措施予以解决。因此，暖通空调系统调试是全过程、全方位的调试，不仅包括暖通空调工程管道、风道、末端设备，还包括主机、锅炉设备的运转调试；调试既是检验安装质量好坏的重要手段和措施，也是保证暖通空调系统能够良好运行的必要步骤。

传统的设备调试仅关注于个体设备的启动调试、水系统及风系统系统平衡测试。而新型的系统联合调试包括：①设计评价；②设备的安装及启动测试；③水系统及风系统系统平衡测试；④各系统功能测试及运行，测量其性能；⑤各系统控制策略；⑥各系统整体运行；⑦设备及系统操作维护人员培训；⑧后期系统运行效果回访。

系统联合调试的优点：

对于业主：①得到更高质量的建筑物；②提高舒适性，达到建筑使用要求；③减少设计错误与遗漏；④改善施工效率与协调；⑤减少施工变更合约；⑥改善节能效率；⑦改善室内环境品质；⑧节约运行及维护成本。

对于承包商：减少返工，降低维保期内故障率。

系统调试是必要的，但不能取代良好的工程设计、施工、测试调整及平衡作业。

0.3.2　调试与测控相辅相成

暖通空调工程调试是保证施工质量、确保节能运行的根本保障，同时又是实现暖通空调控制的重要手段。因此，调试实现了从暖通空调方案设计到施工管理、从设备选型到材料采购、从系统维护到运行管理一体化。现代暖通空调工程中，调试和测控已密不可分。

暖通空调系统运行管理的自动控制，不仅可以保证房间温度、湿度的精度要求，也是实现自动控制，节省人力及节约能量的重要环节。暖通空调自动控制系统包括冷（热）源的能量控制、自动显示，自动记录等内容。可以通过预测室内外空气状态参数（温度、湿度、焓等），并以维持室内舒适度为约束条件，把最小耗能量作为评价函数，进而判断和确定所需提供的冷热量、冷（热）源和主机、水泵、风机的运行台数、工作顺序、运行时间以及系统各环节的操作运行方式，以达到最佳运行效果的目的。

0.3.3　调试标准

为了保证暖通空调工程调试的效果，规范各个环节的监督和验收，国家专门制定了暖通空调工程系统调试的相关标准。这些标准既反映了国际上暖通空调工程调试新技术的变化，又总结了以往的工程经验。

国家标准《通风与空调工程施工质量验收规范》（GB 50243—2002，以下简称《规范》）规定：通风与空调工程安装完毕，必须进行系统的测定和调整（简称调试），调试应以施工企业为主，监理单位监督，设计单位、建设单位给予配合。对本身不具备工程系统调试能力的施工企业，则可以委托给具有相应调试能力的其他单位。同时，本《规范》明确将暖通空调工程调试分成两个阶段：一个是工程施工竣工验收阶段；另一个是工程交付使用的交工验收阶段。

表0-1列举了暖通空调工程调试常用的主要标准，这些标准同国家其他相关标准能源空调设计图纸、设备技术文件等共同组成了暖通空调《规范》调试的"规章制度"。因此对于调试人员，应加强对现行设计标准的学习，提高贯彻执行设计标准的自觉性。

表 0 - 1　暖通空调工程调试常用标准

序号	标准号	标准名称
1	GB 50243—2002	通风与空调工程施工质量验收规范
2	GB 50242—2002	建筑给水排水及采暖工程施工质量验收规范
3	GB 50235—1997	工业金属管道工程施工及验收规范
4	GB 50275—1998	压缩机、风机、泵安装工程施工及验收规范
5	GB 50411—2007	建筑节能工程施工质量验收规范
6	02K101 - 1 ~ 3	通风机安装
7	97K130 - 1	ZP 型片式消声器，ZW 型消声弯管
8	02K150 - 1 ~ 3	风帽及附件
9	06K131	风管测量孔和检查门
10	06K105	屋顶自然通风器选用与安装
11	08K132	金属、非金属风管支吊架
12	09CK134	机制玻镁复合板风管制作与安装
13	08K106	工业通风排气罩
14	07K201	管道阀门选用与安装
15	03K202	离心式水泵安装
16	05K232	分(集)水器分汽缸
17	05K210	采暖空调循环水系统定压

续表 0 – 1

序号	标准号	标准名称
18	94K302	卫生间通风器安装
19	94K303	分体式空调器安装
20	05R407	蒸气凝结水回收及疏水装置的选用与安装
21	01R415	室内动力管道装置安装(热力管道)
22	03R401 – 2	开式水箱
23	05R410	热水管道直埋敷设
24	06R403	锅炉房风烟管道及附件
25	03R402	除污器
26	97R412	室外热力管道支座
27	05R417 – 1	室内管道支吊架
28	03SR417 – 2	装配式管道吊挂支架安装图
29	03R420	流量仪表管路安装图
30	07K120	风阀选用与安装
31	02K110 – 1 ~ 3	通风机附件安装
32	06K301 – 1	空气 – 空气能量回收装置选用与安装(新风换气机部分)
33	01(03)R414	室外热力管道安装(架空支架)(含 2003 年局部修改版)
34	01(03)K403	风机盘管安装(2003 年局部修改版)
35	08K507 – 1 ~ 2	管道与设备绝热
36	02K402 – 1 ~ 2	散热器系统安装
37	05K405	新型散热器选用与安装
38	06K504	水环热泵空调系统设计与安装
39	04K502	热水集中采暖分户热计量系统施工安装
40	07K506	多联式空调机系统设计与施工安装
41	06K610	冰蓄冷系统设计与施工图集
42	07R202	空调用电制冷机房设计与施工
43	03R102	蓄热式电锅炉房工程设计施工图集
44	06R115	地源热泵冷(热)源机房设计与施工
45	02R110	燃气(油)锅炉房工程设计施工图集
46	99R101	燃煤锅炉房工程设计施工图集
47	05R103	热交换站工程设计施工图集
48	03SR113	中央液态冷(热)源环境系统设计施工图集

续表 0-1

序号	标准号	标准名称
49	01R406	温度仪表安装图
50	01R405	压力表安装图
51	01R409	管道穿墙、屋面防水套管
52	03R411-1	室外热力管道安装(地沟敷设)
53	03R411-2	室外热力管道地沟
54	05R401-3	常压蓄热水箱
55	03R421	物(液)位仪表安装图
56	98R401-1	常压密闭水箱
57	06K301-2	空调系统热回收装置选用与安装
58	07K304	空调机房设计与安装
59	07R408	蒸气管道附件
60	07K103-2	防排烟系统设备及附件选用与安装
61	07K133	薄钢板法兰风管制作与安装
62	94R404	热力管道焊制管件及设计选用图
63	06R201	直燃型溴化锂吸收式制冷(温)水机房设计与安装
64	01(03)R413	室外热力管道安装(架空敷设)(含2003年局部修改版)
65	03(05)K404	低温热水地板辐射供暖系统安装(2005年局部修改版)

0.3.4 调试部署及准备工作

1. 系统调试参与人员

系统调试参与人员包括：系统调试专家、系统调试小组、业主代表、设计咨询代表、项目经理、设计院代表、总包、机电分包、日照和人工照明分包、楼宇自控分包、机电设备供应商、设备运行操作人员。

2. 任务分配

系统调试任务分配如表0-2和表0-3所示。

表 0-2 调试任务分配表

调试人员	任务分配
调试专家与调试团队	协调系统调试的过程；领导调试现场工作；编写测试方案；检查设备安装、启停调试情况；指导并记录性能测试；检查设备运行和维护手册；检查并指导操作人员培训；撰写调试报告

续表 0 – 2

调试人员	任务分配
业主与项目经理	推动并支持调试过程；对调试工作提供最后的批准验收
设计院	参与工地现场调试工作；协助解决调试过程中的问题
总包	推动调试过程；确保各个分包商履行各自的责任，将系统调试工作整合到施工过程和施工时间表中
各分包	完成设备安装检查；完成设备的测试、调节和平衡工作；证明系统性能的完好性；解决调试中发现的性能缺陷问题
设备供应商	提供调试工作需要的文件，按照合同要求调试设备并提供操作培训

表 0 – 3　调试人员和责任矩阵图表

调试人员 责任分配	调试专家与调试团队	业主代表与项目经理	设计院	总包	机电承包商	控制系统承包商	设备供应商
施工阶段							
1　组织协调调试工作	L						
2　问题跟踪	L						
3　参与审核招标文件是否符合业主项目要求和设计意图	L	S					
4　编写安装和功能性测试方案	L						
5　管路系统检查，提交检查报告	O			S	L		
6　安装检查，提交检查报告	O			S	L		
7　设备启动，提交启动报告	O			S			L
8　楼宇自控系统检查，提交检查报告	O			S		L	
9　水和风系统平衡，提交平衡调试报告	O			S	L		
10　功能性测试	O			L	L	L	L
11　撰写设备运行维护手册				L	L	L	L
12　检查设备运行维护手册是否符合项目要求	L						
13　撰写系统运行手册	O		L	L	L	L	
14　对业主员工进行设备操作维护培训				L	L	L	L
15　检查并确保业主员工培训完成工作	L						
16　对业主员工进行系统操作维护培训	O		L		L		

注：L = 负责，S = 配合，O = 参与。

0.3.5 调试程序

调试程序包括：

1）在系统安装完毕，试压合格后，会同建设单位进行全面检查，保证系统全部符合设计、施工及验收规范和工程质量检验评定标准要求，然后再进行设备调试。

2）熟悉设计图纸和有关技术文件，弄清楚送（回）风系统、供冷和供热系统、自动调节系统的全过程。

3）备好调试所需的仪器仪表、必要的工具和有关记录事项。

4）保证通风空调系统调试所需的电源、水源、冷（热）源具备条件。

5）通用设备检查，包括：①核对所有风机、水泵、电机型号规格是否与设计相符。②检查地脚螺栓是否拧紧，皮带或联轴器是否找正，支、吊架是否牢靠、稳固。③检查轴承处是否有足够的润滑油，加注润滑油的种类和数量是否与设备技术文件相符。④检查手动盘车运转是否均匀灵活、无卡滞及异常声音。⑤检查电机接地连接是否可靠，电气保护继电器的整定是否符合规范要求。⑥检查管道水阀、风管调节阀门开启是否灵活、定位是否可靠。

6）水泵单机试运转包括：①关闭出口阀门，开启进水阀，待水泵运行后再将出水阀打开。②水泵启动后，应立即停止运转，观察电机运转方向，如不符合工作要求，应调换电机相序。③水泵再次启动时，检测电压、电流、转速及噪声等技术参数，并不得超出规范要求，如有不正常现象应立即停机分析原因，检查处理。④水泵运行过程中，应监听水泵轴泵、电机轴承有无杂音，判断轴承是否损坏，轴承运转时滚动轴承温度不高于75℃，滑动轴承不应高于70℃，电动轴承温升不大于电机铭牌的规定值。⑤水泵经检查符合要求后，按规定连续运转2 h，如无异常即为合格。⑥水泵运行结束，应将阀门关闭，切断电源开关，并按调试运行表格逐一填写。

7）风机试运转（含送排风机和空调风机），包括：①风机试运前，应认真清理机房，大量的灰尘和杂物可导致过滤网和管道的污染、堵塞。②开风机前，应将风道和风口的调节阀放在全开位置，三通调节阀放在中间位置，空气处理室中的各种阀门也放在实际运行位置。③通风机和电动机的皮带轮湍面在同一平面上，运轮皮带的松紧度适中。④风机启动后，立即停止运转，检查运转方向是否正确，是否与机壳标注方向一致，否则调换电源接线顺序调试。⑤风机正式启动时，机内不得有异物杂音，运转正常后，应用钳形电流表检测起动电流、运行电流、振动、转速及噪声，并在可能的情况下，试运行30 min后检测轴承温度，其值必须达到设备说明书的要求。⑥经上述检查确认无误后，应连续运转2 h，如未发生其他问题，即为合格，并将测试结果按表填写。

0.3.6 调试成功的关键因素

暖通空调工程调试成功的关键因素有：

①业主的全力支持与专业调试团队的加入。

②项目成立初期便加入专业的调试团队。

③项目所有成员以团队合作的方式进行设计与施工。

④营运维修人员的早期参与和进行完善的培训学习。

第1章　热力学原理及常用图表

热力学是研究热能与其他形式能量之间相互转换的规律，以及热力系统内、外条件对能量转换影响的学科。暖通空调工程应用热力学原理，服从热力学基本规律。

1.1　湿空气

暖通空调工程中，空气中水蒸气的作用非常重要（空气中除水蒸气以外的所有气体称为干空气）。干空气与水蒸气的混合气体称为湿空气。正常情况下，大气中干空气的组成比例基本上是不变的，如表1-1所示。虽然在某些局部范围内，可能因为某些因素（如人的呼吸作用使 O_2 的含量减少，CO_2 的含量增加；或在生产过程中，产生了某些有害气体污染了空气）使干空气的组成比例有所改变，但可以认为这种改变对干空气的热工特性影响很小。这样，在研究空气的物理性质时，可以把干空气作为一个不变的整体来看待（理想气体），以便分析讨论。

表1-1　干空气的组成

成分	相对分子质量	容积成分（摩尔分数）（%）	组成气体的部分相对分子质量
N_2	28.016	78.084	21.878
O_2	32.000	20.946	6.704
Ar	39.944	0.934	0.371
CO_2	44.010	0.033	0.013

水蒸气来源于地球上海洋、江河、湖泊表面水分的蒸发，各种生物的代谢过程，以及生产工艺过程产生的水的蒸发。在湿空气中，水蒸气所占的百分比是变化的，常常随着海拔、地区、季节、气候、散湿源等各种条件的变化而变化。虽然湿空气中水蒸气的含量少，但它的变化对人们的影响却很大。

1.1.1　湿空气的状态参数

湿空气的基本状态参数有：压力、温度、相对湿度、含湿量及焓等。

在热力学中，常温常压下的干空气可认为是理想气体。而湿空气中的水蒸气由于处于过热（饱和）状态，同时数量微少，分压力很低，比体积很大，也可以近似地当作理想气体来对待。所以由干空气和水蒸气所组成的湿空气也应遵循理想气体的变化规律,其状态参数之间的关系可以用理想气体状态方程式表示,即:

$$pv = RT \text{ 或 } pV = mRT \qquad (1-1)$$

式中: p——气体的压力(Pa);

　　　v——气体的比体积(m^3/kg);

　　　R——气体常数,取决于气体的性质[$J/(kg \cdot K)$],对于干空气 $R_g = 287$ $J/(kg \cdot K)$,对于水蒸气 $R_q = 461$ $J/(kg \cdot K)$;

　　　V——气体的总容积(m^3);

　　　T——气体的热力学温度(K);

　　　m——气体的总质量(kg)。

下面分别叙述空调工程中几种常用的湿空气的状态参数。

1. 压力

环绕地球的空气层对单位地球表面积形成的压力称为大气压力(或湿空气总压力)。大气压力通常用 p 或 B 表示,其单位用帕(Pa)或千帕(kPa)表示。它不是一个定值,随各地海拔高度不同而产生差异。

在空调系统中,空气压力是用仪表测定的,但仪表上指示的压力称为工作压力,工作压力不是空气的绝对压力,而是与当地大气压的差值,其相互关系为:绝对压力 = 当地大气压 + 工作压力。

只有绝对压力才是湿空气的状态参数。当地大气压力值可以用大气压力计测得。

湿空气中,水蒸气单独占有湿空气的整个容积,并具有与湿空气相同的温度时,所产生的压力称为水蒸气分压力,用 p_q 表示。

根据道尔顿定律,理想的混合气体的总压力等于组成该混合气体的各种气体的分压力之和。每种气体都处于各分压力作用之下;参与组成的各种气体都具有与混合气体相同的体积和温度,即:

$$p = \sum_{i=1}^{n} p_i \qquad (1-2)$$

由前所述,湿空气可视为理想气体,它是由空气和水蒸气组成的混合气体。若湿空气的总压力为 p,则 p 应是干空气的分压力 p_g 与水蒸气的分压力 p_q 之和,即:

$$p = p_g + p_q$$

或

$$B = p_g + p_q \qquad (1-3)$$

从气体分子运动论的观点来看,压力是由于气体分子撞击容器壁面产生的宏观效果。因此,水蒸气分压力大小直接反映了水蒸气含量的多少。

2. 密度

单位容积的湿空气所具有的质量,称为密度,用 ρ 表示。湿空气的密度等于干空气密度与水蒸气密度之和,即:

$$\rho = \rho_g + \rho_q = \frac{p_g}{R_g T} + \frac{p_q}{R_q T} = 0.00348\,\frac{B}{T} - 0.00132\,\frac{p_q}{T} \tag{1-4}$$

在标准条件下(压力为 101325 Pa,温度为 293 K,即 20℃)干空气密度 $\rho_g = 1.205\ \text{kg/m}^3$,而湿空气的密度取决于 p_q 的大小。由于 p_q 相对于 p_g 而言数值较小,因此,湿空气的密度比干空气密度小,在实际计算时可近似取 $\rho = 1.2\ \text{kg/m}^3$。

3. 含湿量

湿空气是由干空气和水蒸气组成的。在湿空气中与 1 kg(a)同时并存的水蒸气量称为含湿量,即:

$$d = \frac{m_q}{m_g} \tag{1-5}$$

式中: d——湿空气的含湿量[kg/kg(a)];

$\quad m_q$——湿空气中水蒸气的质量(kg);

$\quad m_g$——湿空气中干空气的质量(kg)。

若湿空气中含有 1 kg(a)及 d kg 水蒸气,则湿空气质量为 $(1+d)$ kg。

由于干空气、水蒸气都具有与湿空气相同的容积与温度,即 $V_g = V_q = V$,及 $T_g = T_q = T$,同时常温常压下干空气和水蒸气都可以视为理想气体,均遵循理想气体状态方程,又已知 $R_g = 287\ \text{J/(kg·K)}$,$R_q = 461\ \text{J/(kg·K)}$,将这些关系代入式(1-5),经整理可得:

$$d = \frac{R_g p_q}{R_q p_g} = \frac{287 p_q}{461 p_g} = 0.622\,\frac{p_q}{p_g} \tag{1-6}$$

d 的单位也可用 g/kg(a)表示。

由前已知 $B = p_g + p_q$,所以式(1-6)又可写为:

$$d = 0.622\,\frac{p_q}{B - p_q}\ \text{或}\ p_q = \frac{Bd}{0.622 + d} \tag{1-7}$$

由分析式(1-7)不难看出,当大气压力 B 一定时,水汽分压力 p_q 只取决于含湿量 d。水汽分压力 p_q 越大,含湿量 d 也就越大。如果含湿量 d 不变,水汽分压力将随大气压力的增加而上升,随大气压力的减小而下降。

干空气在温度和湿度变化时其质量不变,含湿量仅随水蒸气量多少而改变。因此,用含湿量可以确切、方便地表示空气中的水蒸气含量。今后,对空气进行加湿、减湿处理时,都是用含湿量来计算空气中水蒸气量的变化。含湿量是湿空气的一个重要的状态参数。

4. 相对湿度

相对湿度的定义为湿空气的水蒸气压力与同温度下饱和湿空气的水蒸气压力之比,即:

$$\varphi = \frac{p_q}{p_{qb}} \times 100\% \tag{1-8}$$

式中: φ——湿空气的相对湿度(%);

$\quad p_{qb}$——与湿空气同温度下饱和水蒸气压力(Pa)。

由式(1-8)可见,相对湿度表征湿空气中水蒸气接近饱和含量的程度。p_{qb} 是温度的单值函数,可在一些热工手册中查到。

湿空气的相对湿度与含湿量之间的关系可由式(1-7)导出：

$$d = 0.622 \frac{p_q}{B - p_q} = 0.622 \frac{\varphi p_{qb}}{B - \varphi p_{qb}} \qquad (1-9)$$

及

$$d_b = 0.622 \frac{p_{qb}}{B - p_{qb}} \qquad (1-10)$$

式(1-9)与式(1-10)相比，代入式(1-8)并整理可得：

$$\varphi = \frac{d}{d_b} \cdot \frac{(B - p_q)}{(B - p_{qb})} \times 100\% \qquad (1-11)$$

式(1-11)中的 B 值远大于 p_{qb} 和 p_q 的值，工程中如认为 $B - p_q \approx B - p_{qb}$ 只会造成 1% ~ 3% 的误差，因此相对湿度可以按下式估算：

$$\varphi = \frac{d}{d_b} \times 100\% \qquad (1-12)$$

5. 焓

在空气调节中，空气的压力变化一般很小，可近似于定压过程，因此可直接用空气的焓变化来度量空气的热量变化。湿空气的焓也是以 1 kg 干空气作为计算基础的，湿空气的焓是 1 kg 干空气的焓加上与其同时存在的 d kg 水蒸气的焓，称为 $(1 + d)$ kg 湿空气的焓。

取 0℃时干空气的焓值和 0℃时水的焓值为零，已知干空气的定压比热 $c_{pg} = 1.005$ kJ/(kg·℃)，近似取 1 或 1.01，水蒸气的质量定压热容 $c_{pq} = 1.84$ kJ/(kg·℃)，则：

干空气的焓

$$h_g = c_{pg} t$$

水蒸气的焓

$$h_q = 2500 + c_{pg} t$$

式中：2500——$t = 0$℃时水蒸气的汽化潜热。

于是 $(1 + d)$ kg 湿空气的焓为：

$$h = c_{pg} t + (2500 + c_{pg} t) d = 1.01t + d(2500 + 1.84t) \qquad (1-13)$$

或

$$h = (1.01 + 1.84d) t + 2500d \qquad (1-14)$$

由式(1-14)可看出，$(1.01 + 1.84d)$ 是与温度有关的热量，称为显热；$2500d$ 是 0℃时 d kg水的汽化潜热，与温度无关，仅随含湿量的变化而变化，称为潜热。当湿空气的温度和含湿量都增加时，其焓值也增加；但当其温度升高、含湿量下降时，由于 2500 较之 1.01 和 1.84 大许多，所以湿空气的焓值不一定增加，可能不变，甚至还会减少。

6. 露点温度

空气的饱和含湿量随着空气温度的下降而减小。如将未饱和的空气冷却，且保持其含湿量 d 在冷却过程中不变，则随着空气温度的下降，对应的饱和含湿量减小，当温度下降到使得空气的 d 等于某一饱和含湿量 d_b 时，这个 d_b 所对应的温度称为该未饱和空气的露点温度，用符号 t_d 表示。因此，对于含湿量为 d 的空气，d 不变，温度降到 t_d 时，空气达到饱和状态，

$\varphi = 100\%$，若再冷却，则空气中的水蒸气就会析出，从而凝结成水。由此可见，t_d为空气结露与否的临界温度。显然，空气的临界温度只取决于空气的含湿量，含湿量不变时，t_d亦为定值。

如果在某种空气环境中有一冷表面，表面温度为$\tau_表$，当$\tau_表 < t_d$时，该表面上就有凝结水出现；当$\tau_表 \geqslant t_d$时，不会出现结露现象。由此可见，是否结露，取决于表面温度和露点温度两者间的关系。

7. 湿球温度

工程中一般用湿球温度计所显示的湿球温度t_w，近似代替热力学湿球温度。湿球温度在冷却塔、蒸发式冷凝器的选型过程中是一个重要的工程技术参数。

用湿棉布包扎温度计水银球感温部分，棉布下端浸在水中，以维持棉布一直处于润湿状态，这种温度计称为湿球温度计。将湿球温度计置于温度和湿度的流动不饱和空气中，假设开始时棉布中水分（以下简称水分）的温度与空气的温度相同，但因不饱和空气和水分之间存在湿度差，水分必然要汽化，水分向空气主流中扩散，汽化所需要的汽化热只能由水分本身温度下降放出显热来供给。水温下降后，与空气间出现温度差，空气即将因这种温度差而产生显热传给水分，但水分温度仍继续下降放出显热，以弥补汽化水分不足的热量，直至空气传给水分的显热等于水分气化所需要的汽化热时，湿球温度计上的温度维持稳定，这种稳定温度称为湿球温度。

1.1.2　湿空气的焓湿图

在空气调节中，经常需要确定湿空气的状态及其变化过程。单纯地求湿空气的状态参数用前述各计算式即可满足要求，或可查阅已计算好的湿空气性质表。而对于湿空气状态变化过程的直观描述则需要借助于湿空气的焓湿图（$h-d$图）。

湿空气的焓湿图是在不同的大气压力B下，绘制出的纵坐标为焓值，横坐标为含湿量值的图。焓湿图中由4个独立的状态参数（温度、含湿量、相对湿度、焓值）组成了4组等值线。焓湿图中的每一个点代表了湿空气的一个状态点，而每一条线代表了湿空气的状态变化过程。因此，焓湿图既能联系前面讲过的湿空气的状态参数，又能表示它的各种状态变化过程，利用它可以方便地进行空调工程中大量的分析与计算。下面介绍焓湿图的绘制过程。

1. 绘制等焓线和等含湿量线

确定坐标比例尺之后，就可以绘出一系列等h线及与纵坐标平行的等d线。$t=0$和$d=0$的干空气状态点为坐标原点。

2. 绘制等温线

等温线是根据公式$h = 1.01t + d(2500 + 1.84t)$绘制的。当温度为常数时，$h$和$d$为直线关系。所以等温线在$h-d$图上是一系列的直线。式中$1.01t$为截距，$(2500 + 1.84t)$为斜率，当$t$不同时，每一条等温线的斜率是不相同的。显然，等温线为一组互不平行的直线，但由于$1.84t$远小于2500，温度t对斜率的影响不显著，所以各等温线之间又近似平行。

3. 绘制等相对湿度线

根据公式 $d = 0.622 \dfrac{\varphi p_{qb}}{B - \varphi p_{qb}}$ 可以绘出等相对湿度线。

在一定的大气压力 B 下，当相对湿度 φ 为常数时，含湿量 d 就只取决于 p_{qb}，而 p_{qb} 又是温度 t 的单值函数。因此，给定不同的温度 t，可求得对应的 d，根据 t 和 d，就可以在 $h - d$ 图上找到若干点，连接各点即成等湿度线。等湿度线是一组发散形的曲线。$\varphi = 0\%$ 的等湿度线是纵坐标轴，$\varphi = 100\%$ 的等湿度线是湿空气的饱和状态线，该曲线左上方为湿空气区（又称未饱和区），右下方为水蒸气的过饱和状态区。由于过饱和状态是不稳定的，常有凝结现象，所以该区内湿空气中存在悬浮的水滴，形成雾状，故也称有雾区。在湿空气区中，水蒸气处于过热状态，其状态是稳定的。

4. 绘制水蒸气分压力线

公式 $d = 0.622 \dfrac{p_q}{B - p_q}$ 可变换为 $p_q = \dfrac{Bd}{0.622 + d}$。当大气压力 B 一定时，上式为 $p_q = f(d)$ 的函数形式，即水蒸气分压力 p_q 仅取决于含湿量 d，每给定一个 d，就可以得到相应的 p_q。因此，可在 d 轴的上方绘一条水平线，标上 d 所对应的 p_q，即为水蒸气分压力线。

5. 绘制热湿比线

为了说明空气由一个状态变为另一个状态的热湿变化过程，在 $h - d$ 图上还标有热湿比线。

在空气调节过程中，被处理的空气常常由一个状态变为另一个状态。在整个过程中，如果认为空气的热、湿变化是同时、均匀发生的，那么，在 $h - d$ 图上状态 A 到状态 B 的直线连线就代表空气状态变化过程线。湿空气状态变化前后的焓差和含湿量差之比值，称为热湿比，用符号 ε 表示，即：

$$\varepsilon = \frac{h_B - h_A}{d_B - d_A} = \frac{\Delta h}{\Delta d} \tag{1-15}$$

热湿比 ε 表示干空气状态变化的方向和特征。

将式 (1-15) 分子、分母同乘总空气量 G 后得到：

$$\varepsilon = \frac{\Delta h}{\Delta d} = \frac{G \Delta h}{G \Delta d} = \frac{Q}{W} \tag{1-16}$$

可见，总空气量 G 在处理过程中所得到（或失去）的热量 Q 和湿量 W 的比值，与相应 1 kg 空气的比值 $\dfrac{\Delta h}{\Delta d}$ 是完全一致的。

式 (1-16) 中，Δd 和 W 是以 kg 为单位。若 Δd 的单位为 g，则式 (1-16) 变为另一形式：

$$\varepsilon = \frac{\Delta h}{\dfrac{\Delta d}{1000}} = \frac{Q}{\dfrac{W}{1000}} \tag{1-17}$$

我们知道，平面坐标系中纵坐标与横坐标之比表示直线的斜率。因此，在图 1-1 所示的 $h - d$ 图上，ε 就是直线 AB 的斜率。因它代表了过程线 AB 的倾斜角度，故又称为角系数。所以,对于起始状态不同的空气,只要斜率相同(即 ε 相同)),其变化过程线必定相互平行,又因斜率与起始位置无关,根据这一特征,就可以在 $h-d$ 图上以任意点为中心做出一系列不同值的 ε 标尺线,如图 1-2 所示。实际应用时,只需将等值的 ε 标尺线平移到起始状态点,就可以绘出该空气状态的变化过程线了。

此外,值得提出的是,通常给出的 $h-d$ 图是以标准大气压 $B=101.325$ kPa 做出的。当某地区的海拔高度与海平面有较大差别时,使用此图会产生较大的误差。因此,不同地区应使用符合本地区大气压的 $h-d$ 图。

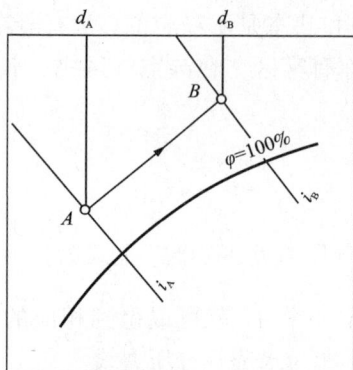

图 1-1　空气状态变化在 $h-d$ 图上的表示　　　　图 1-2　用 ε 线确定空气终状态

1.1.3　焓湿图的应用

湿空气的焓湿图不仅能表示其状态和各状态参数,同时还能表示湿空气状态的变化过程,并能方便地求得两种或多种湿空气的混合状态。

湿空气状态的变化过程可在 $h-d$ 图上的表示。

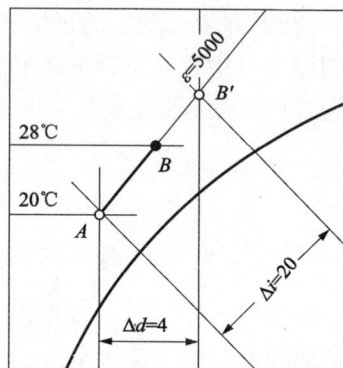

1. 湿空气的加热过程

利用热水、蒸气及电能等类热源,通过热表面对湿空气加热,则其温度会增高而含湿量不变,其热湿比为:

$$\varepsilon = \Delta h / 0 \rightarrow + \infty$$

2. 湿空气的冷却过程

利用冷水或其他冷媒通过金属等表面对湿空气冷却,在冷表面温度等于或大于湿空气的露点温度时,空气中的水蒸气不会凝结,因此其含湿量也不会变化,只是温度将降低,其热湿比为:

$$\varepsilon = \frac{-\Delta h}{0} \rightarrow -\infty$$

3. 等焓加湿过程

利用定量的水通过喷洒与一定状态的空气长时间直接接触,则此种水或水滴及其表面的饱和空气层的温度即等于湿空气的湿球温度,其热湿比 $\varepsilon = 0$(实际应为 $\varepsilon = 4.19\,t_s$)。

4. 等焓减湿过程

利用固体吸湿剂干燥空气时,湿空气中的部分水蒸气在吸湿剂的微孔表面上凝结,湿空气含湿量降低,温度升高,其热湿比 $\varepsilon = 0$。

以上 4 个典型过程由热湿比 $\varepsilon \to \pm \infty$ 及 $\varepsilon = 0$ 两条线,以任意湿空气状态 A 为原点将 $h - d$ 图分为 4 个象限。在各象限内实现的湿空气状态变化过程可统称为多变过程,不同象限内湿空气状态变化过程的特征如表 1 - 2 所示。

表 1 - 2 　$h - d$ 图中不同象限内湿空气状态变化过程的特征

象限	热湿比	状态参数变化趋势			过程特征
		h	d	t	
I	$\varepsilon > 0$	+	+	±	增焓,增湿,喷蒸气可近似实现等湿过程
II	$\varepsilon < 0$	+	−	+	增焓,减湿,升温
III	$\varepsilon > 0$	−	−	±	减焓,减湿
IV	$\varepsilon < 0$	−	+	−	减焓,增湿,降温

向空气中喷蒸气,其热湿比等于水蒸气的焓值,如蒸气温度为 100℃,则 $\varepsilon = 2684$,该过程近似于沿等温线变化,故常称喷蒸气可使湿空气实现等温加湿过程。

如使湿空气与低于其露点温度的表面接触,则湿空气不仅降温而且脱水,即冷却干燥过程。

1.2 　制冷剂的压焓图(lg$p - h$ 图)

用热力状态图不仅可以研究制冷循环中的每一个过程,而且可以了解各过程之间的关系及循环中某一过程的变化对其他过程的影响。

制冷剂的状态变化及其热力工程,除了可以在压容$(p - v)$图和温熵$(T - s)$图上表示外,还可以在工质的 lg$p - h$ 图上表示。在制冷工程中,lg$p - h$ 图的使用更为普遍。因为使用 lg$p - h$图不仅可以简便地确定制冷剂的状态参数,而且能直观地表示出循环及过程中参数的变化和能量的变化,在 lg$p - h$ 图上,可以用线段的长短表示能量的大小。由于制冷剂在冷凝器和蒸发器中的放热或吸热过程都是在等压下进行的,等压过程中热量的变化和压缩机在绝热压缩过程中所消耗的功,都可以通过焓差计算,而制冷剂在节流机构前后的焓值又保持不变,所以利用 lg$p - h$ 图分析制冷循环及进行循环的热力计算更为方便。

lg$p - h$ 图的纵坐标是压力,为了使低压部分表示得清楚同时缩小图的尺寸,纵坐标采用对数坐标,即 lg$p$;横坐标是比焓 h。

图 1 - 3 所示为工质 lg$p - h$ 图的基本内容。它是依据工质的基本参数 t、p、v 等以及它们之间的关系式,以 1 kg 工质为基础绘制的列线图。不同的工质性质不同,其 lg$p - h$ 图的图形也不完全一样,但它们的内容及基本形式是相同的。

在 $\lg p - h$ 图中，临界点 k 把饱和曲线分成两部分；k 点左边的粗实线为饱和液体线，线上的任何一点代表一个饱和液体状态，干度 $x = 0$；右边的粗实线为干饱和蒸气线，线上的任何一点代表一个饱和蒸气状态，$x = 1$。这两条粗实线将图分成三个区域：①饱和液体线的左边是未饱和液体区，该区域内的液体为未饱和液体，它的温度低于同压力下的饱和温度，所以也称为过冷液体，这样未饱和区也称为过冷液体区；②干饱和蒸气线的右边是过热蒸气区，该区域内的蒸气称为过热蒸气，它的温度高于同一压力下的饱和蒸气的温度；③两条线之间的区域为两相区，工质在该区域内处于气、液混合状态，所以也称为湿蒸气区。图中共有六种等参数线簇：

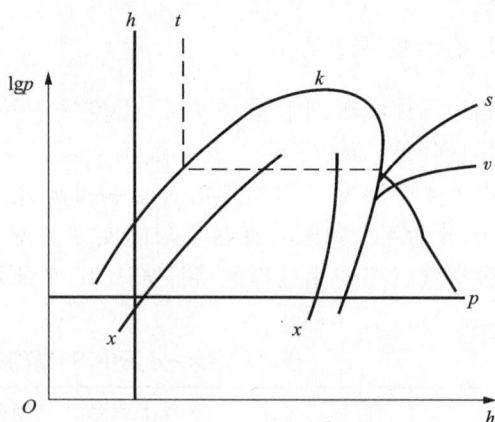

图 1 - 3 制冷剂压焓图

1）等压线（p）——水平线。

2）等焓线（h）——垂直线。

3）等温线（t）——过冷液体区几乎为垂直线；两相区内因工质状态的变化是在等压、等温下进行的，故等温线与等压线重合，是水平线；过热蒸气区为向右下方弯曲的倾斜线。

4）等熵线（s）——向右上方倾斜的实线。

5）等容线（v）——向右上方倾斜的虚线，但比等熵线平坦。

6）等干度线（x）——只存在于湿蒸气区域内，其方向大致与饱和液体线或饱和蒸气线相近，视干度大小而定。

在温度、压力、比体积、比焓、比熵、干度等参数中，只要知道其中任何两个状态参数，就可以在 $\lg p - h$ 图上确定过热蒸气或过冷液体的状态点，从而该状态下的其他参数便可以直接从图中读出。对于饱和蒸气和液体，只需要知道一个状态参数，就能在图中确定其状态。

常用制冷剂的饱和液体及蒸气的热力性质表和相应的 $\lg p - h$ 图可以在大部分制冷书中找到。有关制冷剂的饱和热力性质可直接查表。对于过热蒸气的热力性质，可从相应的图或过热蒸气性质表中查找。对于过冷液体的热力性质，由于液体的不可压缩性，可以近似认为它的参数不随压力而变，只是温度的函数。工程计算中常用饱和液体的参数值，近似替代同温度的过冷液体的参数值。

进行循环的热力分析和计算以前，首先必须确定循环的工作参数，即工况，通常为蒸发温度 t_e，冷凝温度 t_c，液体节流前的温度 t_3，压缩机吸气温度 t_1 等。根据工况便能在 $\lg p - h$ 图上确定各有关状态点的参数值，进而画出循环过程。

1.2.1 制冷循环在压焓图（$\lg p - h$ 图）上的表示

图 1 - 4 表示的是单级蒸气压缩制冷基本理论循环的工作过程。这个理论循环也称饱和循环，其蒸发器出口和进入压缩机的制冷剂状态为饱和蒸气；冷凝器出口和进入节流元件的制冷剂状态为饱和液体；冷凝过程和蒸发过程无压

力损失,为等压过程;压缩过程为等熵过程;节
流过程为等焓过程;制冷剂在系统的各设备连
接管道中流动时无状态变化;冷凝温度等于冷
却介质的温度,蒸发温度等于被冷却对象的温
度。显然,理论循环是一种理想的循环,与实际
循环存在偏差,但它反映了制冷循环的本质所
在,可作为实际制冷循环分析的基础。

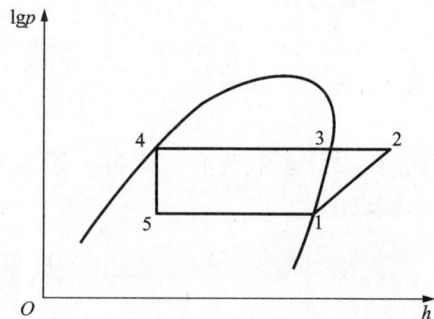

图 1-4   单级蒸气压缩制冷理论循环的工作过程

图 1-4 中点 1 是制冷剂出蒸发器的状态,
也是制冷剂进入压缩机的状态,该点压力为蒸
发压力 p_0,温度为蒸发温度 t_0,干度等于 1。

点 2 是压缩机出口制冷剂状态,也是冷凝器进口制冷剂的状态。过程线 1—2 表示等熵
压缩过程($s_1 = s_2$),点 2 的压力为 p_k,为过热蒸气。

点 4 是制冷剂出冷凝器的状态,也是制冷剂进入节流元件的状态。该点状态为饱和液
体,压力为 p_k,温度为 t_k 干度等于 0。过程线 2—3—4 表示在冷凝器中的等压冷凝过程,首
先,制冷剂在冷凝压力 p_k 下被冷却至饱和蒸气(点 3),然后在等压(p_k)、等温(t_k)下冷凝成
饱和液体(点 4)。

点 5 是制冷剂出节流元件的状态,也是制冷剂进入蒸发器的状态。过程线 4—5 表示了
制冷剂的节流过程,在这个过程中,制冷剂的压力从 p_k 降至 p_0,温度从 t_k 降至 t_0,并有部分液
体气化,但节流前后焓值不变,即 $h_5 = h_4$。

过程线 5—1 表示制冷剂在蒸发器中的气化过程,这个过程是在等压、等温下进行的,制
冷剂不断吸取被冷却对象的热量而逐渐气化,干度增大,直至全部变成饱和蒸气,即点 1 状
态。然后,再被压缩机吸入,这样就完成了一个完整的理论制冷循环。

1. 理论制冷循环的热力计算

根据热力学第一定律,在控制容积内进行状态变化的稳定流动的能量守恒方程为:

$$dq = = dh + \frac{dv^2}{2} - dv \qquad (1-18)$$

(1)压缩过程

因 $dq = 0, \ dv = 0$

故 $dh = dw$

$$w_0 = h_2 - h_1 \qquad (1-19)$$

式中:W_0——单位理论功,也称为单位等熵压缩功,表示压缩机压缩和输送 1 kg 制冷剂所消
耗的功。

(2)蒸发过程

$$dv = 0, \ dw = 0$$

因而 $dq = dh$

$$q_0 = h_1 - h_5 \qquad (1-20)$$

式中:q_0——单位制冷量,它表示每 1 kg 制冷剂在蒸发器内从被冷却对象中吸取的热量。

（3）节流过程

$$dq = 0, \ dv = 0, \ dw = 0$$

故

$$dh = 0$$

$$h_5 = h_4 \qquad (1-21)$$

式(1-21)表示节流过程为一等熵过程，节流出口状态 5 为两相混合物，其干度和比体积由下式求出：

$$x = \frac{h_5 - h_1}{h_g - h_1} \qquad (1-22)$$

$$v = (1-x)v_1 + xv_g \qquad (1-23)$$

式中：h_1——蒸发温度 t_0 下的饱和液体焓；

　　h_g——蒸发温度 t_0 下饱和蒸气的焓，在图 1-4 中，$h_g = h_1$，$v_g = v_1$。

（4）冷凝过程

$$dc = 0, \ dw = 0$$

因而

$$dq = dh$$

$$q_k = h_2 - h_4$$

式中：q_k——单位冷凝热，它表示 1 kg 制冷剂蒸气在冷凝器的放热量。

如果将单位制冷量 q_0 和单位理论功 w_0 相加，有

$$q_0 + w_0 = h_1 - h_5 + h_2 - h_1 = h_2 - h_5 = h_2 - h_4 = q_k \qquad (1-24)$$

这表明，从循环计算得到的制冷量、功耗和冷凝热之间关系式与根据热力学第一定律得出的关系式(1-24)是一致的。

（5）制冷系数和热力完善度

理论循环的制冷系数为：

$$\varepsilon_0 = \frac{q_0}{w_0} = \frac{h_1 - h_5}{h_2 - h_1} \qquad (1-25)$$

$$\eta = \frac{\varepsilon_0}{\varepsilon_c} = \frac{\dfrac{h_1 - h_5}{h_2 - h_1}}{\dfrac{1}{\dfrac{t_k}{t_0} - 1}} \qquad (1-26)$$

式中：ε_c——逆卡诺循环的制冷系数。

（6）制冷剂的质量流量

制冷剂的质量流量 G 表示在稳定流动时制冷系统内部单位时间制冷剂循环量，单位为 kg/s。这样，制冷循环过程的热变换量和功可表示为：

制冷量

$$Q_0 = G \cdot q_0 \qquad (1-27)$$

压缩机功耗

$$N_0 = G \cdot w_0 \qquad (1-28)$$

冷凝热

$$Q_k = G \cdot (h_2 - h_4) \qquad (1-29)$$

（7）压缩机的容积流量

压缩机的容积流量在整个压缩过程中是个变量，但满足下式：

$$G = V \cdot v \tag{1-30}$$

因此，我们将压缩机的吸入状态作为其容积流量定义的基准，此时吸入比容为 v_1，而容积流量 V 又称为排气量，则：

$$G = V \cdot v_1 \tag{1-31}$$

（8）单位容积制冷量

制冷循环单位容积制冷量定义是制冷压缩机每吸入 $1\ m^3$（按吸气状态计算）制冷剂蒸气所获得的制冷量，可用下式表示：

$$q_v = \frac{q_0}{V_1} = \frac{h_2 - h_1}{V_1} \tag{1-32}$$

在制冷量 Q_0 相同的情况下，q_v 大的制冷剂所需的压缩机的汽缸尺寸较小。

1.2.2　液体过冷和气体过热对循环性能的影响

上一节讨论的是单级蒸气压缩的饱和循环，它是最基本的理论循环，对这个循环进行研究分析是为了揭示蒸气压缩式制冷最本质、规律性的特性。实际制冷循环冷凝器出口和蒸发器出口状态不可能恰好在饱和线上，另外，制冷剂在流动和传热过程中存在损失。为此本节对液体过冷和气体过热进行分析。

1. 液体过冷

制冷剂液体的温度低于相同压力下饱和状态的温度称为过冷，两个温度之差称过冷度。

在实际制冷循环中，制冷剂液体在出冷凝器时往往都具有一定过冷度。该过冷度的大小取决于制冷剂和冷却介质之间的温差以及冷凝器的结构设计。通常在正常使用条件下，水冷式冷凝器中，进水温度和冷凝温度之差为 $10 \sim 12℃$，风冷式冷凝器中，空气温度比冷凝温度低 $15 \sim 18℃$，这些温差已足够使制冷剂在冷凝器出口产生过冷，具有一定的过冷度。

如图 1 - 5 所示，1—2—4′—5′ 表示过冷循环，1—2—4—5 表示理论循环。4—4′ 表示过冷过程，对过冷循环而言，其单位制冷量为：

$$q_0 = h_1 - h_{5'} = h_1 - h_5 + (h_5 - h_{5'})$$

和理论循环相比，过冷循环的单位制冷量增大了 $(h_5 - h_{5'})$，单位制冷量增加的程度和制冷剂的蒸发潜热以及液体比热容有关，即 $c_p(t_4 - t_{4'})/r(1 - x_5) \times 100\%$，对于用氨作制冷剂的情况，由于蒸发潜热很大，过冷度每增加 $1℃$，单位制冷量增加的百分比是很小的，如在某一工况下约为 0.4%，而 R502 制冷剂则增加 1.1%，丙烷增加 0.9%。

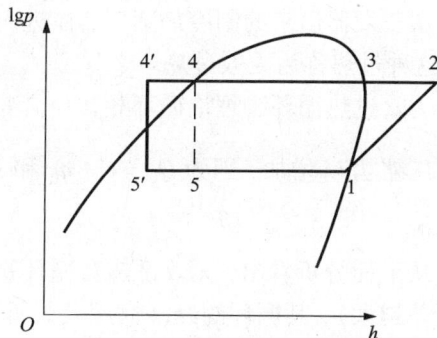

图 1 - 5　具有液体过冷的循环（kJ/kg）

由于压缩机单位理论功 W_0 不变，则过冷循环的制冷系数 ε 也将增大。

以上计算表明，在制冷系统输出的制冷量不变的情况下，采用过冷循环与理论循环相比，单位制冷量 q_0 和制冷系数 ε 增大了，而系统的质量流量和压缩机的容积流量可望减小。由此可见，采用过冷循环在理论上是有利的，且过冷度越大获益越大。但在冷凝器中能获得的过冷度是有限的，如果要获得更大的过冷度，通常需要增加一个单独的热交换设备，称为再冷却器或过冷器，再冷却器中需通入温度更低的冷却介质，如深井水，这样要增加提供该种冷却介质的设备，使初投资费用和运行费用增加且制冷装置占有的空间和面积也增加，从而减小了因获得更大过冷度而带来的循环经济性增加的好处。因此，是单独增设过冷器增加过冷度，还是增大冷凝器面积使冷凝压力降低，减少压缩机功耗，达到提高制冷循环的经济性的目的，实际上是一个系统优化的问题。

2. 蒸气过热

制冷剂蒸气温度高于同一压力下饱和蒸气的温度称为过热，两个温度之差称为过热度。

在实际制冷循环中，蒸发器出口状态不可能完全是饱和蒸气，且蒸发器出口并非是压缩机吸入口，两者之间有一段吸气管路。制冷剂在出了蒸发器后还会在吸气管路中继续吸热，所以，压缩机的吸气状态往往是过热蒸气。

从图 1－6 的过热循环 1′—2′—3′—4′ 和理论循环 1—2—3—4 相比较中可以看出：

1）过热循环中压缩机的排气温度升高了。

2）过热循环中压缩机的单位理论功增大了。

3）过热循环中单位冷凝热量增加了。

4）过热循环中制冷剂的质量流量 G 减小了，因为在同一压力下过热使点 1′ 的比容大于 1 的比容 $v_{1'} > v_1$，而 $G = \dfrac{V}{v}$。

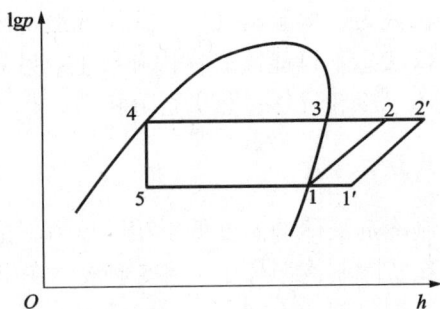

图 1－6　过热循环

吸入过热蒸气对制冷量和冷凝热量的影响按下面两种情况讨论。

（1）无效过热

从蒸发器出来的制冷剂蒸气，在进入压缩机之前的吸气管路中从环境吸取热量而产生过热，这种过热称为无效过热。

无效过热循环和理论循环相比（t_k、t_0 相同），其单位制冷量 q_0 相同，但质量流量 G 减小，单位压缩功 w_0 增加，因为 $Q_0 = G \cdot q_0$ 和 $\varepsilon = \dfrac{q_0}{w_0}$，所以无效过热循环的制冷量和制冷系数都减小了。

从上面分析看出，无效过热对循环是不利的，故又被称作有害过热，蒸发温度越低（与环境温差越大），其循环的经济性越差，所以，通常在吸气管路上包扎绝热材料以减小有害过热，但不能完全消除。

（2）有效过热

制冷剂在蒸发器内过热，或者是在安装于被冷却空间内的吸气管道中过热，这样的过热产生了有用的冷却效果，故被称作有效过热。

很明显，有效过热循环的单位制冷量 q_0 和单位理论功 w_0 都增加了，但由于其吸气比容也增大，单位容积制冷量和制冷系数是否增大则与制冷剂本身的特性有关。

$$q_0 R = q_0 + c_{pg} \cdot \Delta t_g \tag{1-33}$$

循环的单位功可表示成：

$$w_0 R = W_0 \frac{t_{1'}}{t_0} = w_0 \left(1 + \frac{\Delta t_g}{t_0} \right) \tag{1-34}$$

吸气比容为：

$$v_{1'} = v_1 \left(1 + \frac{\Delta t_g}{t_0} \right) \tag{1-35}$$

则有效过热循环的单位容积制冷量和制冷系数为：

$$q_{vk} = \frac{q_{0k}}{v_{1'}} = \frac{q_0 + c_{pg} \cdot \Delta t_g}{v_1 \left(1 + \frac{\Delta t_g}{t_0} \right)} = q_v \cdot \frac{1 + \frac{c_{pg} \cdot \Delta t_g}{q_0}}{\frac{1 + \Delta t_g}{t_0}} \tag{1-36}$$

$$\varepsilon_k = \frac{q_{0k}}{w_{0k}} = \frac{q_0 + c_{pg} \cdot \Delta t_g}{w_0 \left(1 + \frac{\Delta t_g}{t_0} \right)} = \varepsilon_0 \cdot \frac{1 + \frac{c_{pg} \cdot \Delta t_g}{q_0}}{1 + \frac{\Delta t_g}{t_0}} \tag{1-37}$$

从式(1-36)和式(1-37)可以看出，有效过热对单位容积制冷量 q_{vk} 和制冷系数 ε_k 的影响是一样的。若要这两个参数比理论循环高，则应有：

$$1 + \frac{c_{pg} \cdot \Delta t_g}{q_0} > 1 + \frac{\Delta t_g}{T_0} \tag{1-38}$$

$$c_{pg} \cdot t_0 > q_0 \tag{1-39}$$

式(1-39)表明，有效过热循环和理论循环相比，单位容积制冷量和制冷系数是否增加取决于制冷剂的物性。

图1-7给出几种不同制冷剂的 q_{vk}/q_v 和 $\varepsilon_{0k}/\varepsilon_0$ 随过热度的变化情况。该图是在 $t_0 = -15\,℃$，$t_k = 30\,℃$ 条件下得出的。横坐标为过热度 Δt_g，纵坐标为比值 $q_{vk}/q_v(\varepsilon_{0k}/\varepsilon_0)$。这些曲线反映了有效过热对不同工质的单位容积制冷量和制冷系数的影响。

由图1-7可以看出，氨系统过热会使容积制冷量和制冷系数下降，且导致制冷量 Q_0 减小，若是无效过热则循环的运行状况和经济性会更差。由于氨的绝热指数较高，在吸

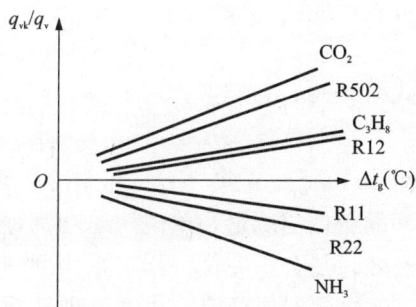

图1-7　各种制冷剂的 q_{vk}/q_v 与过热度的关系

入饱和蒸气的状态下，其压缩终了的温度就已相当高，若吸入过热度较高的蒸气，则压缩终了制冷剂的温度将会进一步升高，使压缩机内润滑冷却情况恶化，压缩机运行的可靠性的寿命下降。因此，在氨制冷系统中，应控制压缩机吸入蒸气的过热度在较小的范围内。

且通常被冷却对象的温度比蒸发温度只高 5~10℃，因而，离开蒸发器的制冷剂过热度不可能过大，而在吸气管道中吸取热量而引起的过热度是很小的。

对于 R22，单位容积制冷量和制冷系数随过热度增加而减小，但变化量较小。可是 R22

的排气温度在相同条件下(t_k、t_0和$t_{吸}$)高,这也限制了 R22 系统过热度的允许值,尤其是在全封闭压缩机中更是如此。

3.回热循环(气－液热交换)

节流前的制冷剂液体与压缩机吸入前的制冷剂蒸气进行热交换,使液体过冷,蒸气过热,称之为回热。

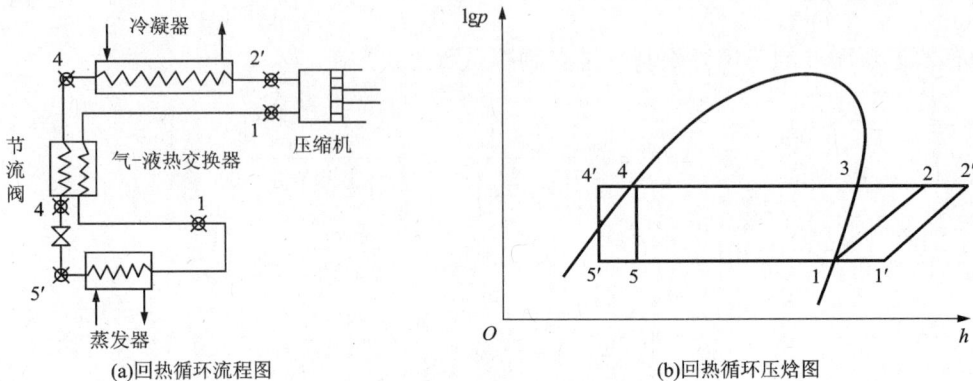

(a)回热循环流程图　　　　(b)回热循环压焓图

图1－8　回热循环

图1－8显示了回热循环的原理图以及循环在 $\lg p - h$ 图上的表示。很显然,回热循环在系统中增加了一个气液热交换器,使冷凝器出来的高压液体和蒸发器出来的低压蒸气进行热交换。1—2—4—5 表示理论循环,1′—2′—4′—5′表示回热循环,对此进行分析计算如下:气液热交换器的热平衡关系为:

$$h_4 - h_{4'} = h_{1'} - h_1$$

也可表示成:

$$c_{pl} \times (t_R - t_{4'}) = c_{pg}(t_{1'} - t_0) \tag{1-38}$$

由式(1-38)可得到:

$$t_{4'} = t_R - c_{pg}/c_{pl} \times (t_{1'} - t_0) \tag{1-39}$$

因为,$c_{pl} > c_{pg}$,故 $t_{4'} > t_0$,即制冷剂液体通过气液热交换后不可能被冷却至蒸发温度。回热循环的单位制冷量和单位压缩功都增加了。而单位容积制冷量和制冷系数的变化则和上一节的有效过热分析完全一样。采用回热循环在两个方面是有利的:①减少了节流过程的气化,使节流机构工作稳定;②改善吸气状况,使蒸发器出口带有的液体气化,使压缩机避免"湿压缩",热泵型空调在冬天制热运行时会经常出现这种现象。

1.3　载冷剂

载冷剂是将制冷装置的制冷量传递给被冷却介质的媒介物质,所以也称冷媒。冷媒在盐水制冰、冰蓄冷系统及集中空调等间接供冷系统中是必不可少的。

载冷剂应尽量满足以下要求:

1）在使用温度范围内应不凝固、不气化。

2）无毒、化学稳定性好，对金属不腐蚀，以延长系统的使用寿命。

3）比热容大，以减少输送一定冷量所需的流量，降低循环泵所需功率。

4）密度小、黏度小，以减少流动阻力。

5）导热系数大，可减少热交换设备的传热面积。

6）来源广泛，价格低廉。

常用的载冷剂有水、盐水溶液和有机化合物的水溶液。

1）水是空调系统常用的载冷剂，制冷装置将水冷却到一定温度后，送入空调器中，与通过空调器的空气进行热、湿交换，将空气冷却达到一定的温、湿度要求后，送入房间。由于水的冰点为 0℃，若要求载冷剂的温度低于 0℃，则应采用其他冰点较低的载冷剂，如盐水溶液或乙二醇、丙二醇等有机化合物的水溶液。

2）盐水溶液常用的盐水溶液有氯化钠（NaCl）、氯化钙（$CaCl_2$）和氯化镁（$MgCl_2$）与水组成的溶液。盐水溶液可获得的最低载冷温度与盐水溶液的浓度有关。

图 1-9、图 1-10 分别示出氯化钠和氯化钙盐水溶液的浓度与凝固温度的关系。图中的曲线为不同盐水溶液的凝固温度线。该曲线的转折点称为冰盐合晶点。从图中可以看出，在冰盐合晶点的左侧，随盐溶液浓度的增加，凝固温度降低；在合晶点的右侧，情况却相反。盐水溶液的凝固温度线将图分为四个区域：曲线的上部为溶液区，当盐水溶液的浓度与温度都处于该区域时，溶液中既无盐析出也无冰析出；曲线的左半区域（虚线以上）为冰-盐水溶液区，即当盐水溶液的浓度低于合晶点的浓度（合晶浓度），而温度低于该浓度下的凝固温度而高于合晶点的温度（合晶温度）时，有冰析出，故合晶点左侧的曲线也称为析冰线；曲线的右半区域（虚线以上）为盐-盐水溶液区；当盐水溶液的浓度与温度都处于该区域时，盐水溶液中有盐析出，故右侧曲线也称为析盐线；合晶点以下的区域（虚线以下）为固态区。合晶点所对应的浓度或凝固温度分别称为合晶浓度或合晶温度。氯化钠盐水溶液的合晶浓度为23.1%，合晶温度为 -21.2℃。氯化钙盐水溶液的合晶浓度为 29.9%，合晶温度为 -55℃。

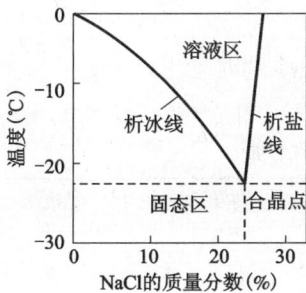

图 1-9 NaCl 盐水溶液

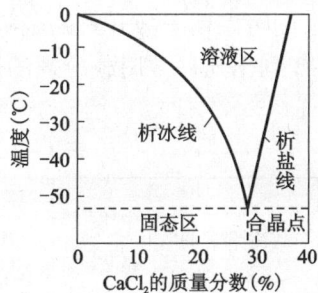

图 1-10 $CaCl_2$ 盐水溶液

为防止盐水溶液运行中有盐或冰析出，在要求的盐水温度（盐水的工作温度）下，其浓度的选取应使盐水处于溶液区，并考虑到盐水溶液的浓度越大时其密度越大，流动阻力也越大，而且浓度越大，比热容就越小，输送相同制冷量时所需盐水溶液的流量要增加；所以在满足盐水溶液不冻结的情况下，浓度尽量取小。通常盐水溶液所对应的凝固温度，比制冷剂的蒸发温度低5℃左右，且浓度不应大于合晶浓度。不同盐水溶液的合晶温度，给出该溶液可获得的最低载冷温度。氯化钠盐水溶液的合晶温度为 $-21.2℃$，因而只有当制冷剂的蒸发温度高于 $-16℃$ 时，才能用它作为载冷剂。对于氯化钙盐水溶液，由于它的合晶温度为 $-55℃$，所以只要制冷剂的蒸发温度高于 $-50℃$，都可用它作为载冷剂。考虑传热温差，通常情况下盐水溶液的工作温度，约比制冷剂的蒸发温度高5℃。

应该指出，当制冷系统运行时，作为载冷剂的盐水溶液会不断吸收空气中的水分而使其浓度降低，凝固温度升高。为防止盐水溶液冻结，应定期检查盐水浓度并向盐水溶液中加盐，以保持要求的浓度。

此外，盐水溶液对金属有强烈的腐蚀作用。盐水溶液的含氧量越大，对金属的腐蚀性越强。所以盐水溶液系统必须采取必要的防腐蚀措施。采用闭式盐水溶液系统，可减少盐水溶液与空气的接触，减轻系统的腐蚀。还可以在盐水溶液中加入一定量的缓蚀剂，如氢氧化钠（$NaOH$）和重铬酸钠（$Na_2Cr_2O_7$）。通常 $1\ m^3$ 氯化钙盐水溶液需加入 $1.6\ kg$ 重铬酸钠和 $0.45\ kg$ 氢氧化钠。$1\ m^3$ 氯化钠盐水溶液应加入 $3.2\ kg$ 重铬酸钠和 $0.89\ kg$ 的氢氧化钠，以使盐水溶液呈弱碱性（pH 约为8.5）。因为重铬酸钠、氢氧化钠和盐水溶液等对人的皮肤有侵蚀作用，所以配制盐水溶液时要多加小心。

采用防腐蚀措施后，可减轻盐水溶液对金属的腐蚀作用。但无论如何，盐水溶液的腐蚀性仍然是不应忽视的。

3）有机化合物由于盐水溶液对金属有强烈腐蚀作用，或者在某些情况下氯化钠或氯化钙盐水溶液均不能满足工艺上低温的要求时，可以用有机化合物或其水溶液作为载冷剂。例如丙三醇是极其稳定的化合物，其水溶液无腐蚀性、无毒，可以与食品直接接触，是一种良好的载冷剂；乙二醇水溶液的特性与丙三醇相似，虽略有毒性，但无危害。它的黏度和价格都低于丙三醇。乙二醇常用在冰蓄冷系统中中间作载冷剂使用。此外，有机化合物二氯甲烷（CH_2Cl_2，R30）、三氯乙烯（C_2HCl_3，R120）、一氟三氯甲烷（CCl_3F，R11）等，都可以作为载冷剂。这些有机化合物的凝固温度比较低，适用于低温制冷装置中。

对于沸点比较低的有机化合物，应采用封闭式载冷剂循环系统。三氯乙烯的沸点较高（86.7℃），则可以用于敞开式的载冷剂循环系统。

表1-3列出几种常用载冷剂的热物理性质，供选用载冷剂时参考。

表1-3　几种常用载冷剂的热物理性质

使用温度（℃）	载冷剂名称	浓度 ξ（%）	密度 ρ（$10^3\ kg \cdot m^{-3}$）	比热容 c_p [$kJ \cdot (kg \cdot K)^{-1}$]	热导率 λ [$W \cdot (m \cdot K)^{-1}$]	黏度 μ（$10^3\ Pa \cdot s$）	凝固点 t_f（℃）
0	氯化钙水溶液	12	1.111	3.465	0.528	2.5	-7.2
	甲醇水溶液	15	0.979	4.1868	0.494	6.9	-10.5
	乙二醇水溶液	25	1.03	3.834	0.511	3.8	-10.6
-10	氯化钙水溶液	20	1.188	3.041	0.501	4.9	-15.0
	甲醇水溶液	22	0.97	4.066	0.461	7.7	-17.8
	乙二醇水溶液	35	1.063	3.561	0.4726	7.3	-17.8

续表 1-3

使用温度 （℃）	载冷剂名称	浓度 ξ （%）	密度 ρ （10^3 kg · m^{-3}）	比热容 c_p ［kJ· （kg·K）$^{-1}$］	热导率 λ ［W· （m·K）$^{-1}$］	黏度 μ （10^3 Pa· s）	凝固点 t_f（℃）
-20	氯化钙水溶液	25	1.253	2.818	0.4755	10.6	-29.4
	甲醇水溶液	30	0.949	3.813	0.3878	-	-23.0
	乙二醇水溶液	45	1.080	3.312	0.441	21	-26.6
-35	氯化钙水溶液	30	1.312	2.641	0.441	27.2	-50.0
	甲醇水溶液	40	0.963	3.50	0.326	12.2	-42.0
	乙二醇水溶液	55	1.097	2.975	0.3725	90.0	-41.6
	二氯甲烷	100	1.423	1.146	0.2038	0.80	-96.7
	三氯乙烯	100	1.549	0.976	0.1503	1.13	-88.0
	一氟三氯甲烷	100	1.608	0.817	0.1316	0.88	-111.0
-50	二氯甲烷	100	1.450	1.146	0.1898	1.04	-96.7
	三氯乙烯，	100	1.578	0.7282	0.1712	1.90	-88.0
	一氟三氯甲烷	100	1.641	0.8125	0.1364	1.25	-111.0
-70	二氯甲烷	100	1.478	1.146	0.2213	1.37	-96.7
	三氯乙烯	100	1.590	0.4567	0.1957	3.40	-88.0
	一氟三氯甲烷	100	1.660	0.8340	0.1503	2.15	-111.0

第2章 设计图纸的学习与分析

设计图纸是工程语言，对每一个调试人员，学习设计图纸是必不可少的环节，需要对设计图纸可能存在的问题进行分析并提出改进意见。

2.1 设计说明内容

《设计深度规定》对暖通空调设计说明应包括的内容作出了明确规定。暖通空调设计说明应有：室内外设计参数；冷(热)源情况；热媒、冷媒参数；供暖热负荷及耗热量指标，系统总阻力；供暖方式；空调冷、热负荷；系统形式和控制方法；消声、隔振、防火、防腐、保温；风管、管道材料选择、安装要求；系统试压要求等。工程设计说明范例如下。

××项目暖通空调设计总说明

(1)工程概况

位于××市，总建筑面积约为__ m^2，其中地下室面积约为__ m^2。整幢建筑冷负荷为__ kW，热负荷为__ kW；单位面积冷指标为__ W/m^2，单位面积热指标为__ W/m^2。

本次设计内容为整幢建筑的所有空调、通风、人防及消防等系统。

(2)主要设计依据

《采暖通风与空气调节设计规范》	GB 50019—2003
《民用建筑供暖通风与空气调节设计规范》	GB 50736—2012
《高层建筑设计防火规范》	GB 50045—2005
《人民防空地下室设计规范》	GB 50038—2005
《公共建筑节能设计标准》	GB 50189—2005
《汽车库、修车库、停车场设计防火规范》	GB 50067—1997
《民用建筑设计通则》	GB 50352—2005
《民用建筑热工设计规范》	GB 50176—1993
《办公建筑设计规范》	JGJ 67—2006
《建筑设计防火规范》	GB 50016—2006
××省《公共建筑节能设计标准》	DB 33/1036—2007

建设单位提供的文件资料及要求。

(3)风系统

主要设计参数：

1)室外气象参数(市气象参数)

空调室外计算干球温度：

冬季　　　$T_{wk} = \_\_℃$

夏季　　　$T_{wg} = \_\_℃$

夏季空调室外计算湿球温度：

$T_{ws} = \_\_℃$

冬季空调室外计算相对湿度(最冷月月平均相对湿度)：%

大气压力：

冬季，$P_d = \_\_Pa$

夏季，$P_x = \_\_Pa$

2)空调房间的设计参数(主要依据标准 DB 33/1036—2007 执行)。

空调房间的设计参数如表 2-1 所示。

表 2-1　空调房间的设计参数

序号	房间名称	温度(℃)		相对湿度(%)		新风量[$m^3 \cdot (h \cdot 人)^{-1}$]
		夏季	冬季	夏季	冬季	
1	门厅、走道	27	18	40~65	40~60	20
2	办公室	26	20	40~65	40~60	30
3	大报告厅	26	19	40~65	40~60	20
4	小会议室	26	20	40~65	40~60	30
5	展厅	26	19	40~65	40~60	10
6	商场	26	18	40~65	40~60	20
7	大餐厅	26	19	40~65	40~60	20
8	小包厢	26	20	40~65	40~60	30
9	客房	26	20	40~65	40~60	50

注：本工程设计参数按舒适性空调考虑，室内温度容许波动 ±2℃。

空调负荷：

本工程负荷与空调工况分析采用设计软件：鸿业负荷计算软件 V5.0 版。

鉴定情况：建设部科技成果评估证书建科评[2004]019 号。

经逐时逐项计算，夏季设计冷负荷与冬季设计热负荷分别如表 2-2 所示。

表 2-2　夏季设计冷负荷与冬季设计热负荷

建筑面积(m^2)	设计冷负荷(kW)	设计冷指标(W/m^2)	设计热负荷(kW)	设计热指标(W/m^2)

（4）冷（热）源

1）冷源选用制冷量为__ kW 的水冷离心式冷水机组台与台制冷量为__ kW __的小型水冷螺杆式冷水机组台。总制冷量为__ kW，装机余量为__%。空调供冷供回水温度为__℃。空调热源选用制热量为__ kW 的燃气常压热水锅炉台。供回水温度为__℃。生活热水热源选用制热量为__ kW 的燃气常压热水锅炉台，供回水温度__℃（给排水专业提供）。

2）制冷机组的清洗、安装、试漏、加油、抽真空、充加制冷剂、调试等事宜应严格按照制造厂提供的《使用说明书》进行。同时，还应遵守《制冷设备安装工程施工及验收规范》（GB 50274—98）和《机械设备安装工程施工及验收规范》（GB 50231—98），《压缩机、风机、泵安装工程施工及验收规范》（GB 50275—1998），《通风与空调工程施工及验收规范》（GB 50243—2002）。

空调系统的划分（表 2 - 3 数据均为实际工况计算数据）：

表 2 - 3　空调系统划分

系统编号	服务房间	冷负荷/kW	热负荷/kW	空调方式	送风量（$m^3 \cdot h^{-1}$）	新风量（$m^3 \cdot h^{-1}$）	套数
KT - -				一次回风定风量送风系统			

（5）风系统

1）通风系统。

①本工程地下汽车库按 6 次/h 换气次数核算排风量，4 ~ 5 次/h 换气次数核算进风量。

②库房按 6 次/h 换气次数核算排风量，4 ~ 5 次/h 换气次数核算进风量。

③变配电间按 10 次/h 换气次数核算排风量，6 ~ 8 次/h 换气次数核算送风量。

④空调系统按空调区域热湿比处理过程核算空调送风量，并设置排风风机，排风风量一般为新风量的 0.6 ~ 0.8。

⑤公共卫生间按 10 次/h 换气量核算排风量，自然补风。

⑥生活水泵房按 6 次/h 换气次数核算排风量，4 ~ 5 次/h 换气次数核算进风量。

⑦自行车库按 4 次/h 换气量核算排风量，坡道自然补风。

2）空调风系统。

①本工程大空间采用全空气低速风变频送风系统，集中设置空调机房，集中回风。风机根据回风温度变频。

②小空间采用风机盘管 + 新风的空气 - 水系统。

③本工程全空气系统均考虑变新风多工况运行。设置变频排风机，以平衡送入室内的新风。变频排风机根据空调箱新风口的电动调节定风量阀的阀位信号变频。

3）其他。

所有设排风的房间吊顶四周设通长百叶，宽度不小于 50 mm。

（6）水系统

1）空调水系统为二管制（冷热兼用，按季节切换），空调水系统工作压力为 MPa。

2）空调水系统原则采用同程式机械循环，局部异程处设置压力平衡阀。

3）冷冻水供水温度__℃，热水供水温度__℃。

4）空调末端设置电动调节阀。

5）空调水系统采用一级泵系统，水泵定频，系统通过供回水总管间的压差旁通变流量运行。

6）空调水系统膨胀水箱设在屋顶。由浮球阀控制补水。

（7）人防设计说明

参见人防通风设计及施工总说明。

（8）消防设计说明

1）正压送风系统。

①对于设置防烟楼梯间及前室的场所，仅对防烟楼梯间送风维持楼梯间 40～50 Pa 正压。

②对于设置防烟楼梯间及合用前室的场所，对防烟楼梯间和合用前室分别送风，维持楼梯间 40～50 Pa 正压，合用前室 25～30 Pa 正压。

③对于设置防烟剪刀楼梯间及其两个前室的场所，对防烟剪刀楼梯间和两个前室分别送风，维持楼梯间 40～50 Pa 正压，前室 25～30 Pa 正压，剪刀楼梯间设置一个竖井，送风量为普通防烟楼梯间的两倍。

④防烟（剪刀）楼梯间及其前室（合用前室）的正压送风风机均设置在一层吊顶或屋面不会被烟气污染的区域。

⑤防烟楼梯间及前室（合用前室）正压送风系统的划分与组成如表 2－4 所示。

表 2－4　防烟楼梯间及前室（合用前室）正压送风系统的划分与组成

系统号	保护范围	正压送风风机				
		型号	数量	风量($m^3 \cdot h^{-1}$)	风压(Pa)	电功率(kW)
ZY－1	楼梯间	HTF－I No				

2）机械排烟及补风系统。

①地下室汽车库按照防火分区设置机械排烟系统，按换气次数 6 次/h 进行计算，无自然补风（坡道、天窗）时机械补风量不小于排风量的 50%，排烟系统与排风系统合用。

②地下室设备用房及库房均根据防火分区不同，分别设置机械排烟系统，按最大防烟分区 120 $m^3/(h \cdot m^2)$ 进行计算，均设置机械补风系统，补风量不小于排烟量的 50%。机械排烟系统与机械通风系统合用。

③地上地下的商业用房由于均不设置外窗，均根据防火分区不同，分别设置机械排烟系统，按最大防烟分区 120 $m^3/(h \cdot m^2)$ 进行计算，地下商业补风多设置机械补风系统（可与空调系统合用），补风量不小于排烟量的 50%。地上商业部分多采用自然补风方式，机械排烟系统与机械通风系统一般分设。

④主楼区域虽然有可开启的外窗，但是外窗开启面积无法满足自然排烟的要求。故设置竖向机械排烟系统，排烟量按最大防烟分区 120 m³/(h·m²) 进行计算，补风采用自然补风方式。

⑤主楼内走廊设置竖向机械排烟系统，按最大防烟分区 120 m³/(h·m²) 进行计算，均采用自然补风方式。

⑥中庭采用机械排烟系统，按换气次数 6 次/h 进行计算。

⑦当火灾发生时，作为消防补风的空调箱须关闭回风阀，完全开启新风阀。

⑧机械排烟排风，机械补风送风系统的划分与组成如下：

A. 排烟排风系统如表 2-5 所示。

表 2-5   排烟排风系统参数表

系统号	保护范围	排烟风机					
		型号	数量	风量(m³·h)	风压(Pa)	电功率(kW)	噪声[dB(A)]
PY(F)--	地下汽车库	HTFC-I No					

B. 补风送风系统如表 2-6 所示。

表 2-6   补风送风系统参数表

系统号	保护范围	补风风机					
		型号	数量	风量(m³·h)	风压(Pa)	电功率(kW)	噪声[dB(A)]
S(B)F--	地下汽车库	HTFC-I No					
其余	自然补风						

3）防火措施。

以下情况的通风、空气调节系统的风管道设置防火阀：

①管道穿越防火分区处。

②穿越通风、空气调节机房及重要的或火灾危害性大的房间隔墙和楼板处。

③垂直风管与每层水平风管交接处的水平管段上。

④穿越变形缝处的两侧。

4）消防控制。

当发生火灾时，系统作如下运行：

①所有冷水主机、锅炉、新风机、空调箱、风机盘管等空气调节设备均停止运行。

②开启所有对应楼梯间前室的正压送风机，并开启着火层及着火层上、下一层的前室和合用前室的正压风口(PSK-SD)。

③关闭所有平时通风用的风机，关闭非着火区域内排烟风口（即 PSK-SDW 多叶排烟

口），开启相对应的排烟风机和机械补风风机，当烟气温度超过 280℃时，自动关闭多叶排烟口 PSK – SDW 及排烟防火阀 PYFH – SDW。

④所有排烟风机与其对应的排烟防火阀联锁启停。

⑤地下变配电间通风风机平时通风。着火时所有风机停止运行，穿越变配电间风管以及与平时排风口支管上 280℃全自动防火阀关闭；气体灭火结束后，送排风机组运行，穿越变配电间风管与下排风口相连支管上 280℃防火阀打开。气体灭火区域风机与风阀控制由气体灭火厂家配置控制系统。

2.2　空调房间的冷负荷校核

空调房间的冷负荷校核是空调系统设计过程的重要一环，是配置末端及主机设备大小型号的最基本依据。空调房间负荷计算准确与否，直接关系到空调投入运行后使用效果的好坏。准确确定空调房间负荷的方法是对房间形成冷负荷的各个分项逐一进行计算后累加得出。采用这种方法，一方面计算过程比较复杂，计算花费的精力较大；另一方面，由于计算复杂，专业性较强，一般人员不易把握。因此这种计算方法未被普遍采用。目前普遍采用空调房间负荷计算的方法是一种经验估算方法，即对不同性质和功能用途的房间按照每平米配置多少冷量的方法进行概算。采用这种方法对空调房间进行负荷计算准确性较低。因此，这种计算方法也不可取。那么如何才能找到一个既准确又省事的空调房间负荷计算方法供调试人员用做校核呢？下面对形成空调房间负荷的各个分项逐一进行分析，希望从中找到答案。

2.2.1　空调房间围护结构传热形成的冷负荷

空调室外计算参数的确定：对空调房间负荷产生影响的两个最主要参数是夏季空调室外计算日平均温度和空调室外计算干球温度。日平均温度即历年平均不保证 5 d 的日平均温度；干球温度即采用历年平均不保证 50 h 的温度，可以从手册上查到。

空调室内计算参数的确定：对于舒适性空调来讲，主要是满足人的舒适性要求。在不同环境中人感觉舒适的温度是不同的。例如在运动场所和一般性的办公室、人感觉舒适的温度、相对湿度不相同，取值可以从相关手册查到。

1. 围护结构得热形成的冷负荷

计算依据：

(1)玻璃窗、门日射冷负荷

$$Q = F_c X_m X_b X_z J_{cmax} C_{cl} \tag{2-1}$$

式中：Q——各小时的日射冷负荷(W)；

　　　F_c——包括窗框的门、窗面积(m^2)；

　　　X_m——门、窗的有效面积系数；

　　　X_b——门、窗玻璃修正系数；

　　　X_z——门、窗的内遮阳的遮阳系数；

　　　J_{cmax}——门、窗日射得热量的最大值(W/m^2)；

　　　C_{cl}——冷负荷系数。

（2）玻璃窗、门传热冷负荷

$$Q = X_k K_c F_c (T_{wp} + \Delta T_k - T_n)$$

式中：Q——玻璃窗传热的冷负荷（W）；

X_k——玻璃窗、门传热系数的修正系数；

K_c——门、窗玻璃的传热系数[W/(m² · ℃)]；

F_c——包括窗框的门、窗面积（m²）；

T_{wp}——夏季空气调节室外计算日平均温度（℃）；

ΔT_k——夏季室外逐时温差（℃）；

T_n——室内计算温度（℃）。

（3）外墙和屋面的得热量、冷负荷

$$Q = K_w F_w (T_{wp} + \Delta T_{fp} + \Delta T_w - T_n)$$

式中：K_w——屋面（或外墙）的传热系数[W/(m² · ℃)]；

F_w——屋面（或外墙）的面积（m²）；

T_{wp}——夏季空气调节室外计算日平均温度（℃）；

ΔT_{fp}——屋面（或外墙）外表面辐射热平均温升（℃）；

ΔT_w——屋面（或外墙）作用时间室外温度波动部分的综合负荷温差（℃）；

T_n——室内计算温度（℃）。

根据传热学理论，得出不同类型围护结构的经验单位面积传热量如表2-7所示。

表2-7上围护结构负荷计算，是以浙江地区室外气象条件为基础，空调日平均温度按31℃计算得出的，如在其他地区，负荷计算参数按照当地的空调日平均温度，温度每增减1℃，围护结构形成的负荷增减10%。另外在计算大厅负荷时，一定要计算所有与大厅直通部分围护结构形成的热负荷。

2. 室外空气渗透的冷负荷

有新风送入的空调房间，可不考虑冷风渗透的冷负荷；无新风送入的空调房间，空气渗透的冷负荷按围护结构形成的冷负荷的比例计算：门厅10%；其余房间5%。

3. 人体全热冷负荷

静坐为140 W；轻劳动（就餐）为180 W；中等劳动（健身房活动）为230 W。

4. 电气设备发热量冷负荷

①电脑为250 W/套；②家庭影院为350 W/套；③照明按实际电耗计算。

5. 餐厅饭菜、酒水发热量、冷负荷

按每人150~200 W计算，对于大厅、餐厅，人员数量可按每人占用1~1.5 m²计算。

6. 机器设备发热量、冷负荷按电机铭牌功率的75%计算

从以上空调房间的负荷构成情况来看，在进行空调房间负荷计算时，首先要搞清楚空调房间周围的环境情况，包括房间的地理位置、朝向及围护结构形式等，其次要搞清楚空调房

间的功能、用途,以确定室内人员、设备形成的冷负荷。只有在准备把握以上两个要求的情况下,才能得出相对较为准确的负荷计算结果。在负荷计算完成后,选择末端设备,末端设备选定后,要对空调房间循环换气次数进行校对。原则上,空调房间循环换气次数不应小于10 次,即末端设备铭牌送风量除以空调房间体积不应小于 10 m^2。

表 2-7　不同类型围护结构单位面积传热量(W)

北	东北	东	东南	南	西南	西	西北
一、玻璃门窗日射得热量、冷负荷							
125	250	350	300	125	300	350	250
二、单层无遮阳玻璃门窗得热量、冷负荷							
55							
三、双层无遮阳玻璃门窗得热量、冷负荷							
30							
四、240 mm 外墙的得热量、冷负荷							
25	35	50	45	25	45	50	35
370 mm 外墙的得热量、冷负荷							
20	25	35	30	20	30	35	25
五、有吊顶和保温时屋面的得热量、冷负荷							
30							
六、无吊顶和保温时屋面的得热量、冷负荷							
60							
七、相邻非空调房间墙体得热量、冷负荷							
18							
八、相邻非空调房间玻璃门窗得热量、冷负荷							
40							
九、地面得热量、冷负荷							
5							

说明:传热系数 K:单层玻璃 6 W/(℃·m^2);双层玻璃 3 W/(℃·m^2);240 墙 1.9 W/(℃·m^2);370 墙 1.45 W/(℃·m^2)。

2.2.2　各房间及大厅得热量计算

例:位于杭州市的某一餐厅,须配置中央空调,该餐厅外墙为 240 mm 的砖墙,餐厅包间外窗为 2 m×2 m 的铝合金窗,吊顶高度为 2.8 m,在餐厅东、南、西三个方向为 3 m 高的玻璃幕墙,吊顶高度为 3.5 m,试计算各房间及大厅的夏季得热量。

1.1 号房间得热量

1 号房间得热量如表 2-8 所示。

表 2－8　1 号房间得热量

序号	计算项目	数量（m²）	单位得热量（W）	得热量（W）	备注
1	北外窗（m²）	4	180	720	
2	北外墙（m²）	6.92	25	173	
3	西外窗（m²）	4	400	1600	
4	西外墙（m²）	10	50	500	
5	屋顶（m²）	19.5	30	585	
6	人体（人）	10	180	1800	
7	饭菜、酒水（人）	10	100	1000	
8	照明（m²）	19.5	20	390	不计入负荷
合计				6378	

2.2～6 号房间得热量

2～6 号房间与 1 号房间相比，各房间减少了两个外窗和外墙，因此在 1 号房间的得热量中扣除西外窗与西外墙的得热量，即为该房间的得热量：

$$6378 - 1600 - 500 = 4278(W)$$

3.7 号房间得热量

7 号房间与 1 号房间相比，只是 1 号房间为西外窗与西外墙，而 7 号房间为东外窗与东外墙，其余得热量均相同，根据空调围护结构得热量计算表，东西方向单位面积围护结构得热量是相同的，因此，7 号房间与 1 号房间得热量相同，即为 6378 W。

4.大餐厅得热量

大厅得热量如表 2－9 所示。

表 2－9　大厅得热量

序号	计算项目	数量	单位得热量（W）	得热量（W）	备注
1	西外窗（m²）	24	400	9600	
2	西外墙（m²）	4	50	200	
3	南外窗（m²）	81.9	180	14742	
4	南外墙（m²）	13.65	20	273	
5	南外窗（m²）	24	400	9600	取一半
6	南外墙（m²）	4	50	200	取一半

续表 2-9

序号	计算项目	数量	单位得热量(W)	得热量(W)	备注
7	屋顶(m²)	218	30	6552	
8	人体(人)	150	180	27000	取 1.5 人/m²
9	饭菜、酒水(人)	150	100	15000	
10	照明(m²)	218	20	4360	不计入负荷
合计				78267	

5. 空调房间新风引入得热量

该餐厅经计算可容纳210人同时进餐,新风量按每人20 m³/h 计算,共计新风量为4000 m³/h。

2.3 设计深度

2.3.1 平面图深度不够

《设计深度规定》对暖通空调平面图要表示的内容作了详尽的规定。然而,相当多的工程设计未完全按规定绘制,供暖平面图存在的主要问题是:未标注水平干管管径及定位尺寸;立管未编号;虽标注了立管号,但却漏画立管;二层至顶层合画在一张平面图,散热器数量亦分层进行了标注,但却未注明相应层次;仅画首层供暖平面图,而未画二层至顶层供暖平面。通风空调平面图存在的主要问题是:未注明各种设备编号及定位尺寸;未说明冷冻水管道管径及定位尺寸。

2.3.2 系统图深度不够

《设计深度规定》对暖通空调系统图绘制有明确要求,但有些工程设计未按规定执行。供暖系统图存在的主要问题是:立管无编号,而以建筑轴线号代替;管道号注了坡度、坡向,但未注明管道起始端或终末端标高;管道变化处(转向处)标高漏注;甚至未画供暖系统图或立管图。空调通风设计存在的主要问题是工程未画空调冷冻水系统图和风系统图(如果平面图完全交代清楚,可以不画系统图,但对于一些较为复杂的通风空调设计,单靠平面图是难以表达清楚的)。

2.3.3 机房设计过于简化

《设计深度规定》对机房(锅炉房、冷冻机房)施工图设计作了详尽的规定。然而,有的机房设计,仅画了一个平面图,无任何剖面图和系统图,许多应该交代的内容未交代,距设计深度要求相差甚远。

2.3.4　暖通空调设备未编号列表表示

《制图标准》规定，供暖、通风空调的设备、部件、零件宜编号列表表示，其型号、性能应在表内填写齐全、清楚，图样中只注明其编号。然而，有的暖通空调设计未按此规定执行，而是将各种设备、部件的名称、型号甚至性能均写在图面上，图面上文字繁杂，既费功夫，又注写不全、不清。

2.3.5　平面图、剖面图、系统图不一致

暖通空调设计中，平面图、剖面图与系统图中相应部分的设备、尺寸等内容应完全一致，否则将给施工安装、使用管理带来麻烦。但有的供暖设计，散热器的数量，供、回水干管管径，管道连接平面图与系统图不一致。有的空调通风设计、风管尺寸、平面图与系统图不一致；设备、部件位置尺寸，平面图与剖面图不一致；设备编号、数量，图纸与设备表不一致；还有的空调设计选用的空调制冷设备型号，平面图、系统图与设备表注写不一。

2.4　施工图设计

在施工图设计阶段，暖通空调专业设计文件应包括图纸目录、设计与施工说明、设备表、设计图纸。图纸目录应先列新绘图纸，后列选用的标准图或重复利用图。

2.4.1　施工说明、图例和设备表

应说明设计中所要求使用的材料和附件；系统工作压力和试压技术要求；施工安装要求及施工注意事项。采暖系统还应说明散热器型号。

施工说明范例：

××项目暖通空调施工说明

（1）施工范围

本次施工图纸包括通风、消防、排烟及空调工程。所有设备管道安装必须以图纸标注为准，不得直接从图纸度量作为施工依据。

（2）风系统

1）设计图中所注尺寸均以毫米计，标高均以米计。

2）设计平面图中所注风管的标高，除特别注明外均指相对于本层建筑面层的相对标高。对于圆形风管，以中心线为准；对于矩形风管，以风管底为准。

3）风管材料：无特殊说明，空调风管与通风排烟风管采用镀锌钢板制作，厚度如表2-10所示。采用镀锌钢板制作的风管，其部件制作安装防腐方法按（GB 50243—2002）的规定确定。采用其他材料制作的风管，其部件制作安装防腐除遵守规范（GB 50243—2002）的规定外，还应按照材料制造厂提供的安装手册进行。

表 2 - 10　风管厚度表

类别 直径 D 或长边 b (mm)	圆形风管	矩形风管	
		中、低压系统	高压系统
D(b)≤320	0.50	0.50	0.75
320<D(b)≤450	0.60	0.50	0.75
450<D(b)≤630	0.75	0.60	0.75
630<D(b)≤1000	0.75	0.75	1.00
1000<D(b)≤1250	1.00	1.00	1.00
1250<D(b)≤2000	1.20	1.00	1.20
2000<D(b)≤4000	1.50	1.20	1.50

注：螺旋风管的钢板厚度可适当减少 10% ~15% ；排烟系统风管钢板厚度按高压系统确定；不适用于地下人防与防火隔墙的预埋管。

4）当设计图中未标出测量孔位置时，除空调机进出风管各一个测定孔外，安装单位应根据调试要求在适当的部位配置测定孔，具体做法见国标 06K131。

5）穿越沉降缝或变形缝处的风管，以及与通风机进、出口相连之处，应设置长度为 150 mm 不燃材料的软连接，软连接处的接口应牢固、严密。在软连接处禁止变径。排烟风机进出软连接为不燃材料。

6）风管上的可拆接口，不得设置在墙或楼板内。

7）所有水平或垂直的风管，必须设置必要的支、吊或托架，其构造形式的牢固性由安装单位保证。可靠的原则下根据现场情况选定，详见国标 08K132。间距原则管道直径或大边长小于 400 mm 的间距小于 4 m，大于 400 mm 的不超过 3 m。

8）风管支、吊或托架应设置于保温层的外部，并在支、吊、托架与风管间镶以防腐垫木。同时应避免在法兰、测定孔、调节阀等部件处设置支、吊、托架。此外，防火阀必须单独配置支、吊架。

9）安装调节阀等调节配件时，必须注意将操作手柄配置在便于操作的部位。

10）安装防火阀和排烟阀时，应先对其外观质量和工作的灵活性与可靠性进行检验，确认合格后再行安装。

11）防火阀的安装位置必须与设计相符，气流方向务必与阀体上标注的箭头相一致，严禁反向安装。

12）所有空调风管均以闭孔橡塑海棉（难燃 B1 级，传热系数≤0.034 W/(m·℃)，湿阻因子≥10000）进行保温，厚度不小于 28 mm。在穿越楼板和防火分区处两侧 2 m 范围内用容重不小于 48 kg/m³ 的不燃材料离心玻璃棉保温，厚度不小于 50 mm。所有空调风管保温最小热阻必须大于 0.74 m²·K/W。同时，空调风管阀门、空调静压箱以及空调风管法兰连结处不得漏保，做法详见国标 08K507 - 1 ~ 2。

13）所有排风扇支风管管径按其接管管径确定。

14）所有外墙百叶做法参见建筑施工图。

15）排烟防火阀应符合现行国家标准《建筑通风和排烟系统防火阀门》（GB 15930—

2007）。

16）当排烟系统采用土建风道作为排烟通道时，需用 240 mm 厚度砖墙砌筑，并用抗裂砂浆进行粉刷。

（3）水系

1）设计图中所注尺寸均以毫米计，标高均以米计。

2）设计图中所注水管的标高，除特别注明外均指水管管中心相对于本层建筑面层的相对标高。

3）空调供、回水管，凝水管与膨胀水管的管材均采用碳素钢管，具体规定如表 2 - 11 所示。

表 2 - 11　钢管规格表

公称直径	外径×壁厚	管材及应用标准	公称直径	外径×壁厚	管材及应用标准
DN15	D21.3 ×3.5		DN150	D159 ×5	无缝钢管 GB/T 8163—2008
DN20	D26.9 ×3.5		DN200	D219 ×7	
DN25	D33.7 ×4.0		DN250	D273 ×7.1	螺旋缝埋弧焊钢管 SY/T 5037—2000
DN32	D42.4 ×4.0	加厚镀锌钢管 GB/T 3091—2008	DN300	D325 ×8	
DN40	D48.3 ×4.5		DN350	D377 ×8.8	
DN50	D60.3 ×4.5		DN400	D426 ×10	
DN65	D76.1 ×4.5		DN500	D529 ×10	
DN80	D88.9 ×5.0		DN600	D630 ×10	
DN100	D108 ×4.0	无缝钢管 GB/T 8163—2008	DN700	D730 ×10	
DN125	D133 ×5.0		DN800	D830 ×10	

4）水系统中的最低点应配置 DN25 mm 泄水管及切断阀。在最高点及管线下弯处设 DN25 mm ZP - I 自动排气阀。

5）管道支、吊架的最大跨距不应超过图集 05R417 - 1 的数值。支、吊托架的具体形式和设置位置由安装单位根据现场情况确定，做法参见图集 05R417 - 1。

6）管道支、吊托架必须设置于保温层的外部，在穿过支、吊托架处应镶以垫木。

7）空调供回水管，凝水管与膨胀水管均以闭孔橡塑海棉保温材料进行保温（难燃 B1 级，传热系数 ≤0.034 W/(m·℃)，湿阻因子 ≥10000）室外管道保温后外包 0.5 mm 铝皮保护，见表 2 - 12 所示。当保温过防火分隔时，用不燃材料进行保温。

表 2 - 12　保温厚度表

	管径	厚度(mm)		管径	厚度(mm)
室内管道	DN20 ~ DN50	25	室外管道	DN20 ~ DN50	32
	DN65 ~ DN175	32		DN65 ~ DN175	40
	> DN200	40		> DN200	50

空调凝结水管保温厚度：13 mm，膨胀水管保温厚度：13 mm。

做法详见保温产品供货方提供的产品说明书。

8）当水管穿楼板时，贴梁贴墙预埋防水套管；水管穿墙时，在墙体内放钢套管；防水套管与侧墙钢套管口径大于水管管径 2 号口径。

9）管道穿墙和楼板时，保温层不能间断，在套管空隙以不燃保温材料填充。

10）与水泵及机组连接的进出水管上必须设置减振接头，接头选 KXT－Ⅱ 型橡胶可曲挠接头。

11）安装水泵基座下的减振器时，必须找平与校正，务必保证基座四角的静态下沉度基本一致。

12）管道安装完工后，应按照规范 GB 50243—2002 第 9.2.3 条对空调供、回水管进行水压试验，试验压力为 2.0 MPa。

13）经试压合格后，应对系统进行反复的冲洗，直至排出水中不夹带泥砂、铁屑等杂质，且水色不浑浊时方为合格，在冲洗之前应先除去过滤器的滤网，待冲洗结束后再装上。管路系统冲洗时，水流不得经过所有设备。

14）凝结水管系统安装完毕后应做灌水试验，确认系统凝结水排放顺利，无积水，系统管路无渗漏。

15）切断阀 DN≤50 采用全铜闸阀，50＜DN≤100 采用闸阀，DN＞100 采用蝶阀。

16）水管 DN≤80 采用螺纹连接；DN≥100 采用法兰连接。

17）空调箱凝结水管与湿膜排水出口处设置水封，水封高度不小于 80 mm。

18）水管法兰采用软垫片，其材料为石棉橡胶板。当水管 DN≤125 时，其厚度为 1.6 mm；当水管 DN≥150 时，其厚度为 2.4 mm。

19）凝结水就近排至空调机房或卫生间内，沿水流方向放坡不小于 0.005。

20）膨胀节均为 JF 型复式连杆膨胀节，膨胀补偿量不小于每 10 m 管道 10 mm。

21）固定支架：选用固定支架时不应使管道产生纵向弯曲。可按表 2－13 确定。

表 2－13　管道支架支架最大间距（m）

公称直径 DN（mm）	50～65	80～125	150～300	350～500
轴向补偿器	50	70	100	140

22）当采用轴向波纹管补偿器时，第一个导向支架与补偿器的距离不应大于四倍管道公称直径，第二个导向支架与第一个导向支架的距离不应大于 14 倍管道公称直径，其余导向支架可与活动支架的间距相同。活动支架最大间距可按表 2－14 确定。

表 2－14　管道活动支架最大间距（m）

公称直径 DN（mm）		25～40	50～65	80～125	150～200	250～300	350～500
地上敷设或 通行管沟敷设	直管段	2	3.5	5	8	11	14
	转角管段	1.5	2.5	3.5	5	8	9

（4）动力系统

1）管材：

①燃气管、热水管、凝结水管、锅炉排污管采用无缝钢管（GB 8163—2008）；

②供水管、排水管等采用镀锌钢管（GB 3091—2008）；

③锅炉烟囱采用 A3 钢板，厚 4 mm。

2）保温：

烟道用硅酸铝棉毡进行保温，保温层外部做铝箔保护层。保温层厚度及制作方法按动力设施标准图集 98T901 进行。

3）所有设备、管道安装完毕，管道内必须清除铁锈、渣滓，然后按规范（GB 50243—2002）第 9.2.3 条进行水压试验，试压合格后可进行保温刷漆。

①各种水管为绿色。

②燃气管为黄色。

③锅炉排污管、废液管为黑色。

4）管道安装：

①所有燃气，水管支、吊托架全部由施工单位现场制作，DN < 50；其间距 $L = 3$ m；DN65 ~ 100，间距 $L = 5$ m。燃气管道安装由专业部门实施。

②无缝钢管弯头采用煨弯，煨弯半径 $R = 4D$，若空间受到限制，可采用热压弯，半径$R = D + 50$，焊缝不允许设在支架上，两者间隔应 > 200 mm。

5）锅炉自带烟囱泄爆口。烟囱水平烟道安装时必须有 1% 以上的抬头坡度坡向烟囱出口，烟囱最底点设置清灰口与排污管。

6）燃气管道及锅炉均接地。

7）说明不详处，可参照《建筑给水排水及采暖工程施工质量验收规范》（GB 50242—2013）与《工业金属管道工程施工及验收规范》（GB 50235—2014）有关章节实施。

8）保温风管、冷水管道和设备等在表面除锈后，刷防锈底漆两遍。

9）当采用无缝钢管和螺旋缝埋弧焊钢管时，需对其表面除锈后进行镀锌二次安装。

10）不保温的风管，金属支、吊架，排水管等，在表面除锈后刷防锈底漆、色漆各两遍（采用镀锌钢材时可以不刷漆）。

11）空调机组、新风机及排风送风外墙百叶详见建筑施工图，幕墙设计图需得到原设计认可后方可施工。

12）冷热水机组、锅炉、空调箱、风机盘管、风机等设备使用、安装、调试详见厂方说明及国标 GB 50243—2002 的规定。

13）冷热水机组、锅炉、空调箱、风机盘管、风机的电控设备均由厂方提供，详见厂方说明。

14）空调系统控制做法除图中明确的内容必须实施以外，其余由弱电设计完成，并提供给原设计复核。

15）屋顶消防电梯机房设 1 套 1.5 Hp 分体空调，普通电梯机房设 1 套 3 Hp 柜式空调机组。

16）燃气的调压及管线的设计和施工必须由当地燃气专业单位完成。

17）分体式空调机组、商用空调机组、多联式空调机组的安装按照国家、厂家相关标准执行。

18）其他各项施工要求，应严格遵守《通风与空调工程施工质量验收规范》（GB 50243—2002）的有关规定。

图例一般使用通用图例，并将图例放置在设计说明页或首页中，也可单独成图。

设备表：施工图阶段，型号、规格栏应注明详细的技术数据。

当设计单位只设计部分工程内容，或由多家设计单位共同承担设计任务时，应明确交待配合的设计分工范围。

2.4.2　设备平面图

建筑平面图应绘出建筑轮廓、主要轴线号、轴线尺寸、室内外地面标高、房间名称。在底层平面图上绘出指北针。通风、空调平面图，一般采用双线绘风管，单线绘空调冷热水、凝结水管道。标注风管尺寸、标高以及末端设备或风口尺寸时（圆形风管注管径、矩形风管注宽×高），应标注水管管径及标高、管道坡度和坡向，以及各种设备及风口安装的定位尺寸和编号。还应标出消声器、调节阀、防火阀等各种部件位置及风管、风口的气流方向。当建筑装修方案未最终确定时，风管和水管可先画出单线走向示意图，并注明房间送、回风量及以风机盘管数量、规格。在建筑装修确定后，一般按规定要求绘制平面图。

2.4.3　剖面图

当风管或管道与设备连接交叉复杂，光靠平面图表示不清时，应绘制剖面图或局部剖面图。在剖面图中绘出的风管、水管、风口等设备，应表示清楚管道与设备，管道与建筑梁、板、柱、墙以及地面的尺寸关系，还应表示清楚风管、风口、水管等尺寸和标高、气流方向及详图索引编号等。

1.通风、空调、制冷机房平面图

机房图应根据需要增大比例，绘出通风、空调、制冷设备（如冷水机组、新风机组、空调器、冷热水泵、冷却水泵、通风机、消声器、水箱等）的轮廓位置及编号，注明设备和基础距离墙或轴线的尺寸。绘出连接设备的风管、水管位置及走向；注明尺寸、管径、标高。标注机房内所有设备、管道附件（各种仪表、阀门、柔性短管、过滤器等）的位置。

2.通风、空调、制冷机房剖面图

当其他图纸不能表达复杂管道相对关系及竖向位置时，应绘制剖面图。剖面图应绘制出与机房平面图的设备、设备基础、管道和附件相对应的竖向位置、竖向尺寸和标高。标注连接设备的管道位置尺寸，注明设备和附件编号以及详图索引编号。

3.暖通设计中的透视图、立管图、系统流程图

对于分户热计量的户内采暖系统或小型采暖系统，当平面图不能表示清楚时，应绘制透视图，比例宜与平面图一致，按45°或30°轴测投影绘制；多层、高层建筑的集中采暖系统，应绘制采暖立管图，并编号。上述图纸应注明管径、坡向、标高、散热器型号和数量。对于

热力、制冷、空调冷热水系统及复杂的风系统还应绘制系统流程图。系统流程图应绘出设备、阀门、控制仪表、配件、标注介质流向、管径及设备编号。流程图可不按比例绘制，但管路分支应与平面图相符。当空调的供冷、供热分支水路采用竖向输送时，应绘制立管图并编号，注明管径、坡向、标高及空调器的型号。当空调、制冷系统有监测与控制时，应有控制原理图，图中以图例绘出设备、传感器及控制元件位置，说明控制要求和必要的控制参数。

2.4.4　详图

通风、空调、制冷系统的各种设备及零部件施工安装，应注明采用的标准图、通用图的图名或图号。凡无现成图纸可选，且需要交待设计意图的，均须绘制详图。简单的详图，可就图引出，绘局部详图；制作详图或安装复杂的详图应单独绘制。

2.5　需要认真学习的环保、节能措施

2.5.1　环保措施

1）地下汽车库废气裙房屋面排放，燃气锅炉烟气排至主楼屋顶高空排放。

2）所有风管与设备相连采用软连接。风机等设备、基础均设减振垫，进、出风管连接均设软连接头，管道支、吊架均采用减振吊架。穿越机房的洞孔均用不燃材料封堵密实，送、回风干管均设消声器。通风管道弯管长边大 500 mm 时均加设导流叶片，以减小涡流声。

3）风机房与其他房间均用隔墙分隔，机房采用防火隔声门，内墙粘贴吸声材料。

4）地下汽车库设置全面机械通风装置，换气次数为 6 次/h。

5）空调房间内应按国家规范设计新风系统。

6）公共卫生间及需要排风的房间应设计机械排风系统。

7）厨房油烟废气经油雾净化器处理达标后通过风管和竖井至主楼屋顶高空排放。

2.5.2　节能措施

1）空调负荷计算中建筑外窗、外墙、屋顶的传热系数值以及外窗和阳台门气密性等级符合《公共建筑节能设计标准》。

2）空调均设有自控系统，故可以有效地防止过冷或过热损失。本项目配备建筑物自动化管理监控系统，由该系统控制空调系统中的冷冻机、循环水泵、空气处理机、风机盘管。每个空调末端均设置了电动二通阀，根据每个房间的温度控制二通阀开闭状态，以尽量减少运行能耗。

3）为减少空调在过渡季节的运行成本，本次设计所有空调机房均靠外墙设置以便在过渡季节能以全新风运行从而达到节能。

4）每个空调末端均设置了电动二通阀，根据每个房间的温度控制二通阀开闭状态，以尽量减少运行能耗。

5）空调风管和空调水管均设计了保温层，保温材料为难燃 B1 级橡塑保温材料，空调风管绝热层的最小热阻 ≥ 0.74 m^2·K/W。

6）空调水系统采用二次泵变流量系统，水泵采用变频控制器，以节约循环水泵能耗。

7)空调机风侧设变频变风量全自动控制系统，以节约空调机组能耗。

8)风机盘管＋新风的空气－水系统，新风直接送入各空调区。

9)冷(热)源采用离心式冷水机组，机组名义工况 COP ≥5.6 W/W，IPLV ≥5.95 W/W；冷(热)源采用螺杆式冷水机组，机组名义工况 COP ≥4.6 W/W，IPLV ≥5.69 W/W。

10)空调冷水系统循环水泵输送能效比不大于 0.0241，空调热水系统循环水泵输送能效比不大于 0.0065。

11)本工程空调箱单位风量耗功率 ≤0.46 W/m³，平时通风风机单位风量耗功率 ≤0.32 W/m³。

12)燃气锅炉的热效率 ≥89%。

13)空调冷水供回水温差为 8℃，大温差供、回水可降低水泵等用电量。

14)VRF 机组的 IPLV 值均大于 3.15。

15)VRF 系统内外机配比率最大。

16)VRF 系统中夏季供冷量长度修正系数不应小于 0.85。

第3章　空调制冷主机系统调试

空调制冷主机产品最主要的是水冷冷水机组及风冷冷水(热泵)机组。水冷冷水机组是通过冷却塔对水进行冷却，以冷却水为冷源，以水为载冷剂进行制冷的一种中央空调设备。风冷冷水(热泵)机组是以空气和水为媒介，利用电能将空气中所蕴藏的能量进行置换，夏天将室内的热量流向温度更高的室外，使房间凉爽；冬天利用室外空气中的热量供热，使房间温暖。风冷冷水(热泵)机组可以实现热量由低温流向高温，进而达到对建筑物的空气进行调节的目的。

空调制冷主机产品执行标准：GB/T 18430.1—2007《蒸气压缩循环冷水(热泵)机组第1部分：工业或商业用及类似用途的冷水(热泵)机组》。

3.1　水冷冷水机组概述

水冷冷水机组是一种以水为冷却介质的中央空调制冷主机产品，与相同冷量的风冷机组相比，由于其冷凝器和蒸发器均采用特制高效传热管制作，因此结构紧凑，体积小，效率高；又由于没有冷凝风机，因而噪声低。机组铭牌在机组控制箱上。系统部件包括蒸发器，冷凝器、压缩机、节流装置、控制系统等(图3-1)。水冷冷水机组制冷系统见图3-2。

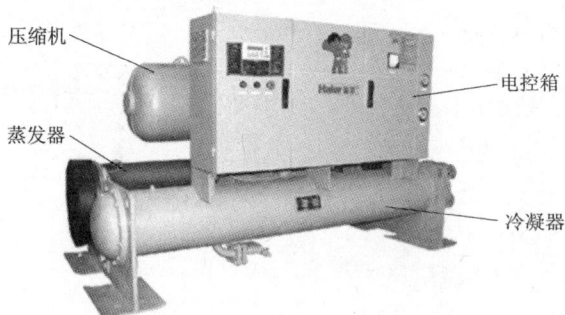

图3-1　水冷冷水机组

经压缩机压缩后的高温高压制冷剂气体，进入冷凝器与冷却水换热后被冷凝成中温高压液体，经干燥过滤后流经电子膨胀阀，被节流降压成低温低压的液体进入蒸发器，吸收水的热量后蒸发成低温低压的气体被压缩机吸入，再经压缩后进入下一次的制冷循环。被降温后

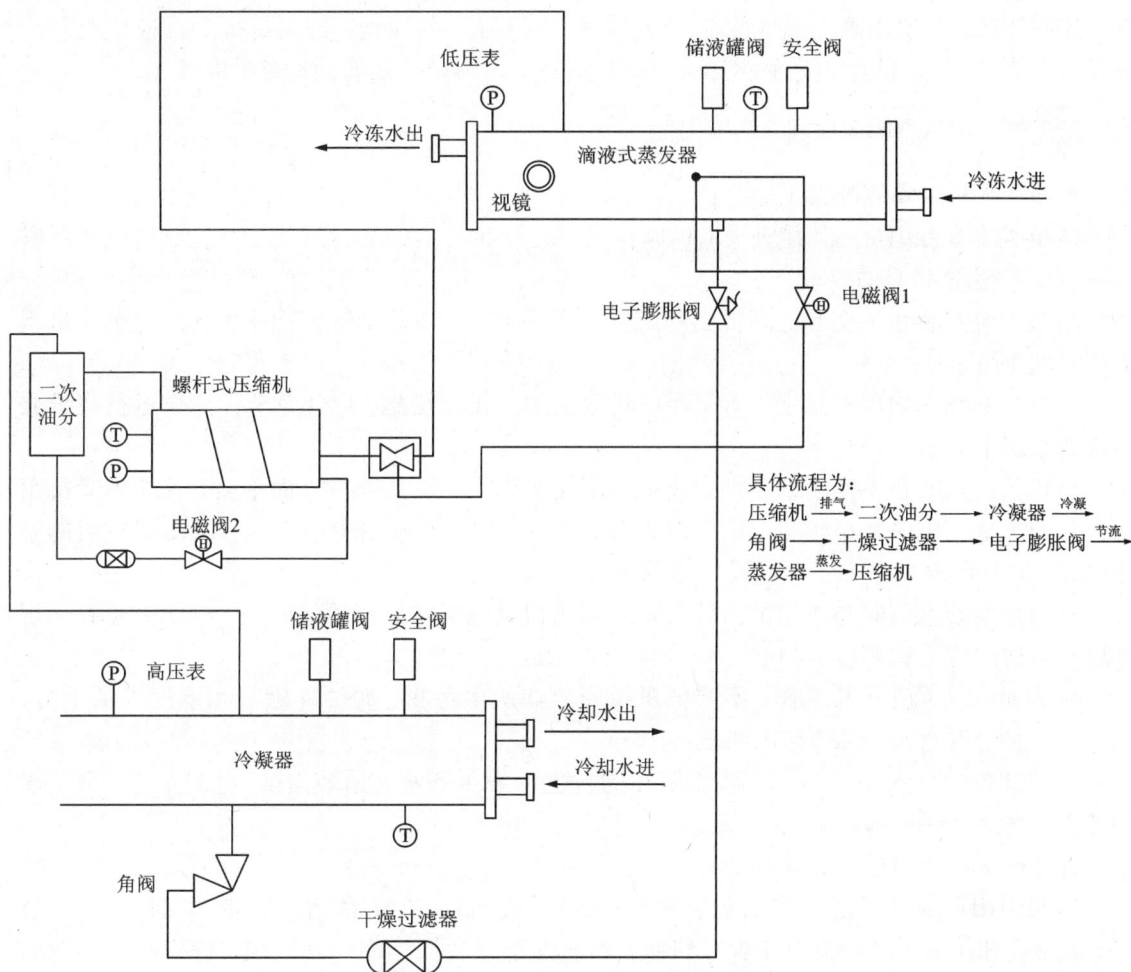

图 3 – 2　水冷冷水机组制冷系统图

的冷水通过水泵输送到末端设备，如此循环往复从而达到冷却降温的目的。

　　水冷冷水机组既能为中央空调系统提供冷冻水，也可为纺织、化工、食品、电子、科研等部门提供工艺冷冻水。

3.2　水冷冷水机组收货存放与安装前期准备

3.2.1　收货存放

　　水冷冷水机组一般在工厂内组装为一个整体，即由工厂加工装配、配管布线、氦检漏试验、充注制冷剂、性能测试、保温并经过全过程的质量检验后完成合格产品的制造。

　　如果水冷冷水机组在安装之前需要存放，应采取如下预防性措施：①确保所有的开口，如水管均有保护盖，不要撕去电控柜的保护薄膜；②将机组存放在干燥、无振动、人员活动较少的地方；③存放于室外时应有防雨措施，对有保温层的机组请勿置于阳光下暴晒；④机组上如有积灰，不要用蒸气或水冲洗；⑤应对机组进行定期检查，特别是每个月应检查制冷剂是否泄漏，若高、低压力表显示压力过低或无压力，则制冷剂泄漏，需要检修。

3.2.2　安装前期准备

水冷冷水机组安装准备工作为：

1）机组应有专用机房，并应采取措施将机组运行时产生的热量从机房排走，通风量能够维持室温不超过40℃的要求。

2）机组应安装在不变形的刚性底座或混凝土基础上，该基础应表面平整，且能承受机组运行时的重量。

3）机组基础四周应有排水沟等具足够排放能力的排水措施，以便季节性停止运行或维修时排放系统中的水。

4）机组应安装在不变形的刚性底座或混凝土基础上，该基础需表面平整，且能承受机组运行时的重量。机房大小应能保证机组四周1.5 m，上方1 m以上的空间，以便于机组的维修保养；同时压缩机上方不应敷设管道及线管。

5）建议安装水管时与机组的接管尺寸之间预留装隔振橡胶接管的间距，以便机组到达现场后有合适的施工和调整空间。

6）为使电气元件正常工作，不要把机组安放在灰尘污物、腐蚀性烟雾和湿度大的地方，如果有这种情况存在，必须给予纠正。

7）应准备的材料及工具：软连接头、防振软垫、吊装设备、吊装横梁、吊链、千斤顶、滑动垫木、垫滚、撬棒。

吊车搬运机组时的注意事项：

1）机组出厂前已经过严格的包装和检验，以确保机组在正常情况下抵达目的地，安装者、搬运者和吊装者都应同样地保护机组，杜绝由于野蛮操作而损坏机组，特别注意不要对一些角阀、管路产生碰撞，以免制冷剂泄露。

2）机组在搬运、移动时应保持水平，切勿倾斜，可使用吊车，使用吊车时必须用有吊装标志的底部吊耳孔，吊索与机组的接触部位应有支撑物隔离，应确保吊索能承受整个机组的重量，否则将造成机组损坏或严重的人身伤害。不要用叉车提升或移动机组。

3）如果不具备垂直提升条件，可采用水平滚动法，即用千斤顶将两端顶起一定高度，把垫滚放在机组滑动垫木支座下，将机组滚动就位后，再取下滑动垫木。使用水平滚动法移动机组时，力只能用在机架上或滑动垫木上。机组到位后，去掉滑动垫木，用气泡水平仪校准水平，并用地脚螺栓将机组底脚固定在基础上。建议在机组底脚与基础之间放置15～20 mm厚防振软垫。

机组一般安装在地下室、底层或专用机房。如果必须安装在较高的楼面时，首先应确认该楼面结构是否能承受机组的运行重量，必要时可以加固地板，此外，还须确认该层楼面是否水平；建议根据机组运行重量分布放置弹簧减振器。机组都不适宜于室外无防护措施处使用。

3.3　管道连接

机组安装就位后进行水系统管道安装施工，或将已布置好的水系统管道与机组蒸发器和冷凝器的水管口连接。

3.3.1　空调系统水管路连接的一般要求

1）空调系统水管路的安装、保温，应由专业设计人员设计指导，并执行暖通空调安装规范的相应规定。

2）进、出水管路应按机组上标识要求连接。一般规定为：冷凝器水管下进上出；蒸发器冷媒接管侧为冷冻水进水口侧。

3）水系统必须选配流量和扬程合适的水泵，以确保机组正常供水。水泵与机组和水系统管路之间除采用防振软连接头连接外，还应自设支架以免机组受力。安装时的焊接工作应避免对机组造成损坏。

4）在蒸发器和冷凝器的出水管上安装流量开关。将流量开关与控制柜内的输入接点联锁。其安装要求如下：①流量开关应垂直安装在出水管上；②流量开关两边至少应有 5 倍管道直径的直管段；③不要将其安装在接近弯管、孔板及阀门的附近；④开关上箭头指向必须与水管的水流方向一致；⑤为防止流量开关的颤抖，应将水系统中的所有的气体排放出去。调节流量开关，使它在水流量低于最小流量（最小流量为设计流量的 40%）时处于分离状态。当水流量符合要求时，水流开关应该保持闭合状态。

5）机组的进水管路前必须安装水过滤器，并选择 16 目以上的过滤网。

6）系统水管路冲洗和保温要在与机组连接前进行，避免脏物损坏机组。

7）水室设计承受水压 1.0 MPa。为防止损坏蒸发器和冷凝器，不可超压使用。

3.3.2　冷凝器管路连接的基本要求

1）冷却水管路系统必须先安装防振软连接头、温度计、压力表、排水阀、截止阀、水过滤器、止逆阀、靶式流量控制器等，再与冷却塔进出水管路相连，见图 3-3。

2）供水管路要尽可能短，管路的规格要根据水泵的有效扬程、管路流量和流速而定，而不依照接头规格。

3）在冷凝器封头上装配有排水、排气接头，以螺塞封口。应将螺塞替换为（1/4NPT 放气和 1/2NPT 排水）球阀。

4）冷凝器的水口方向可以根据用户的要求更改。更改时需注意以下几点：①需要确认正确的隔板位置，使用新的橡胶密封圈；②冷却水的温度、流量测量装置需重新布置；③拆装水室端盖时，紧固螺栓要按一定的顺序进行（轻轻收紧第一个螺栓，然后再轻轻收紧位于180°方向的螺栓。继续以这样的顺序收紧第 3 个螺栓，然后再轻轻收紧与第 3 个螺栓成180°的第 4 个螺栓。依此类推。在完成第一次这圈螺栓的紧固后，重复此顺序直到所有螺栓符合表 3-1 对应螺栓的扭矩为止。在第一圈收紧螺栓时不要将螺栓收紧到终了力矩，因为这样会使法兰面翘起而容易漏水。应使用力矩扳手，并在第一圈收紧时将扳手的扭矩调到极限力矩的1/3，螺栓紧固终了推荐力矩见表 3-1）。

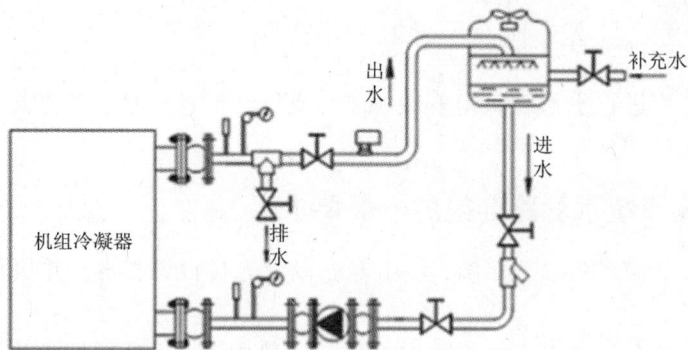

图3-3　冷却水管路系统连接

序号	符号	名称及规格	建议安装位置	序号	符号	名称及规格	建议安装位置
1		防震软接头	与机组连接处及水泵前后	7		三通	图示各处
2		温度计(0～50℃)	进出水管路	8		膨胀水箱	高于系统最高处1～1.5 m
3		压力表(0.1～1.0 MPa)	进出水管路	9		靶式流量控制器(随机附件)	出水管的水平段,距弯头阀门5倍以上管径处,管头方向与水流方向一致
4		截止阀	图示各处,用于排气时,应装在出水管路上,并在系统最亮处与膨胀水箱之间	10		止逆阀	冷冻出水管路上
5		电子除垢仪	冷冻进水管路上,水泵前	11		水泵	进水管路上
6		水过滤器	进水管路上,水泵前	12		冷却塔	

表3-1　螺栓紧固终了推荐力矩

螺栓规格	橡胶平垫片密封	
	最小力矩(N·m)	最大力矩(N·m)
M10	16	24
M12	45	68
M16	95	122
M20	142	210

3.3.3　蒸发器管道连接的基本要求

1)冷冻水管路系统必须安装防振软连接头、温度计、压力表、水过滤器、电子除垢仪、止逆阀、靶式流量控制器、排气阀、排水阀、截止阀、膨胀水箱等,见图3-4。

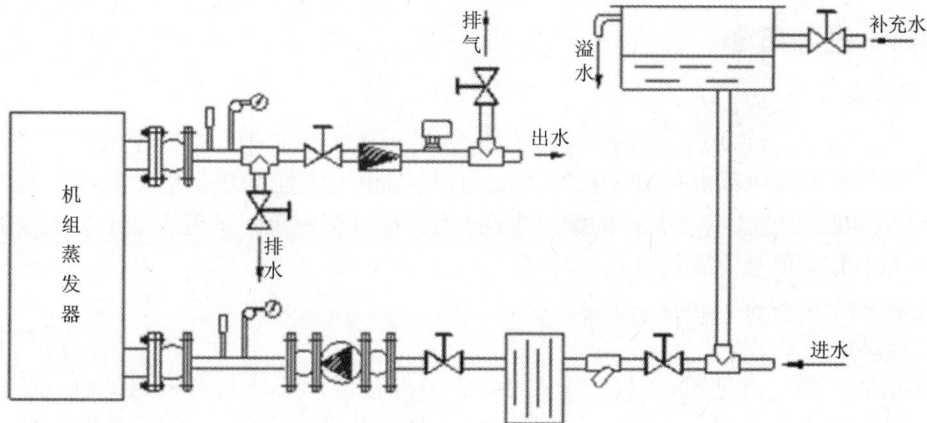

图 3 - 4 冷冻水管路连接(各部件名称同图 3 - 3)

2)膨胀水箱应安装在高于空调系统最高处 1 ~ 1.5 m 处,水箱容量约为整个系统水量的 1/10。也可以采用落地式膨胀水箱。

3)在蒸发器筒体上装配有排水、排气接头。排水口上已装配"1/2"排水铜球阀,排气口以螺塞封口。应将螺塞替换为 1/4NPT 放气球阀。

4)水管应尽量避免垂直方向的变化,在管路的高处与膨胀水箱之间安装手动或自动排气阀。

5)进水和出水管路的直管段上安装温度计和压力表,避免将其安装在太接近弯管的地方。各低点应配有放水接头,以便放清系统中的余水。在操作机组之前,把截止阀接到放水管路上,装在进水和出水接头附近。蒸发器进出水管之间应有旁通管道,便于管道清洗和检修。使用柔性接头可以减少振动的传递。

6)冷冻水管路和膨胀水箱应进行保温处理,阀件接头处应留出维护操作部位。

7)管道做过气密性试验后,再包保温层,以避免热传递和结露,保温层上应罩有防潮密封。

3.3.4 现场冷媒充注

由于安装或维修的原因,需要对机组进行现场冷媒充注时,操作如下:

1)用真空泵将机组真空抽至 50 Pa 以下,12 h 后真空上升低于 13 Pa 表明真空检查合格。

2)真空合格后,确保冷冻水泵开启,冷冻水在蒸发器内处于流动状态时,通过冷凝器底部的角阀充注孔注入规定量制冷剂。

3.4 水冷冷水机组电气连接

现场接线时为避免端子连接处腐蚀和过热,要求所有的供电线均为铜导线。控制电缆线与电源线要分开敷设并加防护管,以防止电源线对控制电缆产生干扰,机组外壳必须可靠接地。另外现场接线时为避免控制出错,其不应将低压控制线路(24 V)与电压高于 24 V 的导线穿在同一电线管内。

3.4.1 电源部分

电源部分的连接应注意：

1）机组到达客户现场后，需要将动力电源线接至机组控制柜。控制柜的进线口在控制柜的上方。控制柜电源进线必须高于机组 1 m，且控制柜上不能受压。把动力线接到接线端子 R、S、T、N、PE，经过 24 h（允许的最短时间）运行后，需重新固紧接线端子。水泵和冷却塔风机的动力电源应单独配置供电箱。

2）电控柜中电源部分包括：总电源接线铜排，自动空气断路器（空气开关），$\Delta - \Delta$ 或 Y - Δ 压缩机启动电气装置。

3）机组的工作电源是 3N ~ AC380 V，50 Hz。外接电源必须符合机组的电气特性。总电源经电控柜的背面上部穿线孔接入，与电源接线铜排或端子排连接，完成电源接线。

4）所有供电电路的安装应按照国家电气规范进行。

5）接至控制柜的动力电源线的规格应根据铭牌上的 RLA 电流选取。总电源功率配备必须有一定的余量，建议值为机组参数的 1.25 ~ 1.3 倍以上。供电电缆（电线）的载流量应略大于机组的最大运行电流，并要考虑工作环境的影响。电控箱里备有连接地线和自动断路措施，用户自备的电源都必须配有此措施。大电流机组，应采用双路电源供电，但两路供电电源线径必须相等，且属同一品牌。

6）最大可允许的相电压不平衡为 2%，相电流不平衡为 10%。当相电压不平衡大于 2% 时，绝对不能开机。

3.4.2 控制部分

控制部分的连接应注意：

1）电控柜内控制部分装有继电器、电源接线故障指示器、接线端子排、PLC 可编程序控制器。门板上装有铰链和锁作为保险装置，以防意外打开，但维修时可以开门。根据机组压缩机的不同和客户要求的不同，机组的控制柜型式不同。

2）电控柜前部是操作屏和机组的紧急停机开关。

3）电气接线必须符合国家技术规范的要求，各种机组的控制电路都是 220 V，控制电路的接线方式可参考机组的随机接线图。

4）如果机组由主机和子机组成，两者间的通讯线应采用屏蔽线并有防护套管，并与电源线分开敷设。

5）所有需要在现场连接的控制输出电缆应为 AC250 V - 1 mm^2，控制信号线应使用 0.5 mm^2 屏蔽线（24 V）。

6）注意事项：必需仔细阅读电气接线原理图，严格按接线端子图接线；温度传感器的接线使用三芯屏蔽电缆（RVVP3 × 0.5 mm^2）；流量开关的接线使用二芯普通电缆（RVV2 × 0.5 mm^2）接流量开关的常开点即无水时的开点；冷却塔风机、冷冻水泵和冷却水泵的联锁是由控制柜内提供的无源触点；远程启动和远程停止外部可接两个点动按钮。

3.4.3 控制附件联锁装置

控制附件联锁装置应用要点：

1）机组出厂时已将控制柜与主电机、控制柜与电气执行元件、控制柜与压力温度等传感元件之间的线接好。机组到达客户现场后的接线很简单。不带冷却塔控制的只需连接冷冻、冷却水流开关连线；冷冻、冷却水泵联动控制线（控制接点为无源接点）；带冷却塔的需连接冷却水温度传感器，冷冻、冷却水流开关连线；冷冻、冷却水泵，冷却塔联动控制线（控制接点为无源接点）。

2）冷冻水和冷却水管路上都设有靶式流量控制器，用户安装管路时在机组冷冻水和冷却水的出口处安装，冷冻水和冷却水系统的靶式流量控制器常开触点按接线图分别接入控制回路。（因水流的紊乱可能让流量开关误动作，因此控制柜会在连续 10 s 内收到断开信号才让机组停机的提示）。

3）感温探头的安装管内应注入低于冷冻水出水温度时不凝固的润滑油或其他油脂，以利传热，感温装置要有保温密闭措施。

3.5   水冷冷水机组运转调试

进行水冷冷水机组运转调试，常用的工具有：制冷常用工具、数字型电压/欧姆表（DVM）、钳型电流表、绝对压力表或湿球真空指示计、500 V 绝缘测试仪（兆欧表）。

3.5.1   机组运转前的检查项目

1. 电源及电控仪表系统的检查

1）首次开机前应检查配电容量与机组功率是否相符，所选用电缆线径是否能够承受主机最大工作电流。

2）检查电制是否与本机组相符，本机组电制：三相五线制（三根相线，一根零线，一根地线，380 V ± 38 V）。

3）检查压缩机的供电线路是否接紧接好，如有松动，应重新拧紧，压缩机接线处用拧矩为 500 kg · cm。由于主机经过长途运输以及受吊装等因素的影响，螺丝有可能产生松动，若未检查直接安装可能会导致主机控制柜内电器元件（比如：空气开关、交流接触器等）以及压缩机的损坏。

4）用万用表对所有的电气线路仔细检查，检查接线是否正确安装到位；用兆欧表测量，确信无外壳短路；检查接地线是否正确安装到位，对地绝缘电阻应大于 2 MΩ；检查电源线是否合乎容量要求。

5）检查供给机组的电源线上是否安装断路开关。

6）对控制柜内主回路所有接线和控制回路外部接线对照接线图全面检查无误后方可通电（比如曲轴箱油加热器、压缩机电子保护器、循环水温度传感器、靶流开关的接线、水泵的联控等）；检查接线端螺栓是否拧紧，无松动现象。检查各电控仪表、电器是否安装正确、齐全有效，检查电控柜内外特别是各点接线口上是否清洁无杂物。

7）检查完以上项目给控制柜通电时，电源指示灯亮，此时油加热器开始工作，观察相序保护器是否正常，如相序保护器正常（绿灯亮）合上控制柜内单极开关（QF2）控制回路开始工作，触摸屏（文本显示器）和 PLC 控制器将全部投入运行。

8)开机前检查机组外部系统是否符合开机条件(比如系统冷冻水泵和冷却水泵是外控还是主联锁,外部控制在开主机之前需先开水泵。

2. 压缩机及制冷剂管路系统的检查

1)检查压缩机内油位是否正常,正常的压缩机油位一般在视镜的中部。

2)检查压缩机容调电磁阀线圈是否锁紧,容调毛细管有无破损。

3)制冷系统中的全部制冷剂阀(冷凝器出口处角阀,压缩机吸、排气截止阀)都处于开启状态,使制冷剂系统畅通。

4)检查高、低压力值,压力继电器高、低压设定值是否正常(高压设定值为1.8 MPa,低压设定值为0.2 MPa,用户不得擅自更改)。

5)检查压缩机润滑油是否预热8 h以上。试运转前至少将机油加热器通电加温8 h,以防止启动时冷冻油发生起泡现象。若环境温度较低,油加热时间需相对加长。在低温状态时启动,因润滑油黏度大,会有启动不易与压缩机加、卸载不良等状况。一般润滑油温度最低需达到23℃以上才可运转。

6)检查压缩机接线是否正确。压缩机启动后立即关机,观察瞬间系统压力的变化,确保排气压力上升,回气压力下降。反之压缩机为反转,需重新调整压缩机的接线顺序。

7)在主回路断开的情况下进行试运转,检查动作顺序是否正常。正常的启动顺序是:接通电源,按下机组启动键后3 min,星形交流接触器吸合,短暂时间后,星形交流接触器断开,三角形交流接触器吸合,机组开始以启动负荷值启动,逐步加载。

3. 水系统的检查

1)检查冷却水和冷冻水管路是否冲刷干净,冷却塔、水池等与外界相通的部位是否有杂物,应确保管内无杂质和异物。

2)检查水侧的压力表和温度计的连接是否正确,压力表应与水管成90°垂直安装,温度计的安装应保证其感温探头直接插入水管路中。

3)检查冷冻/冷却出水侧流量开关是否正确安装,确认流量开关与控制柜已正确接线。

4)点动冷冻水和冷却水水泵,检查水泵转向。正确的水泵转向应为顺时针方向,否则请重新检测水泵接线。

5)开启冷冻水和冷却水水泵,使水流开始循环。检查水管管道是否泄露,有无明显漏水和滴水现象。

6)试运行冷冻水和冷却水水泵。观察水压是否稳定;观察水泵进、出口压力表,水压稳定时压力表读数及进、出口压力差值变化微小;观察水泵运行电流是否在其额定运行电流范围内,如果与额定值相差过大请检查系统是否阻力过大,请排除系统故障直至实际运行电流满足要求。

7)检查冷却塔/膨胀水箱补水装置是否畅通,水系统中的自动排气阀是否能自动排气。如果是手动排气阀,打开冷冻水管路和冷却水管路的排气阀,排尽管内气体。

8)调整水流量并检查通过蒸发器、冷凝器的水压降是否满足机组正常运转的要求,即机组冷冻水进、出口压力,冷却水进、出口压力至少应保证在0.2 MPa以上。

4. 其他项目检查

检查确保冷却塔风机等其他设备运行正常，无异常噪声。检查风机皮带松紧程度是否适宜，确保风机与电机的连接皮带运转时不打滑，无异常噪声。

检查空调末端设备运转是否正常，确认各处的水阀、风阀均已全部打开。末端设备开启自如，无异常的噪声，送风范围和风速符合设计要求。

检查 PLC 程序及电器元件工作是否正常，正常通电工作时，电控柜中控制元件的指示灯为绿灯显示。

3.5.2　机组运行

1. 机组日常启动

1）机组控制柜提供三对开关量输出点来控制冷冻水泵、冷却水泵、冷却塔的启停。如果有多台机组并联使用，应调节确认通过每台机组的水量符合使用要求。

2）检查或重新设定电控柜显示屏上各类设定内容符合使用要求（一般不要更改，机组出厂前已设为最佳状态）。

3）在冷冻水泵、冷却水泵、冷却塔的继电器触点与机组控制柜联锁接线后将执行如下控制逻辑：机组启动前，先启动冷冻（媒）水泵，2 min 后启动冷却水泵，一分钟后启动机组。如持续 10 s 检测到水流开关断开，停机报故障。冷却塔的启停根据冷却水设定温度控制。

4）机组运行后确认压缩机无异常振动或噪声，如有任何异常请立即停机检查。

5）机组正常运行后用钳型表检测各项运行电流是否符合机组设计要求。

2. 机组季节性恢复使用

1）根据水泵和冷却塔等辅助设备生产厂家的操作维护规定进行维护检查。

2）关闭水系统上的放水阀门（或旋上螺塞），打开水系统主回路上的截止阀门，打开水系统上排气阀，为水系统冲注所需水量，待气体排除后关闭放气阀门。

3）检查电气回路上有关部件是否松动、接触器等吸分动作是否自如、绝缘包裹是否有破损，吹扫积累的灰尘。

4）闭合主电源开关向启动柜送电，确认压缩机润滑油已加热 8 h 以上。

5）按照日常启动机组的顺序启动和运行机组。

3.5.3　机组停机

1. 机组日常停机

1）按下控制柜上的 F2 正常停机键，机组将首先进行卸载，卸载后停转压缩机，紧接着让油加热器通电。停机时，压缩机以 25% 的能量运行 30 s 后停机；再延时 1 min 停冷却水泵，再延时 2 min 停冷冻水泵。如果按下电控柜上的紧急停机键，机组将立即停转压缩机而不顾当前的负荷状态，故紧急停机键平时不要轻易使用。

2）如果冷冻水泵和冷却水泵没有与机组电控柜联锁，压缩机停止后一定时间手动关闭冷冻水泵和冷却水泵。

2.机组季节性停机

1)在水泵停转后关闭靠近机组的水系统截止阀。

2)关闭压缩机吸、排气截止阀。

3)打开水系统上的放水、放气阀门，放尽水系统中的水。为防止水系统管路因空气而锈蚀，在可能的管道段冲入稍高于大气压的氮气驱除空气后，旋紧放水、放气阀门防锈。

4)保养机组及系统。

3.5.4　机组运行控制

控制系统包括压缩机启动部分及控制部分。

标准配置时压缩机启动采用△－△或不间断星三角启动方式，可以有效地避免启动过程出现很高的转换电流峰值。控制柜主要包括以下部件：电流互感器（PA）接触器（KM1～2或KM1～3）相序保护器（ABJ1－14DY或GMR－32）PLC单元（CPU单元完成数据运算处理、ID模块进行开关量信号采集、AD模块进行模数转换，采集模拟量信号）。

1.机组开机过程控制

1)对控制柜通电给压缩机油加热器进行预热，预热至少8 h后方可开机（这种情况控制回路可以不通电）。

2)压缩机预热时间达到8 h以上后可开机，先开循环水泵（冷水泵）再开冷却水泵。

3)冷水泵系统和冷却水泵系统均开始循环后，对于单机头螺杆机组直接按启动键；若是多机头螺杆机组则需先选择机号后按启动键。

4)观察启动过程：首先启动冷冻水泵，延时2 min后启动冷却水泵，1 min后机组开始启动。机头启动方式为星三角（Y－△）启动，转换时间为5 s。启动时，压缩机以25%的能量运行30 s后转入以50%能量运行；再根据温度进行上载控制。

5)冷水系统的进、出口温度显示是否正确（制冷情况进水温度大于出水温度），观察机组的运行电流是否在主机标定的范围内。

6)直接停机按停止键，停机时压缩机以25%的能量运行30 s后停机；延时1 min停冷却水泵，延时2 min停冷冻水泵。

7)若冷却水泵与冷冻水泵没有联锁，则停机时须等压缩机停止后延时1 min手动停冷却水泵，再延时2 min手动停冷冻水泵。

2.机组加/卸载过程控制

（1）上载过程

1)当控制装置电源接通时间超过设定的【压缩机最小停机时间】时，且冷水出口温度高于（设定值＋温差值）【通常设定值为7℃，温差值可在1.0～5.0℃之间设定】时，机组投入启动运行，启动时自动选择运行时间最短机头先启动。压缩机上载间隔时间可在触摸屏上设定（1～10 min之间）。

2)当冷水出口温度在（设定值＋温差值）与（设定值）之间时，机组停止加载运行。

3）每台机头两次启停间隔时间最少 5 min。

（2）卸载过程

1）当冷水出口温度低于（设定值－温差值）时，机组将开始卸载，先卸运行时间最长的机头；满足卸载时间间隔后，冷水出口温度仍然低于（设定值－温差值）时再继续卸载。

2）当系统出现故障或停机时，机组投入快速卸载运行，每台机头先转入以 25% 能量运行状态 30 s 后停机。

3）当机头本身系统出现故障时，该机头停止运行，待故障消除后，按复位键，该机头将重新自动投入运行。

3. 运行管理和停机注意事项

（1）水冷冷水机组运行管理注意事项

1）机组的正常开、停机必须严格按照厂方提供的操作说明书的步骤进行操作。

2）机组在运行过程中，应及时、正确地做好参数的记录工作。

3）机组运行中如出现报警停机，应及时通知相关人员对机组进行检查，如无法排除故障，可以直接与厂方联系。

4）机组在运行过程中严禁将水流开关短接，以免冻坏水管。

5）机房应有专门的工作人员负责，严禁闲杂人员进入机房，操作机组。

6）机房应配备相应的安全防护设备和维修检测工具，如压力表、温度计等，工具应存放在固定位置。

（2）螺杆式冷水机组停机注意事项

1）机组在停机后应切断主电源开关。

2）机组处于长期停机状态期间，应将冷水、冷却水系统的内部积水全部放净，防止产生锈蚀。水室端盖应密封住。

3）机组长期停机时，应做好维修保养工作。

4）在停机期间，应该将机组全部遮盖，防止积灰。

5）在停机期间，与机组无关的人员不得接触机器。

3.6 水冷冷水机组机器保养维护与故障处理

正确的维护和及时的维修有利于保证水冷冷水机组时刻处于最佳状态、保持最高效率、延长机组的寿命。

3.6.1 机组的维护

1. 日常维护的主要内容

1）每天按规定的程序执行开机和停机顺序。

2）按一定的时间间隔记录机组运行参数。

3）机组开始运行 24 h 后对冷冻、冷却水过滤器清洗一遍。

4）通过控制柜上压力表显示检查机组的蒸发器和冷凝器压力，根据压力温度对照表，检查蒸发温度和冷冻水出水温度的差值、冷凝温度和冷却水出水的温度差值,注意它们的变化趋势。蒸发压力读数一般应在 380~450 kPa 的范围内,冷凝压力一般应在 1300~1500 kPa 的范围内,温差值一般为 1~3℃。冷凝压力和蒸发压力将随着冷却水进水温度和冷冻水出水温度的变化而变化。

5)检查制冷剂过滤干燥器,如果发现过滤干燥器出口位置有结霜现象,则说明存在堵塞。这个现象通常伴随着蒸发压力过低以及蒸发温度与冷冻水出水温度的差值增大的现象。应注意及时更换制冷剂过滤干燥器。

6)检查油箱中的油位,正常的油位一般应在视镜的中部位置。如果发现油位有较大的下降,应及时添加冷冻油。

7)遇到任何停机故障都应引起重视,分析原因。

2. 定期维护的主要内容

定期维护包括每周、每月、每季度、每半年、每年的维护保养。客户参照下述内容制定科学的定期维护计划并认真地予以执行,对预防问题的出现能够起到非常重要的作用。

(1)每周的维护

检查分析运行参数记录表。

(2)每月的维护

1)检查分析运行参数记录表。

2)检查电源接线的紧固螺栓有无松动。

3)检查机组各运动部件有无杂音,运行是否正常。

4)检查制冷系统的高、低压力值是否正常。

5)检查各电机的运行电流、机组的绝缘电阻是否正常。

6)检查干燥过滤器及视镜是否正常,如过滤器出口结霜,表明过滤器脏堵,需清洁滤网,视镜有湿度显示(颜色变红),则需更换过滤器滤芯。

7)检查压缩机润滑油是否正常,如油位低于视镜的 1/2,应添加润滑油;如有脏物或已变质,应更换润滑油,并清洗或更换油过滤器,同时更换干燥过滤器滤芯。

(3)每季度的维护

1)检查分析运行参数记录表。

2)检查压缩机油位。

3)清洁蒸发器和冷凝器水系统管路过滤器。

4)在机组满负荷运行时检查制冷剂通过制冷剂过滤干燥器所产生的温降。

(4)每半年的维护

1)检查分析运行参数记录表。

2)对冷冻油进行理化分析,以便判断机组中制冷剂的含水量及酸度。

3)对控制柜、启动柜和电机的所有可能松动的电气接头进行紧固检查。

(5)每年的维护

1)检查分析运行参数记录表。

2)检查油位,对冷冻油做理化分析,如果发现油已经乳化,应更换同牌号冷冻油。

3)必要时更换冷冻油过滤器,此检查应由维修人员进行。每年至少一次拆开安全阀出口的接管,仔细检查阀体,看其内部是否有腐蚀、生锈、结垢、泄漏等现象,若发现有腐蚀或泄漏,应更换安全阀,此检查应由维修人员进行。

4)检定冷凝器高压开关的设定值,确保高压开关在 1.8 MPa 时动作。

5)检查冷凝器管程的结垢程度。如果蒸发器连接开式系统,应一并检查。根据检查结果,可以确定清洗周期和水环路中水的处理是否适当,若发现结垢严重,则清洗管程。每年至少一次用旋转式清洗设备清洗传热管,如果水受到污染,清洗应更频繁。冷凝压力过高、机组制冷量不足通常是由于管内的结垢,或机组内有空气,对照冷却水出水温度以及冷凝器制冷剂温度,如果两者差值大于 6℃,冷凝管可能结垢。在传热管清洗过程中,应使用专门的刷子,不可用线刷,避免划伤和刮破管壁。

6)检测压缩机电机绕组间及绕组对地的绝缘电阻,此检查应由维修人员进行。

3.6.2 机组的水质管理

冷冻水和冷却水水质不良不仅会在传热管内结垢,影响热交换效率,降低机组性能,而且会腐蚀传热管致使机组发生重大故障。客户应按照 GB 50050—2007《工业循环冷却水处理设计规范》的要求进行水质处理。冷冻水系统为闭式系统时应采用软水。在机组运转期间应定期对冷却水(开式系统的冷冻水)进行抽样分析,水质应符合表 3-2 的要求。如果达不到要求,应进行水质处理。

表 3-2 水质标准

	项目	补充水	冷却(冻)水	倾向	
				腐蚀	结垢
基本项目	pH(25℃)	6.5~8.0	6.5~8.0	0	0
	导电率(25℃)(μS/cm)	<200	<800	0	0
	氯离子 Cl^-(mg Cl^-/L)	<50	<200	0	
	硫酸根离子 SO_4^{2-}(mg SO_4^{2-}/L)	<50	<200	0	
	酸消耗量(pH4.8)(mgCaCO₃/L)	<50	<100		0
	全硬度(mgCaCO₃/L)	<50	<200		0
参考项目	铁(Fe)(mg Fe/L)	<0.3	<1.0	0	0
	硫离子(S^{2-})(mgS^{2-}/L)	检查不出	检查不出	0	
	铵离子(NH_4^+)(mgNH_4^+/L)	<0.2	<1.0	0	
	二氧化硅(SiO_2)(mgSiO_2/L)	<30	<50		0

3.6.3 故障处理

冷水机组常见故障处理见表 3-3。

表 3 - 3 冷水机组常见故障处理

序号	故障	原因分析	排除方法
1	压缩机无法加载	1)环境温度过低,润滑油黏度过高 2)毛细管、容调电磁阀阻塞或卡住	1)运行前油加热器至少通电加热 8 h以上,油温最低达到23℃以上 2)清除毛细管、电磁阀内杂物或检查油路过滤器是否阻塞
2	压缩机无法卸载	1)容调活塞卡住或磨损导致气密失效,冷媒进入容调活塞缸中 2)润滑油量不足	1)检查容调活塞 2)检查润滑油量,不足则加注
3	压缩机异常振动或噪声	1)压缩机液压现象 2)容调阀脉动共振	1)提高冷却水温度,热力膨胀阀关小 2)检查容调电磁阀有无异常
4	电源保护器保护	1)电源相序错;相序保护器逆相灯亮 2)电源电压过高;相序保护器过欠压指示灯亮 3)电源电压过低;相序保护器过欠压 4)电源断相;相序保护器断相灯亮	1)调整电源相序 2)用万用表检查电源电压
5	循环水断水	1)空调水系统有空气,靶流开关时通时断 2)水泵故障 3)靶流开关接线错误 4)靶流开关失灵	1)水系统排气 2)检查水泵 3)检查靶流开关的接线 4)检查靶流开关是否安装靶片、微动开关是否动作
6	冷却水断水	1)冷却水系统有空气,靶流开关时通时断 2)水泵故障 3)靶流开关接线错误 4)靶流开关失灵	1)水系统排气 2)检查水泵 3)检查靶流开关的接线 4)检查靶流开关是否安装靶片、微动开关是否动作
7	防冻保护	1)循环水出口温度设定过低 2)循环水出口传感器接线错误 3)传感器故障	1)调整循环水出口温度设定值 2)检查循环水传感器接线 3)更换传感器
8	电子保护器保护	1)电子保护器接线错误或接线松动 2)电子保护器烧坏	1)调整电子保护器接线 2)更换电子保护器

续表 3-3

序号	故障	原因分析	排除方法
9	压缩机过载保护	1)电压过高或过低 2)排气压力过高 3)回水温度过高 4)过载元件故障 5)电动机接线错误 6)过载保护器整定值不合理	1)检查电压与机组额定值是否一致,必要时更正相位差平衡 2)检查排气压力和确定排气压力过高原因,排除之 3)检查回水温度过高原因,排除之 4)检查压缩机电流,对比资料表上的全载电流 5)检查电动机接线座与地线之间阻抗 6)按压缩机额定电流进行调整
10	压缩机高低压保护	1)冷却水入水温度过高或通过冷凝器水流不足 2)水泵故障 3)制冷剂充注过量,冷凝器铜管浸没于制冷剂液体中	1)调节水阀或控制闸阀;检查水塔工作情况;检查管路内的过滤器 2)检查冷却水泵 3)排出过量制冷剂
11	压缩机油位低	1)油位开关失灵,用万用表二极管挡测试油位开关是否导通 2)压缩机缺油;查看油镜的油位是否低于 1/3 油位	1)更换油位开关 2)对压缩机补油
12	油压差保护 (此功能暂预留,水冷螺杆机未装油压差开关)	1)油压差开关失灵 2)油过滤器脏赌	1)更换油压差开关 2)检查清洗油过滤器

3.7 风冷式冷水(热泵)机组概述

风冷式冷水(热泵)机组是一种以空气为冷却介质的集中空调产品,可安装于屋顶或室外庭院,无需专用机房和冷却塔,安装相对简单。

该机组在工厂内完全组装,已完成所有的部件和制冷管路及内部接线的连接,满足现场安装要求,并已完成压力试验、真空试验、制冷剂和润滑油的充注。

风冷式冷水(热泵)机组是比较复杂的设备。在调试过程中,人员可能要接触某些部件或环境,如:含有一定压力的制冷剂、油、高温部件、运动部件及高/低电压等。

风冷式冷水(热泵)机组可广泛用于宾馆、医院、影剧院、体育馆、娱乐中心、商业大厦、写字楼、工矿企业等场所,为中央空调系统提供冷(热)水,也可为纺织、制药、化工、食品、电子、科研等部门提供工艺冷冻水。同时,机组还可以回收制冷运行时的冷凝废热,经济地制取生活热水,提高人类生活品质。机组使用条件见表 3-4。

表3-4   风冷式冷水(热泵)机组使用条件

项目		参数
使用侧	冷水出口温度(℃)	5~15
	热水出口温度(℃)	35~50
环境侧	制冷干球温度(℃)	15~45
	制热干球温度(℃)	-10~21
水流量(m³/h)		额定流量±15%
允许电压范围(V)		额定电压±5%
三相电压不平衡率		±2%
允许频率范围(Hz)		额定频率±2%

注:上述参数如超出限定范围,将会对机组造成不良影响。

机组的工作原理是利用制冷剂工质在不同压力和不同温度条件下的状态变化,来实现其吸热和放热过程,从而达到制冷或制热的目的。关于风冷或冷水(热泵)机组调试与水冷机机组相似某不同点如下所。

3.8   机组安装调试前期准备

3.8.1   机组安装

1)安装机组的基础可为槽钢(由用户根据机组外形尺寸自行设计)或混凝土结构,基础表面应平整,其水平度在6.4 mm以内,并能承受机组的重量。机组与基础可用M20×250底脚螺栓固定。

2)为保证机组的最大负荷性能,以及运行的可靠性和维修的方便,机组的周围必须具有足够的空间。一台或多台机组的平面布置方式及最小距离要求(见图3-5),机组顶部不允许有影响通风的障碍物,且四周墙面不能有多于一个高于机组顶部的墙面存在。为保证良好的通风条件,机组底下的地面应保持清洁,考虑到冬天积雪等影响,机组应高出地面适当的高度。

3)由于受工作现场条件的限制,当机组的安装距离小于本说明书的推荐值时,机组的通风变差,其冷凝压力和电机电流有可能超过最大允许值,此时机组在卸载情况下仍能继续运行,但条件过于恶劣时,将会引起机组保护停机。

4)机组不能安装在灰尘大、污物、腐蚀性气体、热空气、烟气、蒸气、潮湿等环境中。机组安装时,必须考虑机组运行的噪声能否符合环保的要求,对噪声比较敏感的场合,应采取适当措施避免振动和噪声影响周围的环境。

5)安装机组时,尤其是多模块机组,机组同一边的安装孔应保持在同一条直线上,模块之间的距离严格控制为350 mm。

6)当机组在地面安装时,应注意在机组周围采取护栏等适当的防护措施和警示标志,以

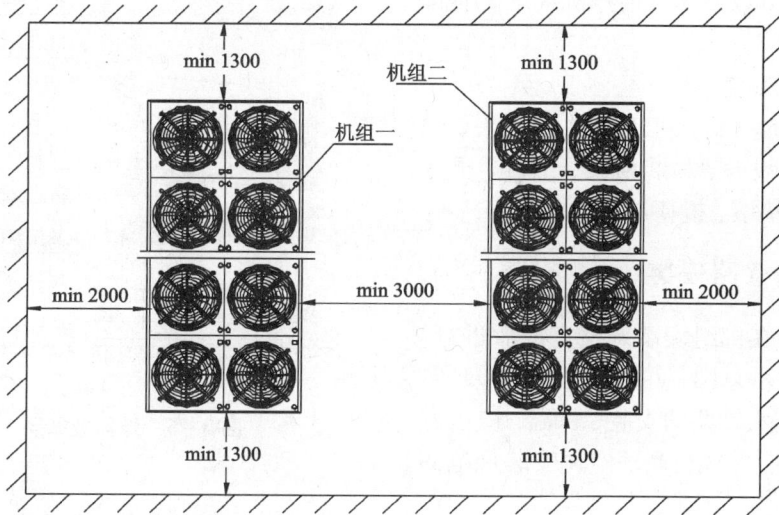

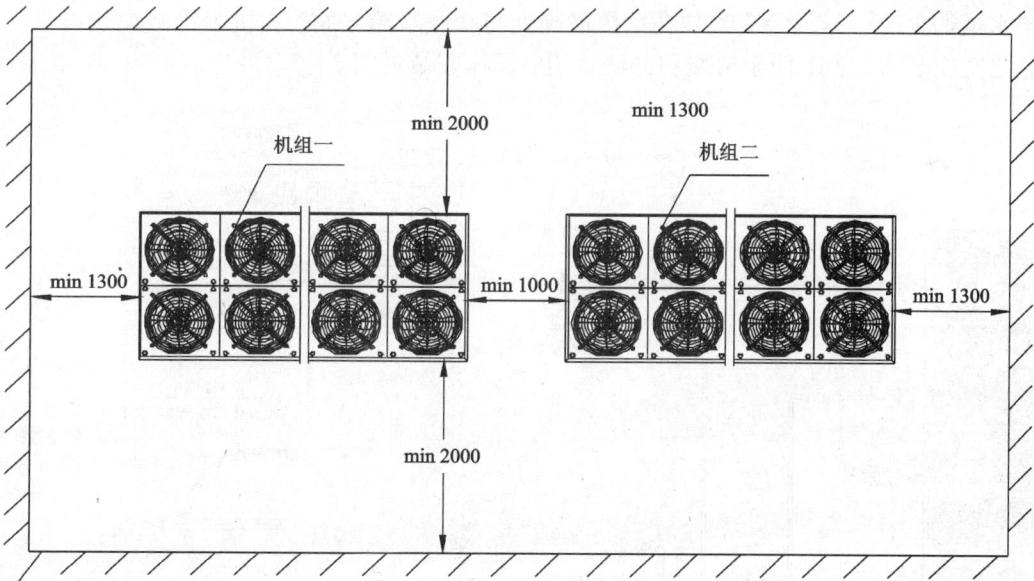

图 3-5　机组的平面布置方式及最小距离要求

免伤及无辜人员或损坏设备。

　　7）机组常用的防振措施是在机组底部安装弹簧减振器，该件为选择件。根据机组的重量分布情况选择弹簧减振器的型号，每只减振器所承受的载荷不得超过其最大使用载荷值，一般按最大使用载荷的 70% ~80% 选取。弹簧减振器在安装连接（见图 3-6）过程中，应适当调整减振器使机组保持水平状态。

8）机组基础四周应有排水沟等足够排放能力的排水措施，以便季节性停机或维修时排放系统中的水。

9）须采用柔性连接。

10）应准备的材料及工具：软连接头、弹簧减振器、吊装设备、吊装横梁、吊链、千斤顶、滑动垫木、垫滚、撬棒等。

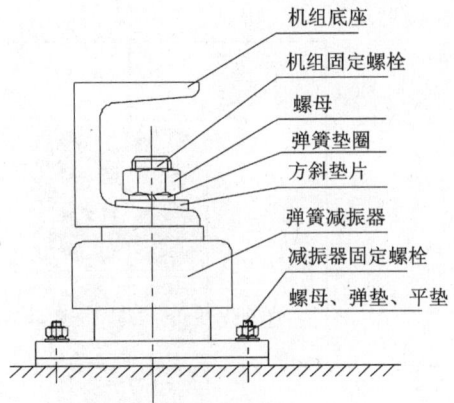

图 3-6 弹簧减振器

3.8.2 水管路安装

水管路连接在机组安装调整完成后进行，参考水管路安装示意图，并应注意下列事项：

1）空调系统水管路的安装、保温，应由专业人员设计指导，并执行暖通空调安装规范的相应规定。

2）注意水侧换热器的进、出水口标识，以防止连接错误。

3）外部水管路系统建议安装防振软连接头、水过滤器、电子除垢仪、止回阀、排水阀、排气阀、截止阀、膨胀水箱等，膨胀水箱应安装在高于系统最高处 1~1.5 m，水箱容量约为整个系统水量的 1/10，排气阀应安装在系统最高处与膨胀水箱之间，在机组水侧换热器进、出水管路之间安装旁通阀，便于检修和冲洗管道，具体安装见图 3-7。

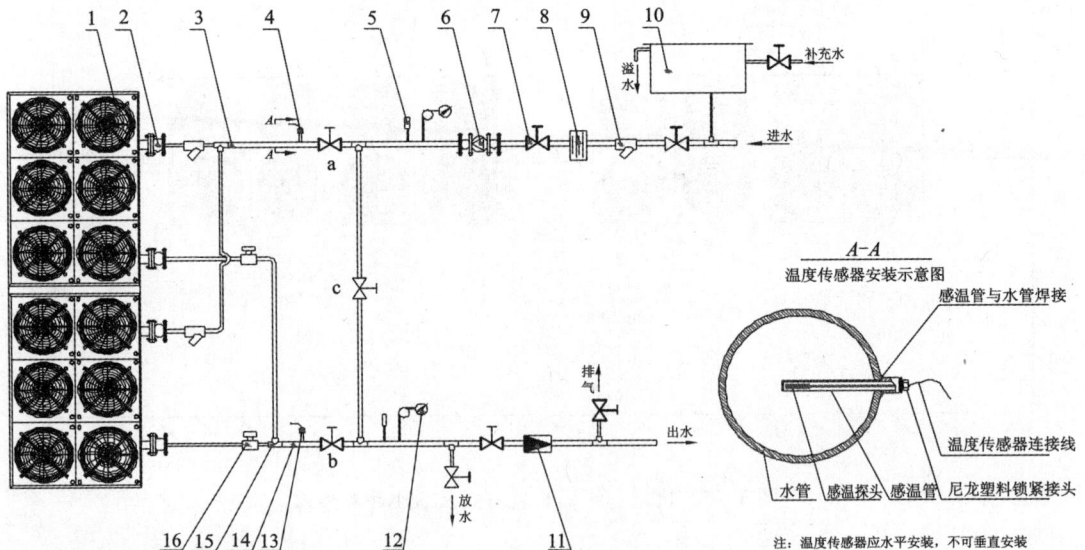

代号	1	2	3	4	5	6	7	8	9	10	11	12	13	14	15
说明	空调主机	防振软接头	回水集管	多模块机组回水温度传感器	温度计	水泵	截止阀	电子除垢仪	水过滤器	膨胀水箱	止回阀	压力表	多模块机组出水温度传感器	出水集管	靶式流量控制器

图 3-7 水路安装

4)供水系统必须选配流量、扬程合适的水泵,以确保机组正常供水。水泵应装在机组水侧换热器的进水管上,要注意如果水泵直接从水侧换热器吸水,可能会引起机组性能的不良变化。

5)有多路进出管口的机组,其靶式流量控制器安装在各自的出水管路上。冷冻水出口感温探头必须装在总的出口管路上,温度传感器具体安装(见图 3 - 7)。靶流座和感温管随机附带,感温管内应注入导热油,以利传热。

6)机组的进水管路前必须安装水过滤器,并选择 16 目以上的过滤网,其位置应尽量靠近进出水管接头,以免在水侧换热器与过滤器之间的管路中混有碎屑,带入水侧换热器对管束产生严重的破坏。

7)系统用水应根据水质情况适当处理,因为水中的灰尘、污垢、油脂、离子等杂质一方面附在传热面上,会影响机组的性能,另一方面会增加水侧换热器的压降,减少流量,并会在无形中对水侧换热器管束造成机械损坏。建议向水处理专家咨询,以确定所用的水不会影响水侧换热器的各种材料。循环水的 pH 应保持为 7 ~ 8.5。

8)水泵与机组,水泵与系统水管路之间除采用防振软连接头连接外,同时管道和水泵还应自设有单独的支架以免机组受力。对所有过墙、穿越天花板或地板的管路,必须采取适当措施防止管路振动传递到建筑物上。

9)冷冻水管路(包括水侧换热器水管接头处)及膨胀水箱应作保温处理,但阀件接头处应留出维护操作部位。

10)系统水管路冲洗和保温要在与机组连接前进行。

11)机组调试前,需关闭截止阀 a、b,打开截止阀 c,水泵运行 4 h,清洗过滤器,放尽系统内的水,继续重复以上操作 1 个回合后,再打开截止阀 a、b,关闭截止阀 c。严禁管道在未冲洗干净前就与机组连接。

3.9　关于调试操作使用前的检查

1)是否留有足够的检修空间。

2)所有接线是否牢固、可靠。

3)供电电源与机组铭牌要求是否一致。

4)电源线、断路器(空气开关)的规格是否正确。

5)依据技术参数表,检查供电电缆线径是否满足要求。

6)检查绝缘电阻,应不小于 2 MΩ,否则应分析原因给予排查。

7)机组是否有良好可靠的接地。

8)电线是否碰到热的制冷剂管道。

9)有无明显的制冷剂泄漏现象,如冒气泡或有油迹。

10)确保水系统都已安装正确并通过测试(冷冻水流方向、靶流控制器的安装、冷冻出水感温探头的安装等)。

11)确保水泵功能正常和流量设定正确。

12)在进、出水管上应设置测压力接管座和测温度的温度计插管以便于故障分析。

13)用手拨动冷凝器风机,检查是否灵活运转。

3.10　空气侧换热器清洗

空气侧换热器出现结灰、积尘后，会影响换热效果，降低机组运行能效，严重时可引起机组故障。

可以通过肉眼观察判断脏堵程度，或者制冷模式运行时通过制冷剂冷凝温度与环境温度的差值、制热模式运行时通过制冷剂蒸发温度和环境温度的差值进一步判断；差值超过设计温差 3~4℃时(标准空气侧换热器，设计温差一般为 15~18℃)，表明空气侧换热器脏堵已经影响了空气侧换热器的换热性能。

以下异常原因，也可能导致空气侧换热器传热温差过大，需排除以下原因后，才可考虑清洗空气侧换热器：

1)制冷剂过多(制冷)；制冷剂不足(制热)。

2)液体管路或干燥过滤器堵塞。

3)制热时翅片换热器结霜。

4)部分风机没有开启(自动停止或过载保护停止)。

5)部分风机反转。

在日常维护中发现空气侧换热器出现结灰、积尘，可以用机械清洗与化学清洗这两种方法清洗。

1.机械法清洗

1)用圆形的尼龙刷或黄铜刷(握住杆)对空气侧换热器翅片里里外外刷一遍；

2)用清洁的水或压缩空气冲刷空气侧换热器，清洗时对压缩机接线盒、风机电机接线盒、电器控制箱等进行防水保护。

2.化学法清洗

化学法清洗主要用于清除空气侧换热器翅片上的油渍等物质。

1)只能使用可靠来源的清洁药剂；

2)清洗时特别要注意用量以及清洗后要用干净的水进行冲洗和中和处理。清洗时同样要注意对压缩机接线盒、风机电机接线盒、电器控制箱等进行防水保护。不能遮挡或阻碍空气侧换热器的进风、出风，否则会损坏机组。

3.11　调试中满液式机组油位保护处理流程

3.11.1　油位开关

满液式机组，压缩机配有上下两个油位开关：分别是高油位开关、低油位开关。

高油位开关，由一个光电油位开关和一个油视镜组成。高油位开关是用来判断压缩机内冷冻油是否正常，并来控制二次油分离器到压缩机的回油电磁阀，按需给压缩机供油。

低油位开关保护为安全性保护，当油位低于低油位开关保护值时，压缩机的轴承、转子等地方会出现供油困难，磨损加剧，会造成永久性损坏。所以低油位保护后，压缩机是不能运行的。

3.11.2 回油原理

对于双机并联的满液式机组，回油问题分为：正常循环回油、回油程序供油、引射回油。

正常循环回油：机组运行时，冷冻油会随着制冷剂在系统中循环。在压缩机内的一次油分和系统中的二次油分处，将油拦截下来，储存在压缩机和二次油分内，只有极少量的油循环到系统其他位置。而满液式蒸发器，不直接吸入液态制冷剂，冷冻油会在蒸发器中聚集，在蒸发器的液面形成富油层。当冷媒在蒸发器中沸腾时，大量的气体浮出液面，在冷冻油的作用下，形成大量气泡和飞沫。这些气泡和飞沫中含有大量冷冻油，被吸入压缩机，如此完成了回油。蒸发器液面的冷冻油越多，气泡层会越厚，吸气回油量也越多，最终从二次油分失去的冷冻油和压缩机吸入的冷冻油达到一个平衡，机组就处于一个稳定的状态。

回油程序供油：当高油位开关断开 20 s 后（此时油视镜看不到油），其对应二次油分回油管路电磁阀会打开，冷冻油从二次油分中压入压缩机，油视镜中冷冻油的液位应该会慢慢升高；当压缩机低油位开关断开 5 s 后，不管高油位开关闭合与否，强制二次油分离器到压缩机的回油电磁阀得电，直到低油位开关闭合 60 s 后再断开（期间低油位开关保护停机执行指令不变）。

引射回油：利用引射泵的原理，从压缩机高压端取来的高压、高速流动的气体，将蒸发器富含冷冻油的气泡或者制冷剂，引射到压缩机吸气口，来达到回收冷冻油的目的。引射泵回油，将大量液态制冷剂带入压缩机，给排气过热度控制带来很大干扰。故蒸发器上的引射回油口，只需开 2 圈，不能太大。

由上面可以看出，当蒸发器的冷冻油不能正常回到压缩机，或者冷冻油在二次油分储存而不能回到压缩机时，就会发生压缩机缺油、油位保护问题。

3.11.3 油位保护问题处理

1. 传感器部件检查

当出现油位保护时，首先要排查排气温度传感器、蒸发器出水温度传感器、高压压力传感器、低压压力传感器、电子膨胀阀是否正常工作。这些部件所测量的参数，都会参与电子膨胀阀的控制，若测量的值误差较大或者错误，会造成电子膨胀阀开度不当，引起回油问题：

1）膨胀阀开得太大，蒸发器液位过低，吸气带液严重。压缩机油腔中有大量制冷剂，沸腾时易将油带走，且制冷剂气化后，油位较低，易发生油位保护，此种情况在部分负荷时更加明显。并且当机组停机时，压缩机油腔里的液体（油和制冷剂的混合物）迅速气化，液位降低，引起油位保护，在 A 系列机组上有发生，现 B 系列机组停机时不检测油位。冷冻油中冷媒含量的多少，还可以通过油视镜观察：若视镜中气泡很多，则吸气带液严重。

2）膨胀阀开得过小，排气过热度较高，则蒸发器的液位过低，吸气回油困难。若持续时间过长，则会发生油位保护。

观察机组运行参数，看与上述部件相关的参数（表 3 - 7），与正常值偏离是否机组状态、进出水温等匹配，有无波动。

表 3－7　部件运行参数

排气温度	满液式排气温度一般在 50～70℃ 之间，可用点温计校正
冷凝温度	和高压值对应，由高压值计算而来，比冷凝器出水温度高 5℃ 左右
高压	由高压传感器采集，可接压力表校对
排气过热度	排气温度减冷凝温度得出，一般为 22℃ 左右，温差控制时会稍低
低压	由低压传感器采集，可接压力表校对
蒸发温度	和低压值对应，由低压值计算而来，比蒸发器出水温度低 2℃ 左右
蒸发器出水温度	可用点温计校正

2. 回油部件检查

1）低油位开关检查：如果从压缩机油视镜里可以看到油位，但是低油位开关报警了，则低油位开关必然损坏，检查故障低油位开关的接线是否错误、松动，排除故障（低油位开关为一常闭电路，油位正常时，电路闭合；当油位较低发生保护时，则电路断开；接线松动等情况，电路也会断开）。

2）二次油分回油管路检查：①检查二次油分回油管路中的截止阀是否全部打开。②检查回油电磁阀；观察回油管的视镜，当压缩机的油视镜空了后，查看二次油分回油管路的视液镜，有无气泡流过（液态油和气态制冷剂的混合物），听回油电磁阀有无吸合是发出"啪"的响声。若直到油位保护，也未看到气泡，说明油过滤器堵塞或者回油电磁阀损坏。然后对回油电磁阀单独供电（220 V），检查是否有磁力，有无响声。

（3）若高油位视镜中无油，20 s 后，二次油分管路的视液镜无气泡（液态油和气态制冷剂的混合物），直至低油位开关动作时才有气泡，则说明高油位开关发生故障。

3. 参数设定检查、蒸发器引射回油截止阀开度检查

查看"蒸发器出水温度—蒸发温度"设定值和排气温度修正值。

"蒸发器出水温度—蒸发温度"设定值一般为 6℃，若此设定值过低，则开机会膨胀阀的开度会偏大，排气过热度一直升不上去，易出现 EXV 超时保护。吸气长时间带液，也会出现油位保护。

对 R22 机组，排气温度修正值一般为 0～5℃，过高会使蒸发器液位偏低，吸气回油困难；过低会使蒸发器液位偏高，压缩机带液运行，油分拦油性能下降，跑油比较快。可能某些机组的排气过热度调节范围比较窄，修正值取 5℃ 已经偏高，需视具体机组而调节，不可一概而论。

蒸发器引射回油截止阀开度，一般为 1～2，视具体情况而定。开得太大，会大量回液，对机组的排气过热度控制产生干扰，还会影响压缩机油腔有效油位，甚至在低负荷或停机时引发油位保护。

检查机组的 PID 值是设置正确。若 PID 值设置有误，则膨胀阀开度变化速度过快或者过慢，容易开过头，排气过热度和蒸发器液位难以稳定，容易引起回油问题。

当机组长时间处于部分负荷运行时,排气过热度修正值需调得较大,4℃左右;蒸发器引射回油截止阀需关小至 1 圈左右。

4.机组运行工况

机组的蒸发器出水温度过高会使机组低压过高,制冷剂和冷冻油循环量相应加大,对机组回油造成压力;冷凝器的出水温度过低会使机组高压过低,机组的高、低压压差也相应降低,高低压压差严重降低,由于压差动力不足,制冷剂将在冷凝器底部积存(冷凝器换热温差增大),蒸发器液位偏低,排气过热度升高,蒸发器吸气回油困难。可以通过调集水阀控制水流量、控制冷却塔风机的启停来控制高、低压力,使机组在合适的工况下运行。

5.判断是否缺氟

如果机组缺氟,即使电子膨胀阀(简称 EXV)开满,蒸发器液位也很低,甚至一点也看不到。如果在缺氟的情况下开机,则蒸发器内会积存越来越多的冷冻油,从蒸发器视镜可以看到大量细密的乳白色泡沫。在排气过热度目标值合适的情况下,机组运行时观察液管视镜,判断是否缺氟。不缺氟时从液管视镜是看不到任何流动状态的,如果看到有气泡则代表缺氟,如果看不到气泡且看到视镜底部有液体流动,则代表严重缺氟。

第4章 集中空调末端调试

集中空调末端形式主要包括组合式空调机组（central station air handling unit，AHU）、风机盘管（fan coil unit）、柜式空气处理机组（packaged air handling unit）。

4.1 组合式空调机组

组合式空调机组以冷（热）水或蒸气作为冷、热源，以功能段为组合单元，由风机导流室内空气，从而完成空气的输送、混合、加热、冷却、去湿、加湿、消声和空气洁净等处理功能，以达到调节室内空气质量的目的。广泛适用于宾馆、商场、医院、工厂、科研生产单位和办公楼等集中空调工程，并可根据工程要求制成室外组合式空调机组、洁净厂房、制药厂房、医院手术室、卷烟厂等专用机组。

组合式空调机组一般以分段或散件形式发货，单一机段的长度一般小于 2400 mm（不包括木包箱尺寸）。机组分段出厂，机段在厂内已基本组装完毕，现场只需要将机段按顺序对接，再连接到工程的水路、风路及电路中即可使用。散件出厂以零部件的形式发货，机组在工程现场进行组装。

4.1.1 开箱、装卸搬运、存放

货到现场后，在供需双方人员共同在场的情况下开箱验收，以确保没有损坏、丢失。调试人员需要协助监督检查机组框架、面板，管道，线路的连接，内部部件（表冷器、过滤器、风机等）。

机组的装卸、搬运过程应尽量保持水平、平稳。机段连同金属底座一起发送时，金属底座上有 ϕ20 mm、ϕ45 mm 的起吊孔，适合不同的吊装方式；吊装机组时，请注意在有吊装标识的地方起吊。在搭装带绳前，应先检查起吊部位有无松动现象，同时请注意吊绳的角度，如图 4-1 所示，不要小于 45°（因为小于 45°绳会受很大的拉力，如在 30°时的拉力是 45°时的 1.5 倍）。吊绳的张弛、吊钩的脱落及吊环螺钉的弯曲、脱落都会产生难于意料的危险；机组搬运过程中，先对搬运路线和路线上各通道门户大小作仔细的了解，并对货物的搬入顺序和方向作详细的安排，应充分考虑到不使机房出现混乱现象为好；机组搬运可使用吊车或叉车装卸，也可采用牵引滚柱的方法（图 4-2）；搬运过程中机组不得碰到建筑物上，严禁机组翻转和倒立及倾斜等情况出现。如对机组有特殊搬运要求，应事先咨询生产厂家；严禁使用撬棍搬运机组（图 4-3），否则有可能引起机组损坏。

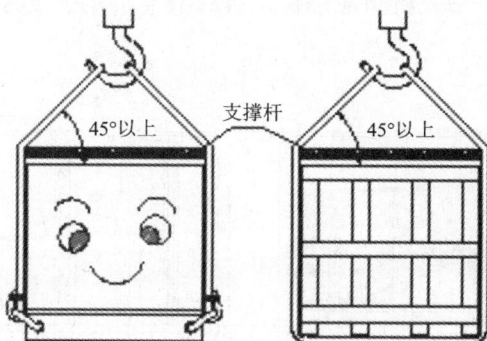

图 4-1 吊装示意图

图 4-2 牵引滚柱搬运方法

图 4-3 请勿使用撬棍

机组在未安装前应存放在干燥、防雨、防火并且周围应无腐蚀性介质的场所。要求空气温度不得超过 40℃，相对湿度不得超过 90%；机组不可堆放；如果湿度超过 90%，电机绝缘装置就会很快损坏，湿度达到 100% 时其绝缘功能就会完全消失；定期检查，以防生锈和损坏，当机组存放时间过长时，建议一个月至少一次从检修门或风机段入口进入机组风机室，用手轻轻转动风机和电机，这将有助于轴承润滑和防锈。

4.1.2 机组安装注意事项

组合式空调机组在空调系统中是空气处理的重要设备，用户必须严格按暖通设备施工规范安装。为使机组正常运行，不能将机组安装在灰尘大、污物多、腐蚀性气体多，以及湿度大的场合，室内型机组严禁在露天场合使用。

在安装之前需要对安装机组的基础进行检查。提供的钢支座或混凝土基础必须要有足够的强度和刚度，能足以承受机组运行时的所有重量和振动。基础的承受能力按大于机组总重量的 1.2 倍进行考虑。务必注意承载体的强度和可靠性，否则将有重大隐患。

基础高度应高于机房地平面 200~300 mm[图 4-4(a)]，小型号机组基础取小值；基础外形尺寸长宽各大于机组外形尺寸长宽 50~100 mm[图 4-4(b)]；基础表面应平整、光洁，其对角线水平误差以不超过 5 mm 为宜，如基础不水平，可能会导致冷凝水排放不畅，造成漏水事故；或破坏风机的动平衡，造成轴承故障和振动；冬季机组停用时，会导致盘管内的水无法彻底排尽，造成盘管冻裂；对于安装在地面上的机组，为减少机组振动的传递，建议在

机组底座下放置减振胶垫。吊式机组应确保吊挂件有足够的强度来承受机组重量,吊杆上应有减振装置。

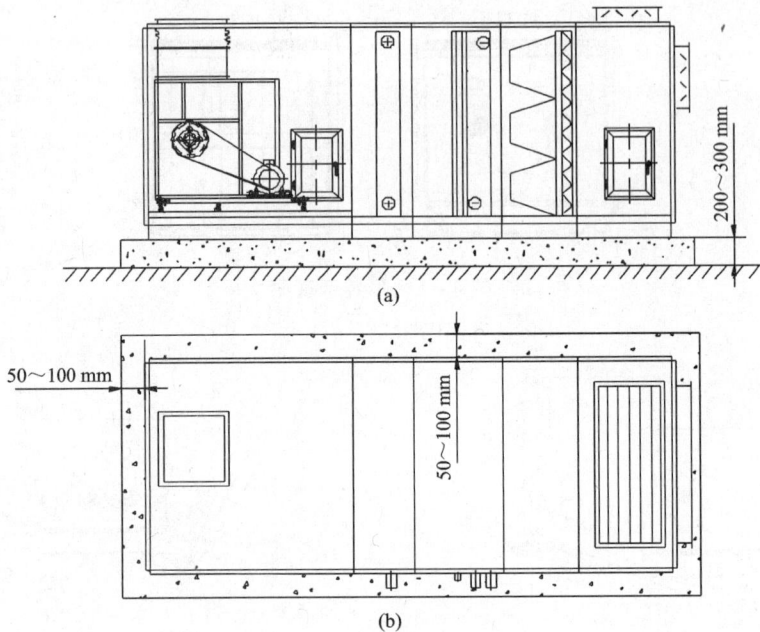

图4-4　基础高度及外形尺寸

基础四周应设有排水能力足够的排水沟;表冷段根据不同的排列顺序有负压侧和正压侧两种情况,为确保凝结水能顺利通畅地排出,凝结水管必须设置存水弯,其水封高差可参考图4-5。机组排水口必须装设存水弯,否则将引起机组漏水。

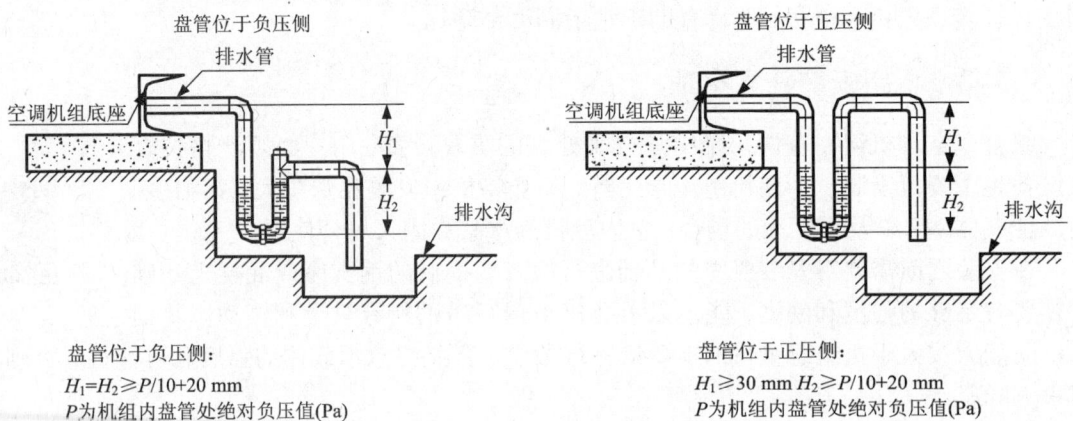

盘管位于负压侧:
$H_1=H_2\geqslant P/10+20$ mm
P为机组内盘管处绝对负压值(Pa)

盘管位于正压侧:
$H_1\geqslant 30$ mm $H_2\geqslant P/10+20$ mm
P为机组内盘管处绝对负压值(Pa)

图4-5　存水弯水封高差

同时凝结水管应保持畅通,保证排水坡度大于0.005(水管侧为低点)。

机组旁边(特别是操作面一侧)至少留有和机组宽度等宽的维修空间,以便拆卸时向外抽出加热器或表冷器等部件(图 4 - 6)。

为保证设备安装工作的顺利进行,用户事先应将安装设备的电源拉接到位。每一台空调机组用户应提供带有空气断路器的独立电源供电,电源要求 3/PE AC 380 V ± 19 V, 50 Hz ± 0.5 Hz。电控柜接地线必须连接到系统接地点。接地阻抗必须符合国家和地区安全规范、电力规范的要求。空调机组电源应与焊接设备等线路分开供电,避免过大的电压波动影响空调机组正常运行;风机电机必须设置过载保护,否则可能引起火灾或其他事故。

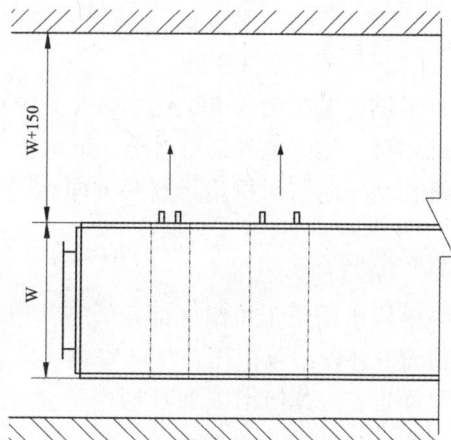

图 4 - 6　机组维修空间预留

4.1.3　机组的组装及工程连接

现场安装必须在对本产品熟悉并受过培训的专业技术人员的指导下进行,安装时应注意以下几点:①机组应严格按照机组的技术图纸安装;②建议以最重的一段为基准,先调整水平后再进行各个功能段箱体之间的连接;③安装时应留有可供各功能段检修的空间(至少 700 mm 以上);④机组不得承受外接管道和风管的重量;⑤外接管道和风管安装时不得直接踩踏机组;⑥空调机组与外风管间应采用柔性连接,以避免振动的传递;⑦机组箱板之间的连接必须紧密。如有密封条,则必须压紧,以防漏风;空气过滤器应在机组其他部件安装完毕后再安装;机组安装时应及时清除机组内杂物、灰尘等。

1. 水管安装

外部水管路必须清洗干净后,方可与本空调机组的换热器进、出水管路连接,以免将换热器管路堵死;冷水盘管一般为下进上出,蒸气盘管一般为上进下出,按标识接管,以避免接管错误;空调机组进、出水(汽)管一般采用管螺纹连接,与机组水管路相接时,不要用力过猛,以免损坏换热器(配管连接的场合请使用两把管钳或链条钳)。为方便操作运行,在机组外管路上应设置放气阀(上部管)与泄水阀(下部管);能随意更改盘管左右接管方式;在水泵前安装水过滤器,以消除水中的杂质。

2. 风道安装

机组与风道连接处应设柔性接管,风管的重量不应由机组承受,连接处应进行密封及保温处理,避免漏风和凝露;机组出风口必须保证至少 2 倍出风口长边尺寸的直风管,弯管和变径会增大额外压损,造成风量不足。

3. 管道保温

机组所有进出管路全部保温。阀门、接头保温要留出维护操作部位;如采用蒸气盘管,在蒸气管出口处须安装疏水器,排水通畅。

4.电气安装

机组供电电源为 3/PE AC 380 V ± 19 V, 50 Hz ±0.5 Hz, 检查电源电压符合要求后方可与电机相接。接好电源后, 启动一下电机, 检查风机转向是否正确。若反转, 调整电源相序, 使电机转动方向与风机指示箭头方向相同。现场布置的控制线和电源线必须使用铜导线。

5.喷淋段安装

喷淋段水槽位于机组底部并低于其他功能段底面板, 所以安装时必须提高其他功能段的水平位置; 外置水泵由用户现场安装, 其水平位置应与喷淋段水槽相同; 安装所需空间视选用水泵而定; 推荐使用排水 U 形弯管, 确保机组内部负压时排水顺畅。

4.1.4　机组的调试

机组第一次开机时, 所有各步骤必须在调试人员和需求方维护工程师的监督下进行, 包括电气检查、机组设备检查、管路检查等。

机组首次开机前, 务必将安装的减振器护罩按标识要求拆除; 检查机组部件是否出现松动现象; 油漆是否完好, 若出现油漆脱落, 则除掉锈斑后重新刷漆; 检查所有活动部件, 看其是否灵活正常; 查看各过滤器是否有划破损伤, 固定弹簧是否将各过滤器压紧; 检查所有连接在电机、检修灯和控制设备上的电气连接装置以及各接地装置是否正常; 检查机组所有检修门的密封胶条是否完好, 各门拉手的紧固件是否拧紧到位; 对空调箱体内外进行全面清理, 关上检修门; 检查对流连接管道是否正确安装以及水流是否符合标准; 通水时打开放气阀门和水管阀门, 排完气后将放气阀门旋紧; 清除风道中一切杂物, 将所有防火阀调到正常位置, 检查各管路密封情况及各转动部件润滑情况; 水盘管的设计工作压力为 1.6 MPa, 若运行水压超过盘管的承压能力, 会出现盘管泄漏、破裂等故障隐患; 冬季调试时, 注意盘管防冻。必须向机组盘管循环供应不低于 60℃ 的热水, 且盘管内水流速不低于 1 m/s。如果调试完成后暂不运行, 请将水排尽并加防冻液。机组的重点检查部件:

1.风机

在检修风机内部之前, 关掉总开关; 检查风机、电机组装, 看其减振器和挠性连接装置是否能够操作自如; 上紧 V 形皮带, 皮带张力的调整于胶带中央以指尖按压具有适当的弹力, 运转中松边侧适度地具有弯曲, 启动时无打滑的声音, 三角带轮不发热为宜; 检查电机和风机 V 形皮带是否精确对准; 检查风机轴承的组装和润滑情况; 检查电机的电气连接装置是否和所提供的线路图一致; 检查电机铭牌, 看其电压、相序和回路是否和现场电源相同; 用电流表检查电机运行电流, 并与电机铭牌上的数据进行比较; 检查控制风机运行的电控柜内是否已安装缺相保护器、过载保护器、短路保护器等保护装置, 以确保在风机电机电源缺相、电机电流过大、短路等情况下能自动断开动力电源, 确保风机电机安全和用户的用电安全。风机在缺相、过载运行时会迅速烧毁电动机, 必须予以重视。

2.加热和冷却盘管

查看热交换器翅片的平整情况，若有倒片请用翅片梳予以修整；确认换热器的接管管径尺寸和进出管部位的密封隔热情况；检查换热器各护板保护漆是否完好，如有必要可重新进行油漆；检查冷凝水盘排水口是否通畅无阻，以利排水。

3.电加热器

检查各电加热管有无因运输或搬送产生的损伤，若发现破坏应提前更换；查看电加热管的接线是否正确无误，接线端应无脱落；电加热高温保护和无风保护端口应串联于客户电加热的控制回路；各护板保护漆是否完好，如有必要可重新进行油漆，护板的连接是否紧固到位。

4.过滤装置

检查初效，中高效过滤器(板式或袋式结构)的安装嵌入方式是否正确；仔细查看各类过滤材料的色泽是否均匀统一，滤料有无划破损坏，若有则须及时更换；各滤网固定架是否紧固到位，发现松动应拧紧固定螺母。

5.加湿装置

对干蒸气加湿器：检查安装的加湿器与机组左右式是否对应，喷孔方向与机组送风方向应为逆向布置；检查各喷嘴有无堵塞情况，若有应进行清除；加湿器的固定和密封是否完好，进汽管和凝水排管是否通畅；对调节阀门要检查其是否转动灵活，互换方便。

对湿膜加湿器，确认加湿材料种类和加湿材料厚度是否正确，湿材有无破损，布水管是否通畅，加湿器与换热器的连接是否松动，若有则予以拧紧固定。

对高压喷雾加湿器，检查喷嘴喷出方向应与机组送风方向相对；固定喷管的型材和托架要安装牢固，加湿管穿过面板的部位应密封隔热防护，外围加湿主件也要装配完好。

对电极式加湿器，检查加湿器的喷出方向应垂直机组送风方向，且喷孔朝上；查看加湿器的凝水排管接管是否完好，进出管穿过面板的部位应密封隔热防护，水源应为水质合格的洁净自来水或标准软化水，不能使用纯水。

6.调节风阀

查看风阀是否能够灵活转动；检查开度和旋向是否与阀上指示标识一致；试转风阀连接杆，查看风阀叶片全开和全关位置下叶片的具体形状是否满足密封和开度要求；检查风阀外观，油漆处有无油漆划伤和脱落现象，若有则重新刷油漆，防止阀体锈蚀。查看风阀传动连接杆部位是否润滑良好，若发现润滑不甚理想可滴几滴润滑油于上述移动部位；对电动风阀，要注意风阀执行器的通电运行状态是否平稳连贯，有无异常响声，若不正常，则及时更换。

以上各项前期工作准备、检验完毕后，可对机组进行试运行。空调机组运行顺序为先启动风机，后通冷(热)源(冷水、热水、加热蒸气或者电加热器)，再加湿；关机顺序为先断开加湿器，后断开冷(热)源，再关风机。

严禁在全开或全关送风、回风、新风阀门的状态下启动风机。对配置有紫外线杀菌装置的机组，开启风机前先启动杀菌装置 20 min。

在确认通风系统，电气系统及其他机械均处于正常状态时，可启动风机，合上电闸 3～6 s 后即切断，确认其转向，是否存在不正常声音、振动等；若在瞬时运转时，发现存在异常情况，则据前述过程检查机组并修正后，再进行试运转；一般风机、电机启动时的电流为其额定电流的 5～7 倍，然后渐渐降低。若电流回落速度过慢则停止运行，检查电机供电系统；注意电机的发热，一般电机的允许表面温度不大于 80℃，检查无异常后可通电运行机组；测量启动电流和运转电流情况；检查保护装置，按预定控制停机；观察冷（热）水温度变化情况及流量变化情况（必要时可检查风量和风压）；记录调试情况。机组开关运行顺序必须按以上步骤操作，否则将对机组造成严重损坏。

4.1.5　机组的运行与维护

组合式空调机组表冷段使用的冷媒为冷冻水（7℃），热媒为热水或蒸气，换热器的工作压力不超过 1.6 MPa。冷水在换热器内的流速宜调节在 0.6～1.8 m/s，热水的流速宜调节在 0.5～1.5 m/s；当风机停车或（最近）遇有停电时，应立刻停止冷（热）水供应；机组运行一段时间后，应调整风机皮带的松紧；空调机应有专业人员专职管理运行，运行中应经常定期检查机组的运行情况，发生异常应及时排除，排除后方可继续运行；喷淋段循环水泵必须在风机启动后启动。

为防止盘管结垢，影响换热效果，机组盘管所用水宜采用软化水（具体参数见表 3 - 2），并在系统中设置水过滤器以防止堵塞。另外，未软化的水有可能会在管道里结垢，造成水阻力增大，影响水流量及水泵工作效果。

当机组有直排水湿膜加湿时，用户须自行控制水量，以免加水过量溢出；环境温度或箱体内部温度过高会造成机组毁损，机组的最高使用温度为 60℃。

在寒冷地区或冬季当空调机组停止运转后，关闭新风、送风及回风风阀，并将换热器、喷淋室内的水放尽，以防冻裂；当过滤网前后压差达到初阻力的 2 倍时应及时更换或清洗滤料。清洗无纺布滤料可先用肥皂水漂洗后用清水漂洗 2～3 次，压去水分后晾干或常温烘干，以备再用；机组表冷器及加热器工作 1～2 年后应清洗管路内腔，用化学除垢法除去水垢，用压缩空气或水冲洗翅片；机组内使用的热水应先进行软化处理以减少结垢；

微穿孔板消声器，每季度用压缩空气对孔板冲洗一次，以防止孔洞堵塞过多，影响消声效果；风机软连接应妥加保护，对磨损、腐蚀等引起漏风及时修补更换；定期检查照明设备及电气设备的安全，杜绝漏电现象发生，电机和空调机均应有良好的接地；凡须润滑部位，每月加润滑油一次；

如机组较长时间不用，应启动风机 1～2 h，以对机组水盘实施干燥，并进行机组清洁处理，可延长机组寿命；喷淋室内水与空气直接接触，易受污染变脏，需定期换水，否则将使空气不清新；一般每周要换一次水；凡机组所处环境温度或进风温度低于 2℃ 时，水泵系统不能停止向机组盘管内供应热水，要求热水温度不低于 60℃，并且水流速不得低于 1 m/s；凡新风机组所处环境温度或进风温度有可以低于 2℃ 时，可按图 4 - 7 所示方案在系统中的新风口安装密闭调节阀和防冻开关，并与通风机联锁。需要说明：

①表冷器后安装防冻开关；②新风阀安装电动风阀执行器；③防冻开关前端毛细管贴在

表冷器表面，防冻温度点在现场可修改，建议设定值5℃；④电动风阀与风机联锁，风机与防冻开关联锁。

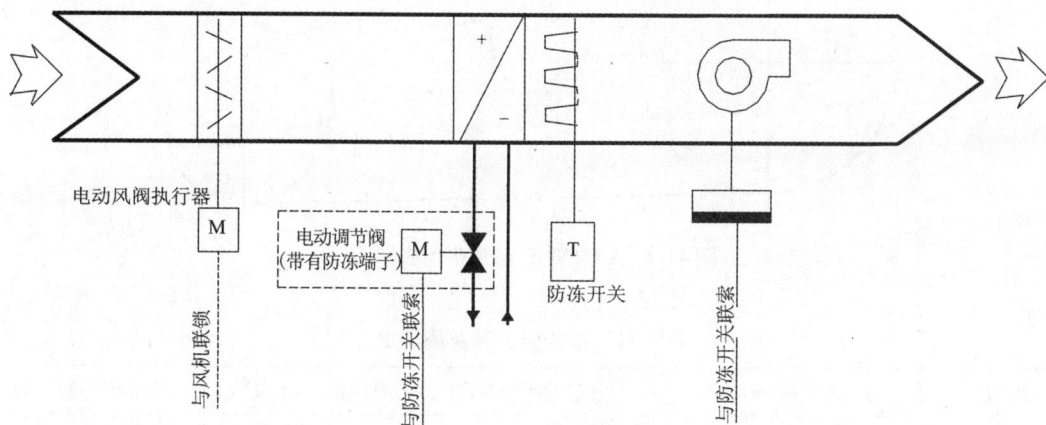

图4-7　新风机组防冻方案

当防冻开关检测到表冷器表面温度低于防冻温度则切断送风机，而新风阀与风机联锁关闭。当机组停机时，盘管有可能会处于0℃以下，为了防止盘管冻裂，空调水系统最低处应设排污阀，以排除盘管内的积水，有条件可在盘管内加防冻油。

4.1.6　机组主要部件的检修维护

1. 风机

正常运行半年后，如每天工作16 h以内（包括16 h），则每5000 h加注一次润滑油，如每天工作16~24 h，则每3000 h加注一次润滑油；风机应经常保持清洁，除灰尘及异物，以免影响风叶的动平衡；送风机在初运转40 h以后，必须重新检查送风机窄V形皮带的张紧力。控制窄V形皮带的张紧力的方法（图4-8）是在带的切边中点处加一垂直于带边的载荷G（一般是在中点处挂一个弹簧秤，然后用手拉），使带的中点产生一个位移f，当$f=13$ mm时，弹簧秤上指示的力应在12~18 N范围内。如果$f=13$ mm时，力小于12 N，应旋转调节丝杆，使带子进一步张紧。如果$f=12$ mm时，力大于18 N，说明带子的张紧力过大。张紧力不足，传递载荷的能力降低，效率低，且使小带轮急剧发热胶带磨损，张紧力过大，则会使带的寿命降低，轴和轴承上的载荷增大，轴承发热和磨损；送风机在正常运转时，应经常注意送风机有何异常的声音及观察窄V形皮带运转的情况。如发现窄V形皮带松弛影响送风机的正常工作，就应按上述方法重新调整窄V形皮带的张紧力。如发现窄V形皮带磨损已无法调整而影响送风机的正常工作时，就应更换窄V形皮带，在更换皮带时，必须几根皮带同时一起更换；皮带属于易损件，使用寿命3~6个月；

窄V形皮带张力调整周期建议按表4-1进行。

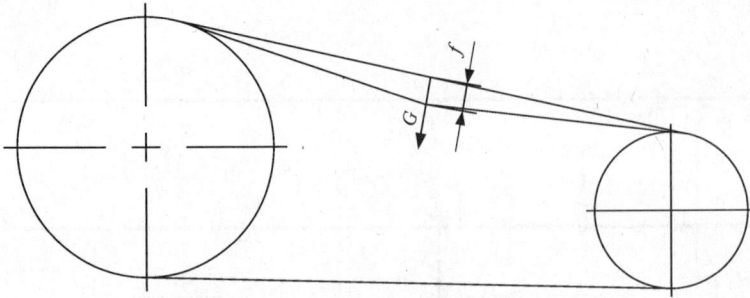

图 4-8 控制窄 V 形皮带的张紧力

表 4-1 皮带张力调整周期表

时间	试车运转开始	以后两周内	以后两个月内	以后每满两个月
调整次数	两天内应每天一次	每周一次	每月一次	一次

　　风机轴承由于轴承单元及轴承座能把润滑脂密封于轴承腔内，运转条件良好，油脂可保持较长的运行时间。但在运转环境恶劣的情况下，则请按表 4-2 要求给以补充油脂（通常为壳牌锂基润滑脂 R2 或 R3）。特别是 24 h 连续运行，尘埃、潮湿较明显的场合则表 4-3 所示的补充间隔应缩短一半，其次应对轴承座组件配置防护罩壳。通常于轴承座表面环境温度在常温加 40℃ 或小于 70℃ 的情况均属正常，若超过 70℃ 则需及时处理。

表 4-2 轴承单元、轴承座的润滑脂补充间隔

轴承的运转温度℃	转速(r/min)		
	1500 以下	3000 以下	超过 3000
60 以下	4 个月	3 个月	2 个月
70 以下	2 个月	1.5 个月	1 个月
80 以下	1 个月	0.5 个月	0.5 个月

　　轴承再润滑时应小心避免加入过量的油脂，只要使轴承外圈道与密封圈的周边有少许油脂渗出即可。过量的油脂将导致轴承过热或密封件脱落，更不要在轴承的密封圈外涂油脂，以免影响轴承的散热，轴承为易损件，请按使用说明书进行保养维护，表 4-3 提供了一个加脂量大致的参考。

表 4-3 加脂量

轴承系列	加脂质量(g)
201~205	2
206~208	3

续表 4 - 3

轴承系列	加脂质量(g)
209 ~ 212	5
213 ~ 218	8

电机按电机手册的说明进行维修,如果电机需要更换,可从检修门处移出或拆卸该位置面板;风机不得任意增加转速来改变风机的性能参数,否则可能会发生事故。

2. 加热和冷却盘管

查看热交换器翅片上的结垢情况并进行必要的清洗(最好在出风侧使用压缩空气或高压蒸气进行清洗);观察冷凝水盘的结污情况,并进行必要的清洗;查看疏水器(或存水弯)的排水情况,若发现脏堵需仔细清除堵物;检查换热器的接管部位,注意做好保温和防漏保护;盘管应定期冲洗、去除盘管外积灰,盘管使用 2 ~ 3 年后应清洗管内水垢,宜使用软化水;冬季机组暂不运行,按日常操作将盘管中的水排出并不能完全防止盘管冻裂,彻底防止盘管冻裂有以下两种方法:①用压缩空气将盘管吹干、盘管内加注防冻液(防冻液浓度取决于指定地点的最低温度);②如需替换盘管,就须分开连接管道后,取掉侧面的面板,松开盘管与滑行装置及护板上的固定件,即可取出盘管。若盘管与加湿器连接在一起,还应先把加湿器拆除掉方可移出该盘管。然后加湿器须和新盘管一起重新安装。

3. 过滤器部分

细心监测过滤器的压力损失,当过滤器达到压力损失最大值的时候,可对该滤器做清洗或替换工作,过滤器属于易损件。将压紧过滤网的固定件移开,小心取掉金属框架里积满尘土的过滤器,避免弄脏机组和划破滤料。摇晃过滤器,在 40℃ 的肥皂水中进行冲洗,以便晾干备用。无纺布过滤器冲洗次数不要超过三次,如果超过三次即进行更换。如重新组装过滤器的话,按上述步骤反向进行。定期清洗或更换过滤器的建议终阻力如表 4 - 4 所示。

表 4 - 4　清洗或更换过滤器的建议终阻力

过滤器规格	建议终阻力(Pa)
G3	100 ~ 200
G4	150 ~ 250
F5 ~ F6	250 ~ 300
F7 ~ F8	300 ~ 400
F9 ~ H10	400 ~ 450
H11 ~ H13	400 ~ 600

4. 风阀部分

查看风阀传动杆是否能够灵活转动（电动风阀可将执行器小心拆下，用手转动传动杆）；除掉风阀叶片上的积尘；复查风阀功能；在风阀所有的移动部位，滴润滑油进行润滑保护。

5. 电气控制部分

对所有的电气部件和安全装置进行常规检验；控制介质流量的各阀件需定期作功能检查；查看电器的接地装置是否完整有效；对空气开关和交流接触器等安全保护装置作性能检查，以确保其安全可靠；机组内置照明检测装置注意观察，若有损坏应及时更换；电加热禁止在无风状态下调试和使用。电加热和风机联锁，只有在风机运行正常且保持一定稳定风量后，电加热方可开启；在停机时，电加热先关闭，风机延时 5 min（电加热过大时，适当加长延时时间）后停止，确保电加热余量带走，在运行过程中，要随时注意检查风机运行情况，以免造成风机停运而控制系统风机运行指示灯亮的假象（如皮带断裂），如出现应立即关闭电加热器电源。

6. 机组框架部分

使用润滑油对所有的锁紧固定装置进行润滑；修复受损部分以避免造成腐蚀；检查紧密性和连接情况。

7. 加湿器部分

1）干蒸气加湿器：加湿器的进气口前必须安装过滤器（120 目），截止阀；加湿器排水口处必须水平安装疏水阀和排污阀；当管路蒸气压力 >0.4 MPa 时，必须安装减压阀；长时间不用加湿器时，应切断电源，并根据环境湿度情况做定期保养维护，约间隔 2 个月左右，通相应的电源信号 5~10 min，运转电机；加湿器喷管与风系统中的弯头、变径管、送风口的距离不小于 1.2 m，与温度控制器、湿度测试点的距离不小于 1.5 m。

2）高压喷雾加湿器：供水水质为自来水、净化水或同类水；供水压力为 0.05~0.3 MPa；供水温度为 4~60℃；使用维护方面，当长时间不用加湿器时，应切断电源，并根据环境湿度情况做定期保养维护，约间隔 2 个月左右，通相应的电源信号 5~10 min，再运转电机；遇喷嘴不喷雾或喷雾异常，检查喷嘴是否堵塞或磨损，如堵塞需清洗疏通喷嘴，如喷嘴磨损则需更换喷嘴。

3）电极式加湿器：供水水质为洁净的自来水和民用软化水，不能使用离子水和蒸馏水；电导率为 125~900 uS/cm^2；水质硬度不应大于 30 德国度，否则必须加装净水器；供水压力为 0.1~0.35 MPa；供水温度为 1~45℃；使用维护方面，给水配管要做保温处理，否则可能会因结露引起漏水。排水配管要做保温处理，否则可能造成烫伤事故；对于可拆卸的蒸气罐，每 200 h 需进行清洗，每月检查蒸气罐密封、电极等组件。每运行 2000 h 更换电极。不可拆卸的整体式加湿罐，使用 150 h 后，人工按下排水开关、放尽罐内脏水后，再次按下排水开关使排水阀关闭，加湿器重新补水，往复 2~3 次。当电极棒被腐蚀时，应更换蒸气罐。

空气过滤器；皮带；电极加湿器的蒸气桶；风机轴承；润滑脂；高压微雾喷嘴为易耗品或易损件请用户根据使用情况及时更换，以免引起设备故障。

推荐部件维护周期见表 4 − 5。

表 4 − 5　易耗品或易损件推荐维护周期

部件	检查项目	维护措施	维护周期				
			每周	每月	三个月	半年	每年
风机/电机	风机轴承	检查/清洁/更换润滑脂			√		
	电机轴承	检查			√		
	电机温升	检查/修理/更换风机				√	
	皮带松紧度	检查/调节松紧度			√		
	V 带情况	检查/清洁/润滑			√		
	螺钉紧固	检查/锁紧			√		
	软连接	检查/调紧	√				
	减振器	检查/调节			√		
盘管段	翅片	检查/清洁					√
	防冻保护	检查/设置			√		
	排水管堵塞	检查/清洁			√		
	腐蚀	检查/处理/维修					√
	泄漏	检查/维修				√	
过滤器	阻力	检查/清洁/更换		√			
挡水板	灰尘累积	检查/清洁				√	
消声器	卫生/腐蚀	检查/清洁			√		
电加热段	保护功能	检查/维修			√		
	电加热管	检查/清洁			√		
加湿器	进水阀/排水阀	检查/清洁/更换		√			
	输送管/喷管	检查/清洁/更换		√			
转轮/板式	灰尘累积	检查/清洁			√		
	密封条	检查/清洁/更换	√				

常见故障分析及排除列表见表 4 − 6。

表4-6 常见故障分析及排除列表

故障现象	原因分析	排除方法
风机不启动	1)电源有问题 2)接线断路 3)风机损坏	1)查明电源问题的原因 2)查明断路原因,修复之 3)修复或更换风机
风量太小	1)过滤网堵塞 2)风阀开启度太小 3)电动机皮带松动	1)清洗或更换过滤网 2)调整风阀开启度 3)调整皮带松紧至合适程度
压力太大,造成送风段面板变形	1)防火阀开度太小 2)部分调节阀处在非正常状态 3)风管堵塞	1)调整防火阀开度 2)将调节阀调至正常工作状态 3)清除杂物,畅通管道
冷量太小	1)换热器进水温度偏高 2)冷媒水流量偏低 3)换热器翅片积有污物	1)调整进水温度至7~8℃ 2)调整水流量至额定值 3)清洗换热器翅片
检修门不密封	1)门把手锁紧间隙太大 2)检修门密封条变形	1)调整门把手上的紧定螺钉 2)更换检修门上密封条
机组振动	1)安装基础不平整 2)风机与减振座接触不均匀	1)机组底部垫平整 2)垫平减振座与风机接触部位
噪声超标	1)由机组振动引起的机械噪声 2)风机叶轮中卡住异物 3)系统阻力设计余量过大	1)排除机组振动原因 2)排除异物调整系统阻力 3)更换皮带轮

4.2 风机盘管

风机盘管是空调系统的末端装置,它主要由风机和盘管组成,对房间直接送风,具有供冷、供热或分别供冷和供热功能,其送风量在2500 m³/h以下,出风口静压小于100 Pa。作为中央空调的末端设备,风机盘管质量的好坏决定了室内的空调效果。

空调房间室内空气在风机盘管机组的风机的抽吸作用下,由风机两侧进风口进入风机内部,被风机加压,获得输送动力,然后进入机组内部,掠过水-空气热交换器翅片表面。在此,空气与热交换器铜管内部的水(冷水或热水)发生热交换,从而空气温度得到降低(与冷水发生热交换后)或者得到提高(与热水发生热交换后),最后从机组出风口排出,进入空调房间内部。在风机盘管机组连续循环作用下,房间温度得到下降(夏季)或上升(冬季),并保持稳定。

4.2.1 机组型号判别

风机盘管机组型号判别见图4-9。

机组左右式的判断:面对出风口,配管在左式即为左式,配管在右即为右式。

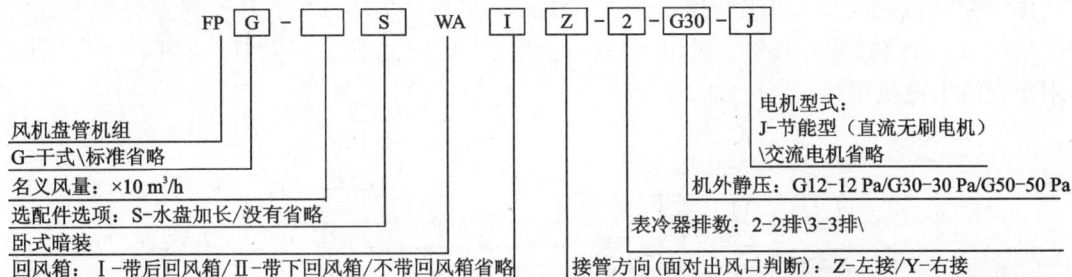

图 4 - 9　风机盘管机组型式表示方法

机组型号表示方法举例：FP - 68WAIZ - 2 - G30 表示：机组风量 680 m³/h，带后回风箱，左式接管，机外静压 30 Pa，2 排管，交流电机，卧式暗装风机盘管机组。

4.2.2　机组安装正误判断

机组使用冷水温度不得低于 5℃，以防止机组冻裂及结露；热水不高于 80℃，禁止使用蒸气。水质要求干净，为软化水，使用未经处理的水将会导致机组结垢、被腐蚀及效果变差，建议机组运行温度 ≤40℃，相对湿度 ≤95%。

机组应由熟悉本类产品及本地相关规定的专业技术人员进行安装。安装前应对机组盘管进行(1.0 MPa)探漏检验，以排除搬运中可能造成的意外情况。进行安装之前，首先应检查，如风管、水管、电线接口和机组螺杆等前期准备工作。机组建议采用 6～8 mm 全螺纹螺杆配合平垫圈、弹簧垫圈和螺母进行固定，机组吊装应保持牢靠，吊装点应紧固且需有足够强度以承受机组运行重量及运行时的振动，为保证水管畅通，确保排水坡度 >0.005(即凝结水管侧应最低)。机组水管与机组的连接建议采用金属软管，不可用力过猛，扭力不应超过 50 N·m，以免损坏接管。机组进水管应安装水过滤器，以免污物堵塞盘管。机组出水管应安装阀门，以调节水流量及检修时能够切断水源。管道应保温，以免产生冷凝水泄漏。机组必须在进水管安装电磁阀和温控器，且阀体须保温。避免当本机组停止运行，系统仍工作时，将导致本机组温度低于环境温度，可能会产生结露现象。机组回风口处应安装过滤网，以防止灰尘堵塞盘管翅片，影响换热性能。机组出风口应有柔性接管(帆布软连接)，长度为 150～300 mm，防止风管硬连接与机组产生共振，影响噪声。

机组安装示意图如图 4 - 10 所示。

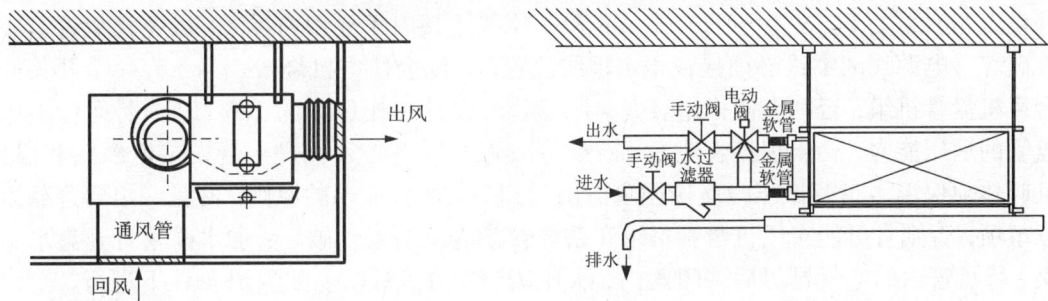

图 4 - 10　风机盘管机组安装示意图

接线前应检查电源,机组使用电源为 220 V±22 V, 50 Hz±2.5 Hz, 机组接线时应对电线严格区分,并按接线图接线,机组所备接地螺栓供保护接地用,接线图如图 4-11 所示(仅适用于交流电机机组)。

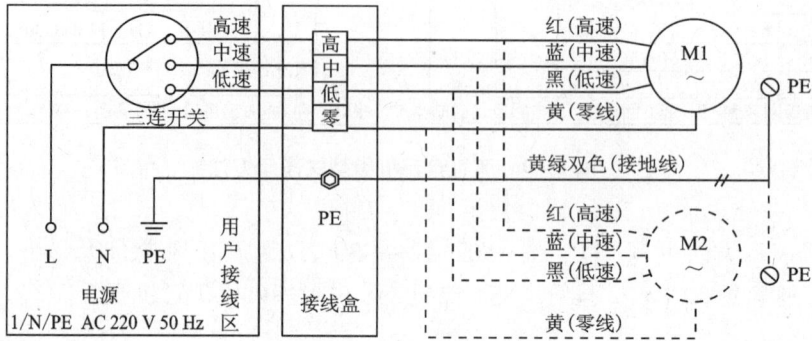

图 4-11　机组接线图

4.2.3　风机盘管机组调试

1. 产品启动、运行

产品安装结束,先用手转动风轮,无机械摩擦声,方可接通电源。运行前,请清除机组内异物,并检查水管、电线等是否安装有误。初次运行前,应先关闭设备进、出水阀门,清洗冷冻水管道系统,再开启设备进、出水阀门。初次运行时,需要将水管上的放气阀打开,排除管道内的空气,直到水流出后将阀关闭。水盘管的设计工作压力为 1.6 MPa,若运行水压超过盘管的承压能力,会出现盘管泄漏、破裂等故障。

2. 产品维护、保养

机组应有专职人员维护。一般机组使用三个月左右应清洗一次过滤网上的积灰,以确保回风通畅。盘管应定期清洗,以去除积灰及水垢。夏季每次使用后应先关制冷,保证比较长时间"送风"模式,把水吹干,可有效减少铝氧化物及减少细菌的滋生。停用季节,夏天需保持盘管内充满水以减少锈蚀,冬天必须将水排放干净以免冻裂铜管。检修前必须关闭电源,并设置"检修"标识,避免误操作造成危险。水管连接时不要用力过大,以免对盘管造成结构性破坏。电源线的零线必须接在指定零线位置,否则会使电机烧毁。不允许一个开关控制多台风机盘管机组,否则会使机组烧毁。水盘管的设计工作压力为 1.6 MPa,若运行水压超过盘管的承压能力,会出现盘管泄漏、破裂等故障。机组必须在进水管安装电磁阀和温控器,且阀体须保温。盘管试压时应遵循水流由低到高,逐层溢入的原则,并且一定要遵循以下注意事项,否则有可能对风机盘管机组和系统管路造成结构性破坏:加水前须打开集水头放气阀,待盘管内的空气排尽后关闭阀门;水压试验应在 5℃ 以上的气温条件下进行,否则应有防冻措施;水压试验要分段升压,升压时要缓慢均匀,待水泵停止运转,水压稳定后仔细检查连接处是否漏水。不得带水压进行修补工作;向系统内加水必须分层加水,分层排气,逐层试验操作；确认管路无泄漏后，方可对管路进行保温。

3.常见故障及排除方法

风机盘管空调系统常见故障及排除方法见表 4 - 8。

表 4 - 8 风机盘管空调系统常见故障及排除方法

故障现象	原因分析	排除方法	备注
风机不启动	1)线路故障	1)电路检修	如为机组故障，考虑联系生产厂家
	2)接线有误	2)按正确接线方法接线	
风量不足	1)铜管和翅片有积垢	1)清理积垢	
	2)过滤网堵塞	2)清理	
	3)风道阻力超过设计值	3)降低管道阻力或重新匹配机组	
	4)机组选型不正确	4)重新匹配机组	
	5)电压过低	5)调整电压或重新匹配机组增大型号	
冷量不足	1)换热器进水温度偏高	1)调整进水温度至 7 ~ 8℃	
	2)冷媒水流量偏低	2)调整水流量至额定值	
	3)铜管翅片积垢	3)清理积垢	
有水滴落	1)系统泄漏	1)检查泄漏点	
	2)凝水盘出水管堵塞	2)排除堵塞物	
	3)系统凝露	3)检查系统的隔热层，并修补	
噪声过大	1)由机组振动引起	1)排除机组振动原因	
	2)风机紧固螺丝松动	2)紧固	

4.3 柜式空气处理机组

柜式空气处理机组是一种吊挂的组合式空调机组。

4.3.1 机组安装

安装前需要确定机组的吊装位置，并选定可以固定吊杆和承载相应机组重量的梁体和其他实体(一定要注意承载体的强度和可靠性，否则将有重大隐患和造成损失)；要保证机组四周有不小于 1.2 m 的布管、拆卸过滤网及维修空间。

吊装定位：机组吊装到位后用不小于 φ12 的圆钢安装定位(图 4 - 12)。吊式机组应确保吊挂件有足够的强度来承受机组重量，吊杆上应有减振装置。对于安装在地面上的机组，为减少机组振动的传递，建议在机组底座下放置减振胶垫。机组应做水平基础，基础表面应平整、光洁，其对角线水平误差以不超过 5 mm 为宜，如基础不水平，可能会导致冷凝水排放不畅,造成漏水事故;破坏风机的动平衡,造成轴承故障和振动;冬季机组停用时,会导致盘管内的水无法彻底排尽,造成盘管冻裂。

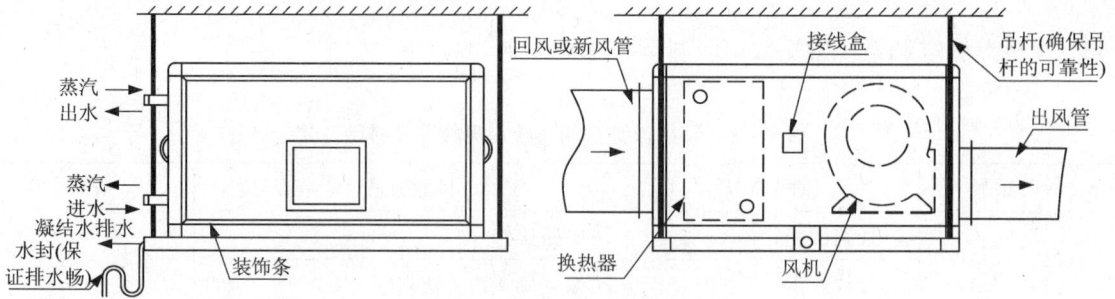

图 4-12　柜式空调机组安装示意图

水管安装及风道安装同组合式空调机组。

4.3.2　电气安装

机组配有电源接线盒,请按电气接线图(图 4-12)正确接线,供电线路的安装、连接应符合国家相关电气规范。

1)机组的供电电源为 3/PE AC 380 V ± 19 V, 50 Hz ± 0.5 Hz。

2)机组不带电控箱,用户若对机组有启动或变频调速等要求,可单独订做电控箱(安装于室内)。

3)每一台空调机组用户应提供带有空气断路器的独立电源供电。

4)电控柜接地线必须连接到系统接地点。接地阻抗必须符合国家和地区安全规范、电力规范的要求。

5)空调机组电源应与焊接设备等线路分开供电,避免过大的电压波动影响空调机组正常运行。

6)控制风机运行的电控柜内必须安装缺相保护器、过载保护器、短路保护器等保护装置,以确保在风机电机电源缺相、电机电流过大、短路等情况下能自动断开动力电源,确保风机电机安全和用户的用电安全。

7)现场布置的控制线和电源线必须使用铜导线。

4.3.3　机组运行使用说明

1. 首次开机前准备

1)检查机组是否出现部件松动现象。

2)检查电气接线是否正确,一定要注意不可缺相。

3)检查风管系统,打开所有防火阀,将各调节阀调到正常位置,检查各风道保证无任何异物,以免堵塞管道、异物进入机组造成机组损坏等现象。

4)打开水阀,同时打开水管路、机组集水管上的放气阀,排除管路中的空气,排完气后将所有放气阀关闭。

5)检查水系统流向是否正确。

6)用手转动一下风机叶轮,检查叶轮有否与风机壳接触(摩擦声)。

7)检查机组内部是否有异物、灰尘,如有,打扫干净后关上检修门。

8)水盘管的设计工作压力为 1.6 MPa,若运行水压超过盘管的承压能力,会出现盘管泄漏、破裂等故障隐患。

9)冬季调试时,注意盘管防冻。必须向机组盘管循环供应不低于 60℃的热水,且盘管内水流速不低于 1 m/s。如果调试完成后暂不运行,请将水排尽并加防冻液。

2. 机组启动

1)第一次开机前需点动一下风机(3~5 s),再打开检修门检查风机叶轮回转方向是否同标识一致,如相反,需更换电源相序;

2)启动风机,监听运转声音是否正常;

3)测量启动电流和运转电流情况;

4)检查保护装置,按预定控制停机;

5)观察冷(热)水温度变化情况及流量变化情况(必要时可检查风量和风压);

6)记录调试情况,调试合格后方可长时间投入运行。

同时注意:机组在没有可靠接地前,禁止通电操作;多风机机组必须确保所有风机同步开启和运行,不得私自改动原有电气接线,以避免风机因过载而烧毁;机组一旦投入运行,必须保持电源相序不变;机组第一次开机时,必须在本单位调试人员和需方维护工程师监督下进行。

机组主要部件维护及维护周期基本同组合式空调机组,故障分析及排除见表 4-8。

表 4-8 柜式空气处理机组故障分析及排除

故障现象	发生原因	排除方法
风机不启动	1)电源有问题	1)查明电源问题的原因并排除
	2)接线松动	2)查明松动原因并修复
	3)电机损坏	3)更换电机
风量偏小	1)过滤网堵塞	1)清洗过滤网
	2)换热器翅片积有污垢	2)清洗换热器翅片
冷量偏小	1)换热器进水温度偏高	1)调整进水温度至 7~8℃
	2)冷媒水流量偏低	2)调整水流量至额定值
	3)换热器翅片积有污垢	3)清洗换热器翅片
机组振动	1)墙板紧定螺钉松动	1)固定墙板螺钉
	2)吊装基础不平整	2)机组吊杆调平
	3)风机与减振座接触不均匀	3)垫平减振座与风机接触部位
系统噪声超标	1)由机组振动引起的机械噪声	1)排除机组振动原因
	2)系统阻力设计过大,风量超标	2)调节风阀开度,减小风量

第5章 屋顶机、多联机系统调试

屋顶式空调机(简称屋顶机)是一种单元整体式、安装于室外或屋顶上的大中型空调设备。其冷却方式为风冷,送出来的是冷(热)风(冷暖两用机型)。屋顶机一般为卧式,其送风、制冷、加热、加湿、空气净化、电器控制等部件组合于卧式箱体中。屋顶式空调机组送/回风具有多种选择方式,可按用户需求增加消声段、风机段、排风段等各种功能段。其他的单元机(如风管机等)一般相对于屋顶机简单,其调试方法可以参照屋顶机的执行。屋顶机是风冷型机组,无需复杂的冷却塔系统,安装相对简便,特别适合缺水地区。屋顶机组可广泛应用于需要实现人工制冷的场所,如宾馆大厦、写字楼、商场、舞厅、影剧院、医院、水电工程、计算机房和工矿企业等要求进行集中空气调节的场所。

近年来,随着国家节能减排政策的推进及人民生活水平的提高,多联式空调(热泵)机组(简称:多联机)作为一种新型的空调系统,在空调领域占有重要地位。多联机空调系统以制冷剂为输送介质,把一台或多台室外机通过配管与多台室内机相连,通过改变制冷剂流量来适时满足各房间不同空调负荷要求。多联机系统能量可调性是基于压缩机变频调节与电子膨胀阀相配合实现的,此技术既能满足系统节能的目的,又能满足室内环境舒适性要求,在多联机中应用广泛。

5.1 屋顶机系统

5.1.1 总体结构及工作原理

屋顶机实际上是柜式空调机的延伸。屋顶机系统按功能包括三大类:制冷系统、空气处理及送风系统、电气系统。

制冷系统由压缩机、冷凝器、贮液器、过滤器、膨胀阀、分液器及蒸发器等组成。

空气处理及送风系统:空调房间的回风或回风和室外新风混合经过空气过滤器后依次通过蒸发器、加热器进行冷却或加热处理,然后由送风机通过风管直接送风至空调区域。

电气系统:电控单元根据温度传感器元件的信号通过温度控制装置控制制冷和加热单元的工作。电气保护及报警系统则对空调机进行监测、保护和报警的工作。

屋顶机采用整体式结构形式,压缩冷凝段和空气处理段安放在同一底座上,整体出厂。

5.1.2　主要部件

压缩机为全封闭式或半封闭螺杆式，机内装有保护装置，对因故障引起的马达高温、过载、缺相提供保护，压箱机内配有电加热器，供启动前加热用。压缩机上设有高低压压力控制器，以保护压缩机及制冷系统正常运行。

送风机为多叶双进风离心式风机。湍流小、噪声低、效率高，且进、出口设有压差控制器，以保证其工作可靠。

5.1.3　开箱及检查

设备运抵安装现场后，组织有关负责部门的人员，应共同开箱检查，并清点和记录。需要检查下列随机文件是否齐全：使用说明书、电气原理图、接线图和电脑操作说明书、合格证、产品保修单、装箱单。根据以上文件核对设备型号规格、检查主体及各零部件是否完好无损和锈蚀。开箱检查完毕后设备应采取保护措施，不能过早及任意拆除包装，以免设备受损。

5.1.4　调试前的准备工作

1）安装前必须核对及检查基础尺寸，预留螺栓孔的位置并进行中间验收，以确保质量。

2）确保本机内部各运动部件处已设减振装置，外部一般无减振要求。如对振动要求较高，则在机器与基础之间最好能再垫放减振装置（如 8～10 mm 厚橡胶减振垫等）。

3）产品运抵目的地后，立即检查产品是否有因为长途运输或搬运造成的损坏情况，并检查合同中规定的所有附件是否齐备。

4）屋顶机的调试、启动前必须完成有关的前期准备工作，进行有关的连接（如风管、水管、供电线路等的连接）与安装工作。

5）在检查维护保养调试之前，必须特别小心，并遵循如下规则：确信机器断电之后方可对电控元件进行操作、检查；不要接近运行部件；遵守其他各项安全规则。

6）屋顶机四周应有良好的通风条件，要求在上面搭防晒、防雨棚。防雨/雪棚应保证冷凝气流的畅通，有利于冷凝器排热。棚子的顶盖离冷凝风机出风口最小距离为 2000 mm。

7）屋顶机安装就位后按以下顺序进行检查：检查所有紧固件紧固情况；检查风机转动是否灵活。

8）检查基础是否符合设计图纸的要求，以保证起吊就位的顺利。用足够容量的起重设备按规定的起吊位置起吊并就位。按有关规定进行设备固定、检查及辅助连接。屋顶机各段从四周用螺栓紧固成一体（连接处垫以密封条），再将底座四周用螺栓压紧。

9）将送回风管分别连接到屋顶机送回风口。送回风口与风管系统之间要加帆布减振软管，以减少屋顶机振动与噪声的传播，各种管路与屋顶机连接之前，要对管路系统进行清洁处理，以免脏物、杂物进入屋顶机内损坏机器的部件，注意要保证连接处的保温与密封。

10）回风温度探头要在风管连接之前将其安装于回风口处，并接线；配有远控箱的屋顶机，还要进行远控箱与屋顶机自身电控箱之间的连接；如需要火灾报警联锁，则要将火灾信号线路连接至屋顶机电控箱，具体接线请参阅随机另附电气原理图和电器接线图。

11）按电气原理图将电源接入屋顶机，屋顶机的送风机连接导线已配好，用户连线时，只要将预留导线拉至送风机端子,并对号连接牢固即可。屋顶机必须可靠接地。

12)屋顶机冷凝水出口处要安装存水弯,以利于冷凝水排出,并防止外界空气进入。

13)制冷系统管路(铜管)的连接(钎焊)。必须注意:分体式屋顶机压缩冷凝段和空气处理段安装垂直高度一般不超过 25 m。吸气立管底部,以及每 6~8 m 吸气立管上需设存油弯一个,其等效管长(含弯头,存油弯管长、水平管及垂直管总长)一般不超过 45 m。焊接时,应保证铜管内干净、清洁,防止异物、水分、杂物进入系统内。水分、杂物进入系统内,会引起严重的损坏事故。

14)铜管连接之后,要对连接部位进行密封性检查,方法是向管路系统充入 1.6 MPa 纯净干燥的氮气,检查气体泄漏情况,然后对系统抽真空至绝对压力 133 Pa 以下,符合要求之后向系统充入适量的制冷剂。机器出厂测试时已充入制冷剂,并已将其抽入贮液器储存起来,因此每个系统只需加入少量的制冷剂。焊接好的铜管应进行保温隔热处理,并堵严漏风的孔隙。

5.1.5　安装调试注意事项

1)混凝土基础地脚螺栓孔要彻底清除杂质,地脚螺栓及孔内不得有油污。

2)设备起吊钢绳必须有足够强度,并按设备起吊孔位置起吊。钢绳与设备的接触处应垫软物以免设备表面被钢绳磨损。

3)设备起吊必须轻起轻落,不得与周围物体相撞,须专人指挥。

4)地脚螺栓规格必须符合图纸要求,待孔内水泥砂浆干固后方可紧固地脚螺栓。

5)必须按照接地装置有关规定敷设接地装置。

6)风管系统与屋顶机的连接按通风与空调工程施工及验收规范进行,并应严格保温和密封。

7)屋顶机应尽可能不设在主要工艺操作区的顶上,宜布置在辅助间或走道的顶板上,以减小振动和噪声对主要生产区的影响。

8)安装屋顶机的屋顶或楼面的结构强度,必须足以承受屋顶机的荷重,屋顶机应尽量靠近主梁布置。

9)屋顶机的新风入口应尽量避免设在主导风向及烟囱的下风向侧,与废气排出口应保持一定距离。

10)屋顶机安装完毕后,底面离楼面距离最好不要小于 250 mm,下送、回风机型视风管尺寸而定,以利于冷凝水的排出与风管的连接。

11)屋顶机在搬动过程中,机器的倾斜角度不得超过 45°,更不允许倒置。屋顶机安装之处及空调场所的空气不含有酸、碱性或其他有害气体。

5.1.6　试运行

试运行前的准备工作包括:

1)检查电网电压波动在 ±10% 以内,三相不平衡在 3% 以内。

2)检查风机皮带的张力及转动是否灵活。

3)检查各电气布线及接地情况。

4)检查制冷管路上各阀门是否处于正常开启状况,特别是排气阀,必须处于开启状态。

5）检查制冷剂压力表指示是否有明显下降。

6）检查制冷管路各连接处有无泄漏现象。

7）电气控制线路在主电路断开的情况下应预先单独进行元器件动作试验，启动前应注意供电电压是否正常。

1. 启动

屋顶机的启动步骤：

1）打开电控箱，接通主电路和控制电路的电源空气开关，此时电源指示灯亮，说明系统已通电（第一次开机必须先通电 24 h 后再进行试运行），然后将电控箱门关好。

2）参照《电脑操作说明书》，将电脑进行正确设定。

2. 试运行

按"开/关"键（共用键），此时送风机运行，延时 3 min 后，压缩机和冷凝风机将根据室内的温、湿度的要求，自动投入运行。停机时只需再按"开/关"键，屋顶机转入"机组关"即可。

设备运行之后检查事项包括：

1）送风机及冷凝风机的转向是否正确。

2）压缩机启动后观察高/低压力是否正常。

3）查看压缩机油位指示是否正常。

4）倾听膨胀阀是否有制冷剂流动声，观察膨胀阀是否正常结露。

5）制冷系统中装设的安全保护装置，如高/低压控制器，油压差控制器等在试运行时应对其进行检查，以免产生误动作或不动作。

6）检查有无异常声响及振动。

7）查看各种仪表指示值是否在正常范围之内。如遇非正常紧急情况时，可按下急停按钮，使屋顶机停止运行（注意：正常停机，不允许操作此按钮）。待排除故障后再将急停钮打开，然后可重新起动。开、停机频率每小时少于 6 次，每次开机运转时间要 5 min 以上。

5.1.7　故障分析与排除

屋顶机故障分析与排除具体见表 5－1。

表 5－1　故障分析与排除（包括安全保护装置及事故处理）

故障		原因	排除方法
屋顶机不运转	送风机、压缩机均不工作	电源中断，线路故障，缺相 电压过低 开关失灵，触点断开 压力继电器动作，系统压力不正常 温控器工作不正常 送风压力不够 风压开关故障	检查是否停电，修复电路 测试电压，查明原因 用万用表检查开关，若不导通，应更换新的 使压力恢复正常，手动复位 重新调整或检查、修复或更换 检查风机皮带松紧情况及过滤器堵塞情况，并调整正常 检查更换

续表 5 – 1

故障		原因	排除方法
屋顶机不运转	冷凝风机不工作	电动机匝间短路,导线断路或短路 导线断路或短路 缺相 风扇卡住	用万用表检查绕组阻值,修复或更换 重新接线 检查电源并修复 修复或更换
	压缩机不运转	开关故障,接触不良或接线松脱 电动机故障,匝间短路 超载引起保护器动作 压力继电器故障 线路故障或缺相 压缩机机械故障	修复或更换开关 检查阻值或绝缘,修复或更换压缩机 用钳形表检查电流是否过大 用万用表检查开关触点,修复或更换 检查线路后修复 修复或更换
屋顶机启动后不能连续运行	制冷系统	制冷剂不足或过量引起压力不正常 压力继电器动作 制冷系统内混入空气,压力升高	按规定充注制冷剂 检查设定值是否合理,重新整定 排净空气
屋顶机启动后不能连续运转	冷凝器	冷凝器积灰太厚 通风不良 风扇卡住 风扇电机烧毁	清除积灰 去除出风口障碍物 修复或更换 更换
	开关及继电器	压力开关继电器等失灵 接触器失灵 热保护继电器动作	检查后更换 更换 分析原因修复
屋顶机运转,但制冷量不足	制冷系统 冷凝器 膨胀阀 热负荷	制冷剂不足,泄漏 制冷剂过多 系统有堵塞 效率降低 开度不够 过大	检漏补足制冷剂 适量排放制冷剂 检查后清洗管路或干燥过滤器 清扫积灰,改善通风条件 开大流量 查找原因降低热负荷
	气流 温控器件 温度调节 过滤器	风口处有阻碍,气流短路 感温包未扎紧 感温包泄漏 温度调节给定太高 积灰太多,堵塞	去除杂物 重新包扎 更换 将温度调低 清洗或更换
屋顶机噪声大	风扇 螺钉 接触器 安装	叶片破损 混入异物 松动或脱落 触点凹凸不平,接触不良 地脚不稳	更换风扇 去除异物 紧固或补齐 修复或更换 重新安装,紧固

续表 5 – 1

	故障	原因	排除方法
屋顶机漏水	接水盘排水管堵塞	积灰太多，排水孔堵塞 堵塞	清洗接水盘，去除堵塞物 疏通或更换，检查存水弯状况
保护装置	排气压力过高	冷凝器通风不良 冷凝器排管堵塞 制冷系统中混入空气 吸气压力高	检查通风情况，并设法改善 观察温度分布情况 排净空气 分析吸气压力高的原因，并排除
	排气压力低	压缩机故障 制冷剂不足或泄漏 室外气温过低，制冷剂过冷大 吸气压力低	修复或更换压缩机 检漏补足制冷剂 检查室外温度 检查制冷系统有无泄漏
	吸气压力高	吸气过热，过热度大 制冷剂充注过多 压缩机故障	避免吸气过热或调整膨胀阀 放出一些制冷剂 修复或更换压缩机
	吸气压力低	通过蒸发器的空气量小 空气过滤器堵塞，气流减小 制冷剂不足或有泄漏 膨胀阀堵塞	检查蒸发器有无结霜 检查空气过滤器，并清洗或更换 检漏，修复并补足制冷剂 检查膨胀阀
	压力继电器动作	高压过高 低压过低 压力设定不当或触点接触不良	用复合压力表测压力 用复合压力表测压力 检查压力继电器
保护装置	过热、过载保护器动作	超载（制冷剂多） 压缩机卡住 压缩机开停频繁 电源相间不平衡 保护器接线松动	检查高低压力 检查运转电流，修复或更换压缩机 检查温控调整是否合适 检查电源及线路 检查接线端子连接和紧固情况
	风机、电机、热继电器动作	相间不平衡 风机、电机故障 轴承损坏 接地松动	检查电源 检查电机有无短路 检查轴承并更换 检查接地，并接牢使之有效
	保险丝熔断	保险丝规格不符 接线松动 电路短路	检查保险丝规格 紧固接线 检查电路阻值

5.1.8　保养与维修

　　预防性的维护保养是避免不必要的故障与麻烦的最好方法，屋顶机要由有经验的维护人员定期进行检修，至少一年两次。锐角边缘及换热盘管容易引起人身伤害，要避免此类事件发生。屋顶机进行维护时，必须切断电源。高低压压力控制器、送风压力控制器、温控器及电器的过载保护在出厂前均已调整限值，不得随意改动。

1. 日常维护、保养与校准

1）检查屋顶机设备完好情况，保持外观清洁，紧固件紧固。

2）保持电控箱清洁不漏水及通风良好，连线端子紧固无松动，密切注意电控箱内电控元件散热情况。

3）检查各保护器件及温控器的整定值是否正确。

4）检查电气系统各导线的绝缘完好情况及时清除隐患。

5）检查各标记是否完整清晰。

6）检查各压力表及温度显示仪表是否指示正常，及时排除异常现象。

7）检查空气过滤器是否清洁和完好。

8）空气过滤器需要定期清洗或更换，可以从检修门进入机器内部将过滤器取出清洗或更换。清洗周期建议不长于3个月，具体的时间长短可根据当地空气的清净程度确定。

9）检查蒸发器、冷凝器是否清洁；用机刷子、清水或压缩空气等方法对其进行清洗。

10）保持接水盘清洁，排水管畅通。

11）检查设备保温层完好情况，破损处要补好。

12）检查曲轴箱油位是否正常。压缩机在运转中必须保持油位在视油镜之底部以上；没运转时油位在观油镜中间以上。如油位不足，要在查明原因之后再加入适量的压缩机油。切记不可将两种不同型号压缩机油混合使用。对应选用压缩机油型号如表5-2所示。

表5-2　压缩机油型号

压缩机型号	Copeland 涡旋式	Refcomp 螺杆式	Hanbell 螺杆式		Danfoss 涡旋式
			RB 系列	RBH 系列	
润滑油型号	Sontex 200 LT 或 3GS	CP-4214-320	5GS	CP-4214-320	160P

13）对半封螺杆式压缩机要定期清洗油过滤器，油过滤器拆装时应注意不可损伤过滤器上O形环及铜目。同时在油槽底部的磁铁要一并清理干净。

14）检查制冷管路各连接处有无明显油迹现象。

15）定期给风机轴承等润滑部位加油。

16）检查电源及控制电路的电压是否正确。

17）检查运行电流的数值。

18）检查工作电压的数值，电压波动及三相平衡情况。

19）检查并调整温度与压力的控制数值。

20）检查各种安全控制装置的工作情况。

21）检查冷凝风机运转情况，若有螺钉松动，应停机后及时紧固。

2. 运行时的维护与保养

1）检查电网电压是否符合要求。

2）检查空调热负荷是否超过设计规定。

3）检查环境温度是否超过规定。

4）检查高低压力表指示是否正常。

5）检查压缩机油面是否保持在视油镜中间附近。

6）检查各部分温度是否正常。

7）检查有无异常声响和振动，如有应立即停机检查，排除故障或与我公司办事处人员联系处理。

8）检查有无异常的气味。

3. 检修周期及检修程序

（1）季度检查

1）检查过滤器清洁情况。

2）检查皮带与轴承的磨损情况及皮带的松紧情况。

3）检查所有连接导线的绝缘完好情况及端子紧固情况。

4）检查接地装置的完好情况。

5）检查制冷管路所有焊缝及连接处有无泄漏现象。

（2）长期停放的维护保养

1）停放前：切断全部电源，拔掉全部保险妥善保存；用干燥压缩空气吹干机内带水部件，接水盘水排放干净并擦干；将所有门全部关闭锁牢外部盖上防护布。

2）停放中：检查设备有无锈蚀，尤其是紧固件，应有防锈措施；检查各连接导线是否被虫咬断，要有防虫措施；检查电控箱有无受潮现象。

3）重新启用：检查所有电气系统是否完好；检查风机转动是否灵活；检查制冷管路是否有泄漏；检查所有阀门是否在打开状态；检查制冷系统压力是否明显下降；检查压缩机油面是否正常。

空调机通电让压缩机油加热器加热 24 h 后方可启动空调机。

基本维修原则为：确信制冷管路上所有阀门能正常打开；空气不得进入系统内；水分不得进入系统内；尘埃不得进入系统内；定期检查系统的各个部件；不能疏忽检漏；遇到故障后一定要查明原因并解决之后才能开机。

5.2　多联机

5.2.1　连接管管材要求

多联机组的连接管要求有：

1）连接管管材为紫铜 TP2M，满足 GB/T 17791—2007《空调与制冷用无缝铜管》的要求。

2）铜管壁厚要求见表 5 – 3。

表 5 – 3　铜管壁厚要求

配管尺寸(外径)(mm)	壁厚(mm)	配管尺寸(外径)(mm)	壁厚(mm)
$\phi6$	≥0.5	$\phi22$	≥1.5
$\phi9.52$	≥0.71	$\phi25$	≥1.5
$\phi12$	≥1	$\phi28$	≥1.5
$\phi16$	≥1	$\phi35$	≥1.5
$\phi19$	≥1		

5.2.2　连接管允许长度和落差校核

在确定室外机和室内机的安装位置时注意连接管允许的长度和高度差(图 5 – 1)。

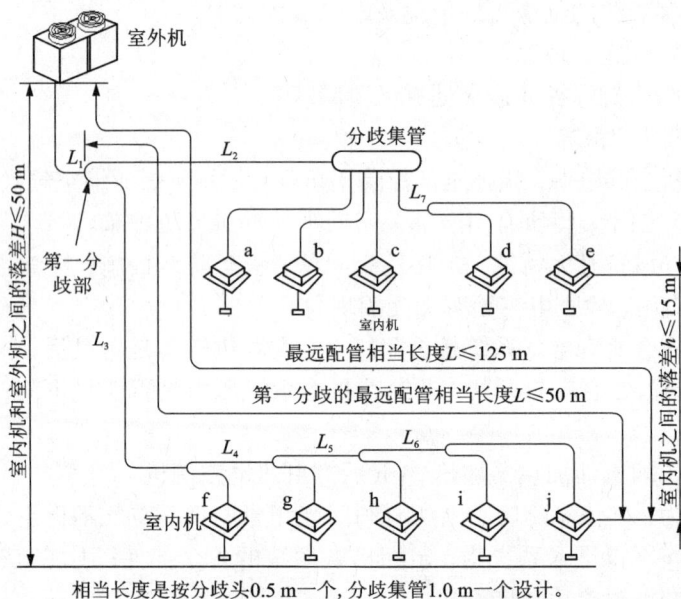

图 5 – 1　连接管允许的长度和高度差

计算见表 5 – 4。特别注意多联机组的最大配置率,即室内机的总容量为室外机容量的百分比,最大配置率不允许超过配置率。(室内机全开几率较大时推荐配置率 100%)。

表 5 – 4　制冷剂管允许长度/高度差

		允许值	配管部分
配管总长(单程实际长)(m)		250	$L_1 + L_2 + L_3 + L_4 + L_5 + L_6 + L_7 + a + b + \cdots + i + j$
单程最远配管长 (m)	实际长度	100	$L_1 + L_3 + L_4 + L_5 + L_6 + j$
	等效长度	125	

续表 5 – 4

		允许值	配管部分
第一分歧管到最远配管 等效长度 $L(\text{m})$		50	$L_3 + L_4 + L_5 + L_6 + j$
室内机 – 室外机落差	室外机在上	50	—
	室外机在下	40	—
室内机 – 室内机落差(m)		15	—

5.2.3　追加制冷剂的计算

调试工程师必须计算各个系统所需追加制冷剂量，按照此数量进行追加制冷剂。有多个系统时，请标识各个系统的追加制冷剂量，避免系统之间追加制冷剂混乱。追加制冷剂计算表 5 – 5。

表 5 – 5　追加制冷剂量

液管管径	标准制冷剂量(kg/m)	液管总长(m)	各管增加的制冷剂量(kg)
$\phi 6$	0.03	L_1	$0.03 \times L_1$
$\phi 9.52$	0.06	L_2	$0.06 \times L_2$
$\phi 12$	0.12	L_3	$0.12 \times L_3$
$\phi 16$	0.187	L_4	$0.187 \times L_4$
追加制冷剂总量	$M = 0.03 \times L_1 + 0.06 \times L_2 + 0.12 \times L_3 + 0.187 \times L_4$		

按照追加制冷剂记录表进行在大、小截止阀上的注氟嘴进行制冷剂的追加。

5.2.4　安装步骤的说明与合格判断

各个安装步骤的说明与合格判断依据见表 5 – 6。

表 5 – 6　各个安装步骤的说明与合格判断依据

安装分项	说明和合格判断依据
材料采购和设备检查	1)工程图纸已说明的材料(铜管、保温管、PVC 管、电源线、空气开关等)按说明采购 2)工程图纸没有说明的材料按实际工程量采购(例如吊架、线槽等材料) 3)检查室外机,室内机,通讯线等和各种配件是否备齐

续表 5−6

安装分项			说明和合格判断依据
安装室内机	通讯线	连接	1)电源线和通讯线分开布线；至少间隔 10 cm 以上 2)避免用力过大拉断通讯线 3)多套机组时请做好标识 4)合上室内、外机电源，没有显示"通讯线故障 E6"
		地址拨码	1)同一套机组室内机地址拨码唯一 2)线控器地址拨码与对应室内机地址拨码相同
	远程监控		1)选择远程监控模式 2)集中控制器和通讯模块的安装请避开干扰源
	电源线		1)电源线规格一定满足要求 2)同一机组的室内机必须统一供电
	排水管	安装	1)PVC 管规格一定满足要求 2)顺水流方向有一定的坡度 3)安装完，进行水检(水检合格后才能对排水管保温)
		保温	1)保温管规格满足要求 2)保温管之间密封，防止空气进入
	安装风管(有高静压风管机时)		1)按静压设计风管长度 2)回风口设计合理，防止设计过小
安装连接管	焊接		1)铜管规格满足要求 2)保证管道内干燥、清洁 3)在焊接管道时，一定要求充氮气保护 4)遵循焊接工艺，保证系统不泄漏 5)在液管侧加装一个双向过滤器 6)多系统时，对系统进行标记(焊接完后进行保压检漏)
	吹洗、保压检漏		1)将系统吹洗干净 2)保压 24 h 3)除温度的影响，压力降在 0.02 MPa 以内为合格(温度变化 1℃，压力大约变化 0.01 MPa)
	保温		1)保温管规格满足要求 2)保温管之间密封，防止空气进入
安装室外机			1)正确选择安装位置 2)根据地脚螺钉孔位和室外机尺寸建筑基础 3)做好减振装置 4)搬室外机防止剧烈碰撞，倾斜角度不能大于 15°

续表 5 - 6

安装分项		说明和合格判断依据
室内机和室	外机的连接	1）打紧连接螺母 2）做好室外连接管、通讯线和电源的保护工作
保压检漏	—	保压 24 h，除温度的影响，压力降在 0.02 MPa 以内为合格（温度变化 1℃，压力大约变化 0.01 MPa）
抽真空		1）汽管和液管同时抽真空 2）抽真空时间足够长（抽完放置 1 h，压力不回升则为合格）
追加制冷剂		按照工程图纸说明中追加制冷剂量追加制冷剂

5.2.5　多联机开机调试

1）首次开机调试由空调设备生产厂家授权调试人员进行。试机工作应在系统吹污、气密性试验、抽真空、充填冷媒等项工作都已进行并达到要求后，各项记录齐全并经主管人员核实签章后进行。

2）在以上一切都完成准备调试之前，应先检查电源接线是否正确，截止阀是否全部打开，都确认无误后再送电，检查电压、电流是否正常，通电 12 h 以上使曲轴箱加热器通电预热，最后开室内机。

第6章 空调水系统调试

6.1 供暖空调工程水管道系统

6.1.1 空调水系统分类

1.集中空调双管制、四管制系统

对于空调末端设备,只设一根供水管和一根回水管,夏季供冷水、冬季供热水,这样的冷(热)水系统,称为双管制系统,中央空调工程一般采用此系统。对于空调末端设备,设有两根供水管和两根回水管,其中一组用于供冷水,另一组用于供热水,这样的冷(热)水系统,称为四管制系统,采用四管制的空调机的换热器,一般有冷、热两组盘管。

2.闭式、开式系统

闭式系统的水循环管路中无开口处,而开式系统的末端水管是与大气相通的。膨胀水箱有闭式膨胀水箱及开式膨胀水箱的区别,考虑到造价一般使用开式膨胀水箱,闭式膨胀水箱一般用于水压不足及北方寒冷的地区(考虑防冻困难)。

膨胀水管口径一般为 25~32 mm,按照规范在膨胀水管上不得设置阀门,但实际施工为方便调试都设置有阀门。膨胀水箱高度一般应高于系统冷冻水末端系统,当膨胀水箱不在膨胀水管垂直顶部时,其水平管路应有一定坡度(2% 坡度,靠近水箱位置高),以防止膨胀水管窝气,造成补水困难(特别在户用机等小系统)。膨胀水箱补水管应设浮球阀及快补管。在供水管路应做保温,还应考虑冬季排水的阀门,防止冬季管路结冰冻裂。

3.异程式、同程式系统

同程式系统的作用是使所有连接支管处的供、回水压差相同。

异程式系统的供、回水干管从冷(热)源至室内平行敷设。因靠近冷(热)源的末端供、回水压差大,而远离冷(热)源的末端,供、回水压差小,会造成远、近末端设备供水的不平衡,须使用末端调节阀进行流量调节,但当系统较大时,调节比较困难(图 6 - 1)。

一般多层建筑的供、回水总管作竖向布置,按楼层水平分区设干管供、回水,每一水平分区宜采用同程式,而竖向总管因管径通常较大,阻力损失相对较小,可采用异程式。但高层建筑,特别是超高层建筑,在每层供水作用半径不大时,常采用竖向总管同程式,水平异

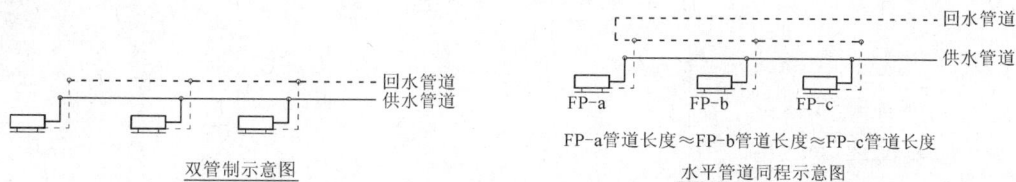

图 6-1 同程式、异程式空调水系统

程式。

4.冷凝水排放系统

用水管将风机盘管底部的接水盘与下水管或地沟连接，以及时排放接水盘所接的冷凝水。这些排放冷凝水的水管就组成了冷凝水排放系统。

6.1.2 空调水系统数据校核

1.空调水系统水管管径的确定

连接各末端风机盘管的供、回水支管的管径，宜与设备的进出水接管管径一致，承担水流量可查样本获知。根据流量选择管径如表 6-1 所示。

表 6-1 冷(热)水管管径选择

管道最小坡度	承担水流量(kg/h)				
0.001	< 1200	1200 ~ 2800	2800 ~ 4200	4200 ~ 7000	7000 ~ 10000
公称直径 D_N(mm)	20	25	32	40	50

2.空调系统供、回水干管内径

供、回水干管的内径 D(单位 mm)，可根据各管段中水的体积流量 Q(L/s)和选定的流速 v(m/s)，通过计算确定。最大流速见表 6-2。

表 6-2 冷(热)水管最大流速 (m/s)

公称直径 D_N(mm)	20	25	32	40	50	> 50
一般管道(m/s)	1.0	1.2	1.4	1.7	2.0	3.0
有安静要求的管道(m/s)	0.65	0.8	1.0	1.2	1.3	1.5

管道内径计算公式如下：

$$D = \sqrt{\frac{4 \times 1000L}{\pi \cdot v}} = 35.68\sqrt{\frac{L}{v}} \qquad (6-1)$$

式中：D——管道内径(mm)；

L——水流量(L/s)；

v——水流速(m/s)。

3. 冷凝水排放系统校核

冷凝水管布置：当风机盘管机组邻近处有下水管或地沟时，可考虑用冷凝水管将风机盘管接水盘所接的凝结水排放至邻近的下水管中或地沟内。

若相邻近的多台风机盘管距下水管或地沟较远，需用冷凝水干管将各台风机盘管的冷凝水支管和下水管或地沟连接起来，其管道最小坡度为0.008。

凝水管管径的确定：直接和风机盘管接水盘连接的冷凝水支管的管径应与接水盘接管管径一致，需设冷凝水干管时，干管的管径可依据与该管段连接的风机盘管机组的总冷负荷量 $Q(kW)$ 按表6-3建议值选定。

表6-3 冷凝水干管管径选择

管道最小坡度	承担冷负荷(kW)				
0.008	<7	7~18	18~100	100~170	170~600
公称直径 D_N(mm)	20	25	32	40	50

所有冷凝水管都应保温，以防冷凝水管温度低于空气露点温度时，其表面结露滴水。保温材料可自行选定，采用带有网格线铝箔贴面的玻璃棉保温时，保温层厚度可取20 mm。采用橡塑保温材料，保温层厚度可取15 mm。

6.1.3 空调水系统管材与配件

1. 管材

空调水系统通常采用热镀锌钢管(白铁管)和无缝钢管，但中、小型项目，也采用PPR管和铜管。公称直径用 D_N 表示，既不是外径，也不是内径，而是接近于内径的一种名义直径。焊接钢管(又称水煤气管)阀门、管件、法兰等使用公称直径表示规格。

空调水系统，当管径≤D_N50时可采用镀锌钢管，当管径>D_N50时采用无缝钢管。高层建筑的冷(热)水管，宜选用无缝钢管。常用钢管规格见表6-4。无缝钢管的规格很多，热轧管从 $\phi32 \times 2.5$ 到 $\phi630 \times 24$，冷拔管从 $\phi4 \times 0.5$ 到 $\phi200 \times 12.5$，一般小口径(≤$\phi32$)使用冷拔管，大口径(≥$\phi38$)使用热轧管。无缝钢管的规格表示方法为外径×壁厚，只说外径不说壁厚，仍不能准确表示无缝钢管的规格。

表 6 - 4　空调水系统常用镀锌钢管规格表

公称直径		普通镀锌管			无缝钢管		
		外径	壁厚	镀锌理论质量	外径	壁厚	质量
（mm）	（in）	（mm）	（mm）	（kg/m）	（mm）	（mm）	（kg/m）
8	1/4″	13.5	2.25	0.62			
10	3/8″	17.0	2.25	0.82	14	3.0	0.814
15	1/2″	21.25	2.75	1.25	18	3.0	1.11
20	3/4″	26.75	2.75	1.63	25	3.0	1.63
25	1″	33.5	3.25	2.42	32	3.5	2.46
32	1 1/4″	42.25	3.25	3.13	38	3.5	2.98
40	1 1/2″	48.0	3.50	3.84	45	3.5	3.58
50	2″	60	3.50	4.88	57	3.5	4.62
65	2 1/2″	75.5	3.75	6.64	76	4.0	7.10
80	3″	88.5	4.00	8.34	89	4.0	8.38
100	4″	114.0	4.00	10.85	108	4.0	10.26
125	5″	140.0	4.50	15.04	133	4.0	12.73
150	6″	165.0	4.50	17.81	159	4.5	17.15
200	8″				219	6.0	31.54
250					273	7.0	45.92
300					325	8.0	62.54
400					426	9.0	92.55
500					530	9.0	105.50

2. 空调水系统配件

（1）阀类

空调水路中最常用的阀件是调节阀，一般的调节阀有三种：铜闸板阀（通称铜闸阀）、铜球形阀（通称铜球阀或截止阀）、蝶阀。铜球形阀大多用在关断为主要目的而调节为次要目的的场合。铜闸板阀一般用在以调节为主要目的的场合，而蝶阀则多用于管径 D_N100 以上并以控制流量和关断为目的的场合。

同类阀门还有不同的规格。在讲规格之前先介绍一下公称压力这个概念。公称压力用 P_N 表示，并令 P_N 后的数值表示压力（MPa）。公称压力有 0.1，0.2，0.4，0.6，1.0，1.6，2.5，4.0，6.4，10.0，16.0，20.0，25.0，32.0，40.0，50.0 等 16 级。在建筑设备安装中用的最多是 0.6，1.0，1.6，2.5 四个压力级别，常用阀门的型号和适应范围见表 6 - 5，供选用时参考。

表 6-5　常用阀门适用范围

序号	名称	型号	适用范围			
			温度(℃)	介质	D_N(mm)	备注
1	闸阀	Z15T-1.0	120	水,蒸气	15~65	内螺纹
	闸阀	Z15W-1.0	100	煤气,油品	15~65	内螺纹
	闸阀	Z41T-1.0	200	水,蒸气	50~450	法兰,明杆,单闸板
	闸阀	Z45T-1.0	200	水,蒸气	50~700	法兰,暗杆,单闸板
	闸阀	Z45W-1.0	100	煤气,油品	50~400	法兰,暗杆,单闸板
2	截止阀	J11T-1.6	200	水,蒸气	15~65	内螺纹
	截止阀	J11W-1.6	100	煤气,油品,水	15~65	内螺纹
	截止阀	J41T-1.6	200	水,蒸气	15~150	法兰
	截止阀	J41W-1.6	100	煤气,油品,水	15~150	法兰
3	止回阀	H11T-1.6	200	水,蒸气	15~65	内螺纹升降式
	止回阀	H44T-1.6	200	水,蒸气	50~600	法兰旋启式
4	安全阀	A27H-10K	200	水,蒸气,空气	15~40	外螺纹弹簧式
	安全阀	A47H-1.6	200	水,蒸气,空气	40~100	法兰弹簧式
5	球阀	Q11F-1.6	150	水,蒸气,油品	15~65	内螺纹
	球阀	Q41F-1.6	150	水,蒸气,油品	15~200	法兰
6	蝶阀	D41X-1.0	100	水,空气	50~500	法兰
	蝶阀	D41H-1.0	100	水,空气	50~200	法兰
7	调节阀	T10H-1.6	200	水,蒸气	15~50	内螺纹
	调节阀	T40H-1.6	200	水,蒸气	50~200	法兰
8	节流阀	L41W-1.6	200	水,蒸气	15~20	法兰
	节流阀	L23W-2.5	200	水,蒸气	15~20	外螺纹
9	旋塞阀	X10W-1.0	100	煤气,油品	15~20	内螺纹
	旋塞阀	X43W-1.0	100	煤气,油品	25~150	法兰
10	减压阀	Y43H-1.6Q	300	蒸气,空气	20~200	法兰活塞式
	减压阀	Y44T-1.0	200	蒸气,空气,水	20~250	法兰波纹管式
11	疏水器	S19H-1.6	200	凝结水	15~50	内螺纹热动力式
	疏水器	S41H-1.6	200	凝结水	15~50	法兰浮球式
12	底阀	H12X-0.25	50	洁净水	25~80	内螺纹升降式
	底阀	H42X-0.25	50	洁净水	50~400	法兰纹升降式
13	液位控制阀	H142X-0.4T	80	洁净水	80~100	法兰浮球式
	液位控制阀	H142X-0.5T	60	洁净水	80~100	法兰浮筒式

阀门在使用前必须按规定进行强度、严密性实验。强度试验压力为公称压力的 1.25 倍，封闭试验 5 min，观测阀体无变形泄漏，压力不降为合格；将阀门关闭，以公称压力做严密性试验，要求 5 min 不渗漏，以检查阀门关闭的严密性。

（2）排气装置

一般采用自动排气阀，上面带关断阀门，以方便维修及手动快速排气。排气阀应安装在水流方向下游、高点，这样排气效果会比较好。排气阀使用一段时间后要拆洗。系统有空气现象为水泵出口压力不稳定、抖动。如果水系统有窝气现象，会造成水泵空转、烧毁水泵。处理办法：①在主机进、出水管要安装关断阀门，在关断阀门和机组进、出水口之间安装放水排污阀。发生窝气时关断回水阀门、关出水口关断阀门，开出水口排污阀，排水、排气，将空气赶出系统。②部分拧开水泵出口接口接头，排气。③系统放空水后，重新补水时先关一下进水口阀门，使该处空气排出。④重新补水后，首次开机时要缓慢打开机组出口阀门（使管路上放气阀逐步放气），防止流速过快，存于管道内空气一次性回到机组水泵入口处，产生吸空。⑤整改：在水泵吸入口管路上安装排气阀。

（3）过滤器

为防止水管系统堵塞和保证各类设备和阀件的正常功能，在管路中应安装水过滤器，用以清除和过滤水中的杂物和水垢。一般水过滤器安装在水泵的吸入管段和末端设备的进水管上。水过滤器的前后，应该设置闸阀，供它在定期检修时与水系统切断之用（平时处于打开状态）。

（4）保温管套

空调冷（热）水管、冷凝水管都需保温，采用保温套管保温是最方便的。保温材料可自行选定，采用橡塑保温材料，保温层厚度可取 20～25 mm，采用带有网格线铝箔贴面的玻璃棉保温时，保温层厚度可取 25～40 mm。为了更好地隔离辐射热和防腐及防水渗透，需在保温管壳外层绕空调保温带。

（5）电子水处理装置

电子水处理装置是采用高频、高磁场对水发生作用，使水对钙镁盐分的溶解增强，或者是使结成的水垢成疏松结构（絮状），不容易附着于换热设备上。电子水处理装置的作用距离一般在 10 m 以内，因此必须使装置尽量靠近要保护的设备。

电子水处理装置前后应安装关断阀门，以方便维修。

（6）排污

在系统的局部地点设排污、排水阀门，冬季放空水以防冻。

（7）压差控制

压差控制为压差控制阀安装在冷冻水分水器和集水器之间，当供回水总管之间压差超过设定值时旁通部分冷冻水，稳定供回水压差在设定值（一般中央空调系统的压差控制装置的设定值为 0.15～0.2 MPa）。

作用：①稳定供回水压差；②使回到冷水机组的水量保持稳定，防止水流量不足，机组发生保护或蒸发器冻裂；③防止末端系统超压，末端设备压力 = 集水器压力（即到膨胀水箱高度）+ 供回水压差；④防止末端设备压差过大，在调节阀处产生噪声，或压差超过阀门最大开启，无法打开阀门，或振荡。

一般在末端设置有电动两通（调节）阀时，供回水总管应安装压差控制旁通阀。

6.2　水系统调试准备工作

6.2.1　水系统充水试压与冲洗

施工过程中各区域内的管道试压已按系统分段进行，但为了安全起见，宜先将整个管路系统的主干及各支路阀门全部关严，在系统充水前，先按空调水系统冲洗示意图，将主干管道的末端管路连通，而且将最低点与最高点均设置泄水阀与放气阀，以便杂质聚集于集分水器底部；在充水时应缓慢开启各路系统的阀门，目的是防止杂质随水流进入支路或末端设备的盘管，测试点设在管网的最高点与最低点各一处，以便系统试压时的准确核对。对管网注水时，应先将管网内的空气排净，并缓缓升压，达到试验压力后，稳压 30 min，目测管网，应无泄漏和无变形，且压力降不应大于 0.05 MPa。

管道试压完毕，即用市政自来水加水泵运转连续循环冲洗，观察集分水器及各分支排出水质，清浊度、透明度、色泽与进水比较基本一致，直到水质化验合格为止。

6.2.2　气压试验

1. 概述

所有压力管道在隐蔽或验收前都要进行压力试验，根据管道使用的工作介质，可选用水或空气作为试验介质。如果有条件最好以水作为试验介质，这样便于检漏，操作时也较安全。但实际情况比较复杂，有时不适合用水做试验介质，这样就需要用空气来作为压力试验介质。

气压试验与水压试验相比，有以下特点：

1）试验中不需要水，故不需设水源或安装引水管道及设置排水设施。

2）受气侯影响较小。如冬季风机盘管系统做水压试验，试验后风机盘管内的水不会排净，这样会冻裂盘管。采用气压试验，可避免此类现象发生。

3）泄露后造成的损失少。有的特殊场合，如在已吊顶的天棚内敷设管道，若采用水压试验，一旦泄露，将损坏吊顶，造成较大损失。采用气压试验，即使发生泄露，也不会损坏吊顶。

根据气压试验的特点，它适用于以下三种情况：

1）水源不足，或从别处引水试压难度较大，管线较长、试验后排水困难的工程，如口径较大的室外埋地管网。

2）气温较低，用水试压后，水不能完全排净，有冻裂危险的场所。

3）改扩建工程的管道试压。由于用户已经使用，若做水压试验，一旦泄露，将造成较大损失。

因气压试验的泄压较难，为确保安全，管道设计压力超过 0.6 MPa 不准做气压试验。脆性材料严禁使用气体进行压力试验。为确保安全，正式进行气压试验前必须先进行预试验。

压力试验的目的，主要是检查管道及其附件（如阀门、器具、管件等）的耐压和严密性情况，以保证系统在正常工作状态下，不发生破裂和渗漏。压力试验中最容易发生问题的是焊缝等接口部位。根据材料力学原理,不论是管道本身的内应力,还是焊缝的拉应力,只与试验压力和管道、焊缝的尺寸有关,而与试验介质无关,用气压试验和水压试验一样在理论上可行。

进行气压试验所需的机具设备有空压机,压力表和气压计、温度计,毛桶和小刷及其他施工工具(如电焊机等)。

2. 劳动组织

进行气压试验需要动力机械操作工 1 名操作空压机;管道工 2~6 名;电焊工 1~2 名。

3. 安全措施

1)气压试验时,应划定禁区,无关人员不得进入。

2)空压机使用时应采取以下安全措施:

①输气管应避免急弯,打开压缩空气阀前,必须事先通知工作地点的有关人员。

②空压机出口处至被试压的管道系统不准有人工作,压力表、安全阀和调节器等应定期校验,保持灵敏有效。

③发现气压表、机油压力表、温度表、电流表的指示值突然超过规定或指示不正常,发现漏水、漏气、漏电、漏油或冷却液突然中断,发生安全阀不停放气或空压机声响不正常等情况,而且不能调整时,应立即停车检修。

④严禁用汽油或煤油洗刷曲轴箱、滤清器或其他空气通路的零件。

⑤停车时应先降低气压

3)管道试压,应使用经检验合格的压力表,操作时要分级缓慢升压,稳压后方可进行检查。非操作人员不得在盲板、法兰、焊口、丝口处停留。

4)修理工作必须在泄压后进行。

4. 质量要求

1)气压试验必须符合《工业金属管道工程施工及验收规范》(GB 50235—97)第七章规定。

2)气压试验时若设计要求进行气密试验,则应符合以下标准:

①允许压力降 ΔP[一般试验压力 $\Delta P > 5$ kPa,以下标准参照《城镇燃气设计规范》(GB 50028—93)]

同一管径时:压力降 $\Delta P = 6.47 \dfrac{T}{d}$。

不同管径时:压力降 $\Delta P = 6.47 \dfrac{T(d_1 L_1 + d_2 L_2 + \cdots n_n L_n)}{d_1^2 L_1 + d_2^2 L_2 + \cdots d_n^2 L_n}$。

②实际压力降 $\Delta P'$

$$\Delta P' = (H_1 + B_1) - (H_2 + B_2)\frac{273 + t_1}{273 + t_2} \qquad (6-2)$$

式中:$\Delta P'$——实际压力降(Pa);

H_1,H_2——试验开始和结束时的压力计读数(Pa);

B_1,B_2——试验开始和结束时的气压计读数(Pa);

t_1，t_2——试验开始和结束时的温度（℃）。

③若 $\Delta P' < \Delta P$，为合格。如果试验管段包括不同管径的管子，则其试验时间和允许压力降以最大管径为准；如试验管段为钢管和铸铁管的混合管段，则其试验时间和允许压力降以钢管为准。这与制冷系统的设备及管道中的气密试验要求不同。

5. 效益分析

1）质量可靠。经工程实践证明，只要管道气压试验合格，在正常工作状况下就不会出现渗漏、破裂等问题。

2）可缩短试验时间和试验工日。对容水量大的管道系统，可缩短试验时间50%，减少用工60%～70%；一般工程可缩短试验时间15%左右。

3）避免试压造成的损失。用气压试验代替水压试验，不会对吊顶、建筑物造成损失，在特殊环境下很有价值。

4）可以保证工期，特别是对跨年度施工工程，解决了冬季管道试压难题，确保工程按期竣工，社会效益显著，且有实际意义。

5）对排水困难的埋地管道，可避免试压时排水机械（如潜水泵）消耗和排水劳力消耗。

6.2.3　空调水系统设备试运转

根据我国的验收规范，空调水系统设备试运转应符合下列规定：

1）空调水系统安装完毕后，经全面检查符合设计、施工验收规范和设备产品技术文件的要求，才能送电、运转、调试。

2）熟悉本工程的全部设计资料，领会设计意图和状态参数，掌握系统中设备、部件的工作原理、运行程序，弄清送、回风系统，供冷系统，供电系统，自控系统的全过程，并了解多种阀门、调节装置检测仪表所在的位置。

3）电源、水源、设备已符合运行条件，并绘制出通风空调系统流程图。

4）按需要配置好经鉴定合格的测试仪表和工具，并了解仪表原理和性能，掌握它们的使用和校验方法。

5）严格岗位责任，各负其责，做到统一指挥，对设备的启停、各种阀门的开闭、技术参数的测定，应按要求操作和填写，对存在的问题应如实记录，以便最后的确认和更改。

1. 通用设备检查

1）核对所有风机、水泵、电机型号规格是否与设计相符。

2）检查地脚螺栓是否拧紧，皮带或联轴器是否找正，支、吊架是否牢靠、稳固。

3）检查轴承处是否有足够的润滑油，加注润滑油的种类和数量是否与设备技术文件相符。

4）手动盘车其运转均匀灵活、无卡滞及异常声音。

5）检查电机接地连接可靠，电气保护继电器的整定应符合规范要求。

6）管道水阀、风管调节阀门应开启灵活、定位可靠。

2. 水泵单机试运转

1)关闭出口阀门,开启进水阀,待水泵运行后再将出水阀打开。

2)水泵点动后,应立即停止运转,观察电机运转方向,如不符合工作要求,应调换电机相序。

3)水泵再次启动时,检测电机、电压、电流、振动、转速及噪声等技术参数,并不得超出规范要求,如有不正常现象应立即停机分析原因,检查处理。

4)水泵运行过程中,应监听水泵轴泵、电机轴承有无杂音,判断轴承是否损坏,轴承运转时滚动轴承温度不高于75℃,滑动轴承不应高于70℃,电动轴承温升不大于电机铭牌的规定值。

5)水泵经检查符合要求后,按规定连续运转 2 h,如无异常即为合格。

6)水泵运行结束,应将阀门关闭,切断电源开关,并按调试运行表格逐一填写。

6.3 空调水系统的调试

6.3.1 空调水系统调试的顺序

1)检查各变风量空调器、新风机组和风机盘管,看托盘内是否有异物,如有,则应先把其清理干净。

2)关闭进、回水管路上的各种阀门,通过盘车看转动是否灵活,检查水泵运转情况,转向是否正确。

3)启动补水泵或直接利用自来水供水,一般按照水流方向进行正向补水,然后根据系统设置情况,先将分水器上控制一个系统的主阀门打开,看主阀门至走廊楼层控制阀这一段有无漏水情况,如有应把水放掉进行修复;然后打开楼层控制阀,看控制阀至内机盘管进、回水支管上阀门段有无漏水现象,如有应把水放掉进行修复,再打开风机盘管进、回水支管上的阀门,看整个楼层的管道通水情况有无渗漏,如有渗漏,应尽快作好标记,然后关闭阀门,放水重新修复后再试,直到系统不漏水为止。然后依次打开其系统的阀门,逐个系统检查。

4)系统灌满水无渗漏后,便可对系统大循环水泵的流量、扬程等是否达到了设计要求进行检查,运行半小时后,打开总回水管上过滤器,取下滤网,清除脏物。

5)水泵和主机联动,先启动循环水泵,再开启主机,达到设计温度以后,开启各个风机盘管,用手拧开风机盘管上手动放气阀,放掉积存的空气,并清理风机盘管进水管上过滤器的脏物,看风机盘管的制冷效果。

6)在整个系统运行后,查看风机盘管托盘内的凝结水,看排水是否畅通,如有积水则应检查管路,重新调整坡度。

6.3.2 空调水系统水力平衡调节

在建筑物暖通空调水系统中,水力失调是最常见的问题。由于水力失调导致系统流量分配不合理,某些区域流量过剩,某些区域流量不足,造成某些区域冬天不热、夏天不冷的情况,系统输送冷、热量不合理,从而引起能量的浪费,或者为解决这个问题,提高水泵扬程,但仍会产生冷(热)不均及更大的电能浪费。因此,必须采用相应的调节阀门对系统流量分配进行调节。

虽然某些通用阀门如截止阀、球阀等也具有一定的调节能力,但由于其调节性能不好以及无法对调节后的流量进行测量,因此这种调节只能说是定性的和不准确的,常常给工程安装完毕后的调试工作和运行管理带来极大的不便。近些年来,大量地选用水力平衡阀来对系统的流量分配进行调节

水力平衡阀有两个特性:

(1)具有良好的调节特性。一般质量较好的水力平衡阀都具有直线流量特性,即在阀二端压差不变时,其流量与开度成线性关系;

(2)流量实时可测性。通过专用的流量测量仪表可以在现场对流过水力平衡阀的流量进行实测。

1. 单个水力平衡阀调节

单个水力平衡阀的调节是简单的,只需连接超声波流量测量仪表,将阀门口径及设计流量输入仪表,根据仪表显示的开度值,旋转水力平衡阀手轮,直至测量流量等于设计流量即可。

2. 系统水力平衡阀的联调

1)并联水系统流量分配的特点:并联系统各个水力平衡阀的流量与其流量系数 K_V 值成正比(由于管道中水流速度较低,假定各并联支路上平衡阀两端的压差相等),如图 6 - 2 所示,调节阀 V_1、V_2、V_3 组成的并联系统,则 $Q_{v1}:Q_{v2}:Q_{v3} = K_{v1}:K_{v2}:K_{v3}$($Q$ 为流量,K_v 为流量系数)。当调节阀 V_1、V_2、V_3 调定后,K_{v1}、K_{v2}、K_{v3} 保持不变,则调节阀 V_1、V_2、V_3 的流量 Q_{v1}、Q_{v2}、Q_{v3} 的比值保持不变。如果将调节阀 V_1、V_2、V_3 流量的比值调至与设计流量的比值一致,则当其中任何一个平衡阀的流量达到设计流量时,其余平衡阀的流量也同时达到设计流量。

2)串联水系统流量分配的特点:串联系统中各个平衡阀的流量是相同的,如图 6 - 2 所示,调节阀 G_1 和调节阀 V_1、V_2、V_3 组成一串联系统,则 $Q_{G1} = Q_{V1} + Q_{V2} + Q_{V3}$;

3)串、并联组合系统流量分配的特点:如图 6 - 2 所示,实际上是一个串并联组合系统。其中平衡阀 V_1、V_2、V_3 组成一并联系统,平衡阀 V_1、V_2、V_3 又与平衡阀 G_1 组成一串联系统。

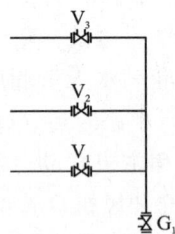

图 6 - 2　串、并联组合水系统示意图

根据串并联系统流量分配的特点,实现水力平衡的方式如下:首先将平衡阀组 V_1、V_2、V_3 的流量比值调至与设计流量比值一致;再将调节阀 G_1 的流量调至设计流量。这时,平衡阀 V_1、V_2、V_3、G_1 的流量同时达到设计流量,系统实现水力平衡。实际上,所有暖通空调水系统均可分解为多级串、并联组合系统。

根据以上举例,对整个系统进行水力平衡的调试,使其达到使用要求。

对于无流量平衡阀的支管或末端设备,可在室内参数测试时,根据设备的出风参数,通

过对进出水阀门的调节，使其达到设计要求。

6.4　冷却塔

6.4.1　冷却塔调试前的准备工作

1.清洁

从冷水集水池，吸水井与滤网等把沉积物清除，确认分流管、散水头没有任何阻塞，用水来冲洗集水池。

2.检查

冷却塔在进入操作以前，应先检查所有的操作机件。下面列举所要检查的各部分：

1）分配系统要清洁，分流管及散水头应适当地装设。所有的流量控制阀须打开，以免水压过高。

2）集水池要清洁，且没有任何碎屑。

3）进口滤网应清洁，且要装设在高出水坑的适当位置。

4）用做集水池补充水的控制或浮动阀与其相关的系统必须操作自如。

5）所有的螺丝要有适当的转矩；尤其是风机组与机械设备的支架。核对联轴器的中心线是否一致，重新对中心线，使其在厂家要求的公差范围内。

6）润滑要确认减速机是否已按照规范与说明书将正确等级的清洁油料注满到适当的液面，而其呼吸排气口证实没有阻塞。

7）马达是否已适当地润滑。马达的空间加热器必须送电，以便将马达内部烘干。在激活以前最好用绝缘试验器测定所有的马达绝缘。

8）风机要转动自如，并顺时针方向查看风扇叶片尖端是否有充足的间隙。

9）电气的联机必须很恰当，以确定在操作状况下会很安全。

10）马达与被驱动装置于运转时不能有电极的噪声、振动与发热。马达与被驱动装置至少要运转半小时，以便详细查核。试车时不要将马达从传动装置分开；查核风机所用的马力。确认风机于抽气时没有超过铭牌额定电流。

11）查核振动切断开关的操作：用手动方式释放，以查核风机是否切断。

12）查核补充水的供应是否可靠、有效。

13）确认排放系统能排走适量的水。

6.4.2　冷却塔的激活步骤

当所有启用前的项目均已查核完成而且认为满意以后，集水池即可灌满水，则水塔即处在操作状态。其激活步骤可按下列顺序逐步进行：

1）在激活时，所有集水管的阀要尽量全开，冷水集水池必须注满，散水头必须清洁。刚操作的第一星期内，冷水引水道上的过滤网要多清洗几次，以后视需要清洗滤网。

2）在启动泵浦以前须关闭泵浦的出口阀，以避免在水塔管线内发生极端的水冲作用。

3）用泵浦建立全流量状态，确认泵浦没有超出水塔的设计规范而超量输送。

4）让全流量在 1 h 内稳定下来以前，须在每一室的入水管操作控制阀使水的分配平衡。

5）调整流量，使每室的流量相等。

6）冷却塔的抽风机可依任何顺序起动。低速运转数分钟后切换至高速运转，负载较低时采用低速运转。

6.4.3 冷却水的补充与排放

必须将水补充到冷却塔，以替代因蒸发、排放、飞溅以及溢流所造成的水损失。通常由于抽风机夹带出去的水量损失并不多，可不加以考虑。

当水在冷却塔操作中蒸发时，许多溶解固体物都留存在非蒸发形态里，如果这些浓缩的比率变成足够大时，水垢与沉积物将在热交换器管束与其他管线系统内形成。这种结果会造成在较高的背压下流量减少。为降低固体物浓度，冷却塔的排放是必要的。

在计划性的工场岁修期间，必须清理冷水集水池，以去除那过剩的积泥与固体物。最好先把粗重的积泥铲除，然后再用高压水带来清洗与洗刷水泥墙壁与集水池地板。

6.4.5 冷却塔的故障排除

冷却塔装置的故障排除指引如表 6 - 6 所示。

表 6 - 6　冷却塔故障排除

	故障	原因	对策
水的管理部分	1）在散热材部分的水分配不良	①散热材破损 ②散水头破损或堵塞	①更换散热材破损部分 ②按照需要清理集水池的外来物以及/或清理被堵塞的散水头
	2）过度的飞溅损失	①水量超额 ②风扇的倾斜度超过设计，风量太大 ③挡水帘部分堵塞	①查对流量 ②风扇倾斜度调整到设计状况 ③清理或换新堵塞的挡水帘
	3）集水管系统的泄漏	①水压超出 ②进口管轴的轴心线不对 ③在管钟与栓口接合处的垫圈不在定位以及不吻合 ④阀体构成部分松动 ⑤垫圈泄漏	①查核泵浦压力，不能超过设计压力 ②查核提升管垂直，纵向横向的移位 ③按照需要，将集水管的垫圈重新定位 ④）锁紧阀体的各构成部分

续表 6 – 6

	故障	原因	对策
机械设备部分	1）风扇不平衡	①查看叶片是否正确地固定在风叶盘上 ②查看叶片的倾斜度是否均匀调整，而相差仅在 1°以内 ③查看各叶片重量是否属于该设备所指定者 ④马达与传动装置之架台松动 ⑤减速机与马达不在同一中心线	按其需要加以修正
	2）风机风胴的干扰	①组合式风胴松动 ②风胴不圆 ③风机叶片松动 ④减速机自固定处移位	①按其需要加以修正 ②组合式风胴重新定位 ③修检叶片长度 ④传动装置固定脚重新扭紧、并校正中心
	3）减速机噪声	①轴承劣化 ②传动装置与马达间的中心线不正 ③润滑不足 ④联轴器预加负载的失败 ⑤传动组件的劣化 ⑥过度的反动力	①检查传动装置 ②查对中心线 ③查对联轴器的预加负载 ④查核轴承与反动力
	4）传动箱失油	①输入轴的轴封劣化 ②在轴承保持器的润滑脂不足 ③传动箱外壳破裂 ④在排放管上的管件有漏孔	检查其原因，并按其需要修理
	5）传动机油乳化	①润滑剂错误 ②排气管线破裂 ③外壳破裂 ④传动箱附件松动 ⑤轴封劣化	检查并按其需要修理
	6）风机跳脱	①振动过大 ②马达超载 ③传动装置润滑系统的油位偏低	①查核振动开关 ②检查传动装置系统是否低油面或漏油 ③查核马达遮断器与超载热片的大小

6.4.6　冷却塔的保养

若设备保持良好状态，则能给予最好的操作结果与花费最少的保养费用。每一冷却塔都需保留其连续性润滑与保养的记录。

1. 冷水集水池

如果需要，有时候要检查集水池是否泄漏，并加以修补。保持冷水出口的清洁而不要有任何碎物。补充水与循环水的控制必须操作自如，而且保持系统所需的水量。

2. 风机

每半年检查风机的叶片表面一次，查核风机的振动情形。若测试结果显示振幅太大，则须加以矫正。

3. 传动轴

每半年要查核传动轴与联轴器的轴心线一次。每周查核积层垫圈板有否断片。

4. 填料

填料必须能经常维持其方位在正确的位置上，以获得最佳的冷却功能。

5. 减速机

每周以及每月都要查核润滑油；当每半年要换油时，须检查内部机件。

6. 水塔构架

对于机械设备支架的螺丝要特别留意。

7. 散水头

散水头的材质是 PP 材料（聚丙烯），且是上喷型的设计；必须保持分散网的清洁，喷口不可堵塞。

8. 电动马达

每一电动马达都要按照制造厂家的说明书来润滑与保养。

9. 油漆

定期清洁以及油漆所有金属部分，以防止被腐蚀。

10. 冷却塔木料的劣化

在冷却塔中，未经处理的木料使用 1~2 年以后，任何时候都会因腐烂而损害。如果发现腐烂即应及早处理，以免发生严重的灾害。必须进行例行检查，以便在发生严重后果以前，发现腐烂部分。

11. 当从事上述的维护保养工作时，必须注意下列有关的安全事项

冷却塔通常是一个很大的架构，在其中有很重的机械设备与系统的一部分。当人员在冷却塔工作时，最重要的是维持与实施良好的安全措施与实务，并细心处理所有的机械设备。

当在风筒内进行机械设备的检修工作时，工作人员必须确认：风机主开关已切断并挂妥卷标，而且这个知情的人也一起在风筒里工作。如果有振动开关，可使其跳脱，以便在进入风筒工作以前有更进一步的安全措施。

6.4.7　冷却塔调试案例

冷却塔是冷源的组成部分，其功能是排除冷冻机冷凝器侧的热量，在制冷循环上的作用为将饱和过热的汽态制冷剂冷却至饱和过冷的液态，实现将室内负荷排至室外的最终目的。根据制冷原理，我们可知，冷凝温度越低，冷冻机的效率越高，所以冷却塔的冷却效果直接影响冷冻机的效率。常见的误区是按照冷却水系统供、回水温差大小来判断冷却塔是否正常工作，或者过分强调冷却水温差的大小对水泵能耗的影响。经过我们的测试经验，冷却水的变频工作在大部分工况下可以有很微小的节能空间，综合冷站效率考虑，4～5℃的冷却水温差是合适的。另外，冷却水温越低对冷机效率的提高越有帮助，所以冷却塔效果的评价应该是冷却水温度和室外湿球温度的差异，从理论上来讲，冷却塔的出水温度可降低至室外空气的湿球温度（低于室外干球温度）。根据设计选型经济性要求，冷却塔的运行逼近温度应为3～5℃，所以运行良好的冷却塔的出水温度应该比室外空气湿球温度高3～5℃。

1. 现场冷却塔效率的测试

测试时间为 2015.5.26 11：30～12：00。

测试室外无冷却塔、蒸气、送排风或者其他干扰源下的温、湿度值为：相对湿度30.98%，干球温度27.47℃。

冷却塔填料进风侧的温、湿度测试值为：相对湿度34.66%，干球温度26.01℃。

冷却塔风机出口处的温、湿度测试值为：相对湿度74.56%，干球温度24.54℃。

根据测试日的温、湿度值，在焓湿图中查询相应的湿球温度为（室外湿球温度为14.5℃）。

冷却塔的回水温度为34.6℃，冷却塔的出水温度为25.4℃（风机已开启）、30.6℃（风机未开启）。

2. 冷却塔效率计算

冷却塔效率，由下式计算：

$$\eta_c = (T_{hc} - T_{gc})/(T_{hc} - T_w) \tag{6-3}$$

式中：η_c——冷却塔效率（%）；

　　　T_{gc}——冷却塔出水温度（℃）；

　　　T_{hc}——冷却塔回水温度（℃）；

　　　T_w——室外空气湿球温度（℃）。

计算得出冷却塔效率 $\eta_{c1} = 46\%$（风机已开启），$\eta_{c2} = 20\%$（风机未开启）。

根据本项目的设计要求,夏季空调室外计算湿球温度是28.2℃,冷却水供回水温度为32/37℃,计算冷却塔的设计点效率为$\eta = 57\%$。而在测试日冷却塔的测试效率只有46%,明显低于设计效率。

3. 整改建议

分析造成冷却塔低效的原因有二:一是冷却塔塔体的布水不均匀,造成其中一部分填料没有水流经过(主因),见图6-3;二是各塔体间的水流不平衡(次因)。改善的措施主要有:对冷却塔布水进行调整,使布水均匀(图6-4所示为冷却塔布水盘);对冷却塔间的水平衡进行再调试。

图6-3 塔体布水不均匀

图6-4 塔体布水盘图示

冷却塔效率的提升对冷机效率的影响分析:

1)在我们测试阶段,室外湿球温度相对较低,可以为冷却塔提供良好的室外条件,适当降低冷却塔的出水温度对冷机效率的提高有好处，根据测试日的冷却塔风机开启与不开启的情况做定量分析。现场安装冷机为特灵螺杆机（1 台）和离心机（3 台），使用的制冷剂为 R123，不考虑冷机三级压缩的能量回收影响，绘制相关压焓图，根据国标工况，利用软件计算设计工况 COP，在名义工况下（工况条件为：冷冻出水温度 7℃、冷冻水水流量 0.172 m³/(h·kW)、冷却水进水温度 30℃、冷却水流量 0.215 m³/(h·kW)），机组的 COP 为 6.74，与 trane 铭牌（图 6 – 5）提供的技术参数基本一致；在冷却塔上水温度为 34.6℃，且在不开风机的工况下，运行压焓图理论 COP 值为 6.61；在冷却水塔上水温度为 34.6℃，且在风机开启的工况下，压焓图理论 COP 值为 7.96；根据以上估值，在测试日典型工况状态下，冷机理想状态下开启冷却塔风机可节省的能耗约为 113 kW，而机组所对应所需的冷却塔风机功率为 44 kW，理想状态下的节能量为 69 kW。

水冷离心式冷水机组
型号：CVHG1100-89V476　　　　　　　　制造日期（日/月/年）：20/11/2010
产品型号：CVHG-1100-62-292-1-142L-1220-1-142L-980
CVHG110RA2H0CCX292CDSPCB1S000000003A000060T000003A100A
序列号：G10J01791　　　　　　　　　　订单号：89V476A
机组名义冷量：3516(1000) kW (tons)
电器特性
额定电压：　　　　382 V　　　　　　　50 HZ　　　3 pH
额定功率：　　　　558 kW
使用电压范围：　　　　　　　　　　345～420 V
电路最小容量：　　　　　　　　　　1257 A
最大过载电流：　　　　　　　　　　2000 A
国标工况　制冷量：3520 kW　　消耗总电功率：519 kW　　性能系数：6.78

图 6 – 5　trane 机组铭牌

2）冷却水温的控制还受室外湿球温度的影响，考虑到冷却塔的经济设计，冷却塔的逼近度为 4℃是经济可行的。所以，我们建议在冷站的群控逻辑中对冷却塔出水温度的控制应考虑即时的湿球温度，如采用室外湿球温度 +4℃为目标冷却水出水温度来控制冷却塔风机的启停或者高低速。

3）冷却塔水平衡的调试方法简述。

测试工具：超声波流量计。

接受标准：每台冷却塔的实测总流量与设计流量（或者额定流量）的偏差不大于 10%。

调试流程：①将所有冷却塔进、出水手动、电动阀门全部开启；②手动开启相应的主用冷却水泵；③统计系统实际的输送流量与设计流量作比较，手动通过变频器调整水泵转速，调整系统总的输送流量达到设计流量的 100% ~110% 并确保水泵电流未超水泵设计电流；④利用超声波流量计测试每台冷却塔的实际流量；⑤将每台冷却塔的实测流量与冷却塔设计流量作比较，以比例最低的冷却塔的冷却水流量作为基准开始调整比例，第二低的冷却塔进水阀门的开度，使冷却水比例第二低的冷却塔冷却水流量与比例最低的一台冷却塔流量值匹配，其他冷却塔的调整以此类推；⑥此时测量冷却水系统的总流量，提升每台冷却水泵变频器的频率使实际冷却水系统总流量达到系统设计流量的 110%，此时测量各台冷却水泵的实际电流值和电压值，并确认不超过额定电流值和电压值，记录下变频器的运行频率。

4. 节能量估算

概算调整冷却水系统提升运行效率后可节约的能耗。

目前的自控运行模式下，有的塔体通冷却水不开风机，有的塔体通冷却水开风机，塔体间水流量不平衡，塔体本身布水器的布水不均匀性造成总的出水温度为 28.2℃，比开风机冷却塔出水温度 25.4℃ 高出了 2.8℃。正确的冷却塔的运行方式，为一台冷却塔对应一台冷机高速运行，即使采用湿球温度控制，高效运行的冷却水系统的运行模式也不会超过一台冷机对应两台冷却塔。所以，即使忽略测试日风机的运行台数，单指不合理控制造成冷却水温升高 2.8℃，也会造成冷机约 9% 的效率下降，即造成增加了冷机 $582 \times 9\% = 52.38$ kW 的能耗浪费。

冷机全年运行的工况太复杂，计算全年冷机因冷却水系统所造成的能耗浪费无法精确估计，按测试日的测试结果至少会有 9% 的能耗浪费，为了简便计算，我们就以全年冷机增加 9% 能耗计算。根据了解及第 3 章的分析结果，在最大冷负荷的状态下，冷机的运行模式为两台大机组 + 1 台小机组，按上海典型年份气象参数的分析，估算夏季平均冷负荷为 45% ~ 50% 是可靠的。以此为依据，计算冷机增加电耗 $= (582 \times 3 + 260) \times 0.45 \times 128 \times 12 \times 9\% = 124789$ kW·h，约为 125000 元，式中 128 为夏季有效的运行天数（扣除节假日）、12 为每天运行的小时数。

6.5   水系统调试案例

6.5.1   项目背景

该项目是一个位于成都的地标性商业综合体，由世界顶级的建筑设计师、知名的机电顾问团队和其他知名的设计施工团队进行设计和施工。项目由 5 个塔楼和下部裙楼部分的大型高端购物商场和 4 层地下室组成。塔楼分别为高端写字楼，5 星级酒店服务式公寓和 SOHO 类型物业。其中一个位于地下室的 20 MW 中央制冷站负责供应商场和其中 3 个塔楼。制冷站包括直接生产冷冻水的高效离心式制冷主机，大容量的冷冻水储冷池，并设置有板式换热器对一次侧和二次侧的冷冻水进行分隔，并通过阀门开关切换能够实现直接供冷，水池蓄冷放冷，冷却塔过渡季节免费制冷以及各种组合的联合工作模式。图 6 - 6 所示为这个中央制冷站的简化示意流程图。

6.5.2   冷冻水泵调试

冷冻水一次泵负责将冷冻水从制冷机输送至板式换热器的一次侧，而冷冻水二次泵负责将冷冻水从板式换热器的二次侧输送到如空气处理机组（AHU）、风机盘管（FCU）等在裙楼或者塔楼中的空调用户末端。由于该项目第三方调试团队进入到项目的时间较晚，其中 6 台冷冻水一次泵在调试团队刚加入到项目时已经完成了安装，其技术参数如表 6 - 5 所示。

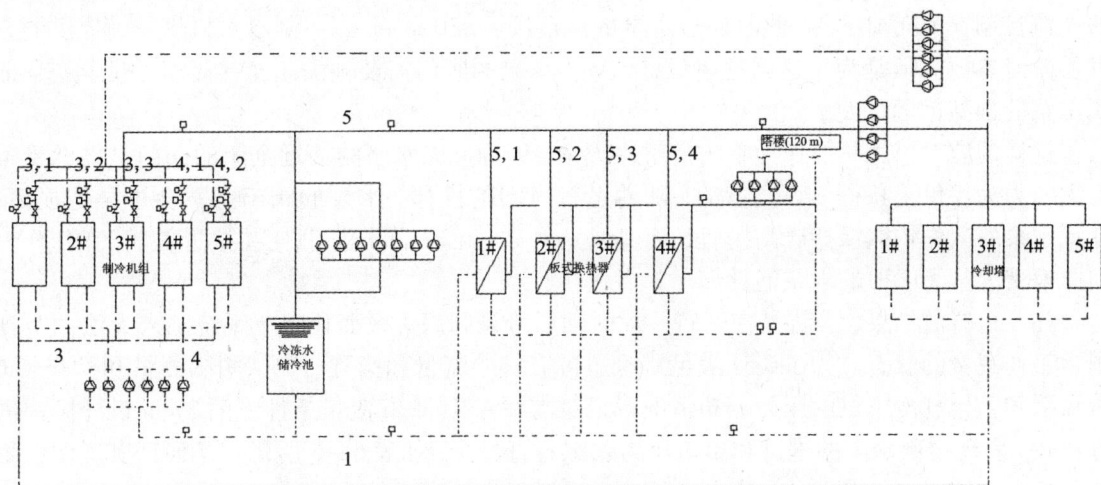

图 6 – 6　20 MW 中央制冷站系统流程图

表 6 – 5　冷冻水一次泵技术参数

流量（m³/h）	500
扬程（m）	33
额定电机功率（kW）	56
电机转速（rpm）	1480
电压/相/频率（V/ – /HZ）	380 V/3/50
满负荷电流（A）	103
入口/出口直径（mm）	D_N250/D_N200
叶轮直径（mm）	380

1. 设计图纸复核的发现

作为进入项目后的第一项任务，调试团队对项目暖通空调专业的各专业施工图纸、各系统和设备如制冷机、水泵、冷却塔、AHU、风机、阀门等的技术规格参数进行了同业设计复核。

针对冷冻水子系统，在经过对系统中逐个阻力环节的水力计算校核后，发现冷冻水系统一次侧环路的总需求压降为 159 kPa。经过与所安装的冷冻水一次泵进行比较，调试团队发现已经安装的冷冻水一次侧水泵的选型远超实际需要。

鉴于此，调试团队在项目的调试工作计划中安排了针对冷冻水一次泵的实际运行工况和性能测试和校核的工作，从而向业主汇报调整优化或者需要进行重新设计的解决方案。

2. 实地测量与验证

在水泵启动后，调试团队意识到水泵电机的电流比预期高出很多，导致电机因电流过载而频繁停机。临时性的应对措施是通过关小水泵的阀门以减少通过水泵的流量，把水泵电机的电流控制在 100 A 左右，此时通过水泵的流量接近 430 m³/h 这一制冷主机供应商提供的蒸发器流量参数。但是为了达到这一设计流量，水泵的阀门需要被关闭至接近全关的状态，证明水泵的选型远远过大了。

这样的应对措施只能作为临时的解决方案，因为此时水泵的接近全闭的阀门是以承受着巨大压力为代价来获得设计流量的，随着运行时间的推移，水泵的阀门必然会过早地损坏。并且水泵的运作依然保持着高扬程，而其实这个高扬程大部分都消耗在接近关闭的阀门上，因此浪费大量无必要的水泵能耗。

如此运行的结果，必将是在运行一段时间后水泵阀门失效而让整个系统陷入无法调节到正常工作流量的状态。为了确认满足制冷主机需求的流量和扬程，调试团队测量和检查了 6 台水泵和 1 台制冷主机的压力分布情况。通过与在 430 m³/h 流量条件下的 37 m 设计扬程进行比较，发现全部水泵的进口和出口压力差都一直过高，如表 6-6 所示。从而证实了调试团队所担心的情况，并需要对冷冻水子系统通过调整措施进行整改。

表 6-6　制冷主机和水泵的进、出口压力测量值

	进口压力（MPa）	出口压力（MPa）	出口进口压力差（MPa）
制冷主机 - 02	0.34	0.31	- 0.03/ - 3 m
水泵 - 01	0.19	0.57	0.38/38 m
水泵 - 02	0.19	0.61	0.42/42 m
水泵 - 03	0.21	0.61	0.40/40 m
水泵 - 04	0.20	0.64	0.44/44 m
水泵 - 04a	0.19	0.63	0.44/44 m
水泵 - 04b	0.21	0.61	0.40/40 m

3. 解决方案和经济性分析

在与业主、施工承包商进行了多次关于技术可行性、工程交付进度影响以及改进工程方案的成本概算的探讨后，以及多轮与项目的原来机电设计顾问的技术性辩论后，业主批准了下述由调试团队提出的改进方案：

1）对选型过大的冷冻水一次泵叶轮进行切割；

2）为水泵电机加入修正电容以提高功率因数。

如图 6-7 所示，通过这样的改进措施，能够永久性地修复冷冻水泵选型过大的设计缺陷问题并在接下来的长期运行中持续节约 43% 的水泵能耗。有效防止水泵损坏的风险和由于物业管理操作人员对水阀的操作不当而重新引发水泵电机电流过载停机的现象。

冷冻水一次泵改进前后的数据对比见表 6-7。

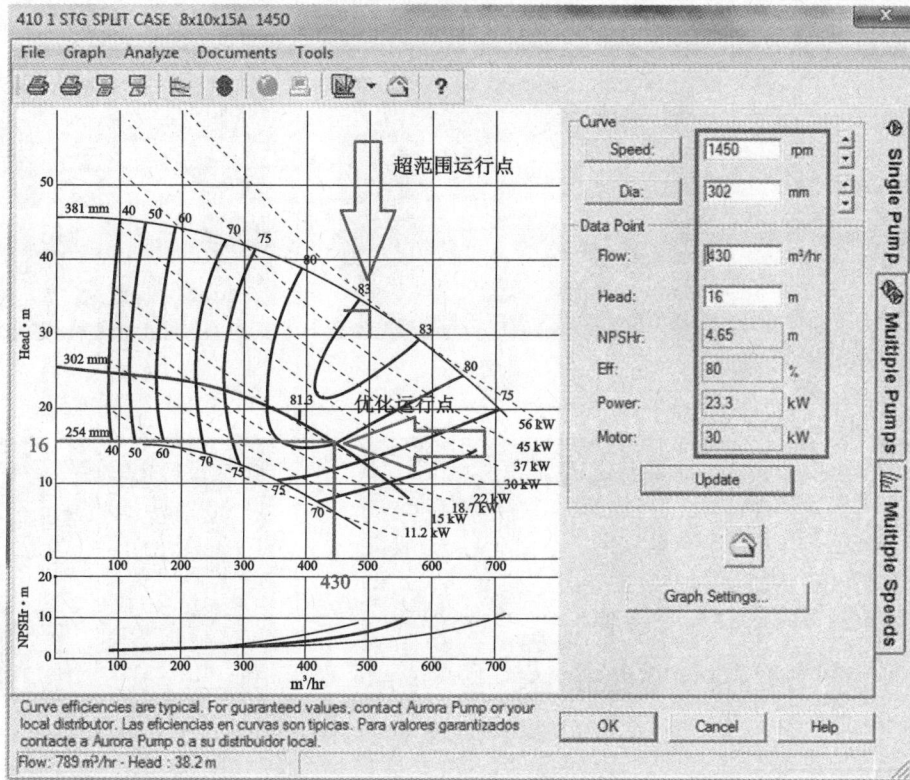

图 6 - 7 冷冻水一次泵的工况优化分析

表 6 - 7 水泵改进前后的数据比较一览

数据	改进前	改进后
叶轮直径(mm)	380	302
流量(阀门全开)(m³/h)	695	452
水泵扬程(m)	33.4	16
电机电流(A)	105	65
水泵功率(单台)(kW)	54.6	28.8
运行时间(h/a)	6000	6000

续表 6 – 7

数据	改进前	改进后
实地测量	流量实测值 电流实测值	流量实测值 电流实测值
水泵运行能耗费用 [元/(a·台)]	196560	103680
每台水泵年节约运行费用 [元/(a·台)]	92880	
5 台水泵的年节约运行费用 [元/(a·台)]	466400	
改进工程实施成本(元)	30000,共计 150000	
简单投资回报期(a)	0.32	

第7章　通风空调风系统调试

在暖通空调系统中，不论采用何种冷（热）源，也不论采用何种末端装置，最终向空调房间送冷（热），都是通过送风的形式来实现的。因此，空调风系统是暖通空调系统中的一个重要环节，应遵循下述要求。

7.1　概　述

7.1.1　送风系统

1.送风系统的分类

空调送风系统可分为两类：①低风速全空气风道送风方式；②风机盘管加新风系统的送风系统。

一般面积较大的公用场所，如商场、交易大厅、宴会厅、影剧院和体育馆等，多采用第一种送风系统，而写字间和宾馆饭店中的一、二、三级客房等较小面积的空调房间，则多采用第二种送新风的系统。

2.采用全空气空调方式送风系统的划分

公用场所各厅室，如采用全空气风道空调方式，送风系统应按空调房间使用时间的不同而划分区域。为了达到经济运行和便于管理的目的，必须根据这些空调房间的使用规律、负荷特点划分系统的服务范围和规模，并尽量使空调机组设置在靠近空调房间的地方。

3.采用风机盘管加新风的送风系统划分

无论是写字间、客房新风系统还是公用场所各厅室新风系统，应以楼层和房间使用功能划分新风区域，以确定新风送入量。

4.风系统划分区域不宜过大

无论全空气风系统还是新风系统均不宜将区域划分过大，以防止由于风系统区域过大，使系统风量过大，造成噪声大，输配距离过长所带来的弊病。

5.送风系统应设置风量调节装置

调节装置是风系统不可缺少的末端配体，在通风空调管道中用来调节风管的风量，也可用于新风和回风的混合调节。

6.送风温度与送风温差

送风温度：夏季为了防止送风口附近产生结露现象，一般应使送风干球温度高于室内空气的露点温度2~3℃。

送风温差：空调系统夏季的送风温差，应根据送风方式、风口类型、安装高度、气流路线长度、贴附情况等因素确定。在满足舒适或工艺要求的前提下，送风温差应尽量加大。

7.风口的布置

布置风口时应注意送风口不要使风直接吹到人长期停留的位置上。

新风采风口应尽量设在建筑物背面墙上。新风口底部距室外地面不宜低于2 m，当处于绿化地带时不可低于1 m。

7.1.2　风管

1.合理布置风管

布置风管要考虑的因素有：

1）尽量缩短管线，减少分支管线，避免复杂的局部构件，以节约材料和减小系统阻力。

2）要便于施工和检修，恰当处理与空调水、消防水管道系统及其他管道系统在布置上可能遇到的矛盾，遵守"电让水，水让风"的原则。

3）风管的弯头、三通、四通应严格按照国家标准施工图集制作。

2.风管的形状

风管的形状一般为圆形或矩形。矩形风管加工简单，易于与建筑物结构吻合，占用建筑高度小，与风口及支管的连接也比较方便，因此，空调送、回风管一般采用矩形风管。

3.风机盘管接口风管尺寸

针对风机盘管接口处的风管，一般以风机盘管进、出口尺寸而定，见表7-1。

表7-1　风机盘管接口风管尺寸

风机盘管规格	送风口尺寸(mm×mm)	回风口尺寸(mm×mm)
FP-3.5WA	480×128	480×180
FP-5.0 WA	580×128	580×180
FP-6.3 WA	680×128	680×180

续表 7 - 1

风机盘管规格	送风口尺寸(mm × mm)	回风口尺寸(mm × mm)
FP - 7. 1 WA	710 × 128	710 × 180
FP - 8 WA	780 × 128	780 × 180
FP - 10 WA	860 × 128	860 × 180
FP - 12. 5 WA	1070 × 128	1070 × 180
备注	送、回风口在同一平面上,间距要大于 1. 5 m	

注:矩形风管宽高比例不应大于 8∶1。

4. 风管的保温

空调送、回风管都需要保温,采用保温板保温是最方便的。保温材料可自行选定,采用橡塑保温板材料,保温层厚度可取 10 ~ 15 mm;采用带有网格线铝箔贴面的玻璃棉保温时,保温层厚度可取 20 ~ 30 mm。

7.2　风机

7.2.1　单台风机的工作特性

1. 风机的功率

1)风机所需的轴功率 N_z(W)的计算式为:

$$N_z = \frac{QP}{3600\eta\eta_m} \tag{7 - 1}$$

式中: Q——风机所输送的风量(m^3/h);

P——风机所产生的风压(全压)(Pa), P(全压) = 回风段阻损 + 机内阻损 + 送风阻损(机外阻损);

η——风机的全压效率,一般取 80%;

η_m——风机的机械效率(表 7 - 2)。

表 7 - 2　风机的机械效率 η_m(%)

传动方式	电动机直联	联轴器连接	三角皮带传动
η_m	100	98	95

2)配用电动机的功率 N, 按下式计算:

$$N = K \cdot N_z \tag{7 - 2}$$

式中: K——电动机容量安全系数(表 7 - 3)。

表 7 – 3　电动机容量安全系数 K

电动机容量(kW)	0.5	0.5 ~ 1.0	1 ~ 2	2 ~ 5	>5
K	1.5	1.4	1.3	1.2	1.13

2. 风机的比转数

风机的比转数 n_s 表示风机在标准状态下流量 Q、压力 P 和转速 n 之间的关系，同一类型的风机，其比转数必然相等。

$$n_s = \frac{n}{\left(\dfrac{P}{Q}\right)^{0.5} \cdot P^{0.25}} \tag{7 – 3}$$

7.2.2　多台风机联合的工作特性

风机在管网中的工作特性如图 7 – 1 所示。

风机并联工作时可以提高风量，串联工作时可以提高风压；但联合运行与单台运行比较总会引起经济性和可靠性的降低，因此在非必要的情况下，应尽量不采用。

1. 并联工作

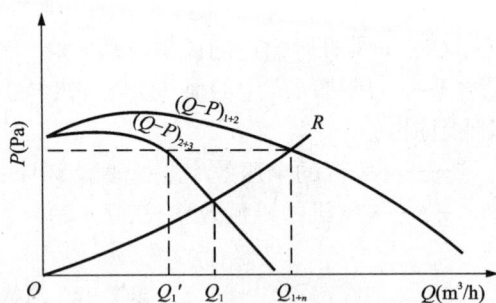

图 7 – 2 所示为两台相同风机并联运行时的工作特性曲线

$$Q_{1+2} = 2Q_1' < 2Q_1$$

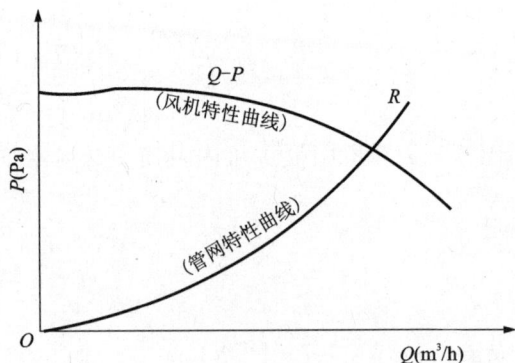

图 7 – 1　管网中风机的工作特性　　　图 7 – 2　两台相同风机的并联运行工作特性曲线

图 7 – 3 所示为两台不同风机的并联运行工作时特性曲线，并联风机主要目的是加大风量，在 A 点并联运行工况是良好的。

$$Q_A = Q_{1A} + Q_{2A} < Q_1 + Q_2$$

由此可知，不同风机并联运行时风量小于两台风机单独运行时的风量之和，但大于单台风机运行时的风量。

在 B、C 点则不好，在 B 点，两台风机并联运行的风量等于单台风机独立运行时的风量；在 C 点，并联风机运行的风量小于单台风机运行时的风量。应注意避免并联风机在阻力大的情况下运行。

2. 串联工作

图 7-4 表示两台性能不同的风机串联运行的性能曲线。B 点是串联运行的临界点，即串联运行的性能曲线和单台风机性能曲线的交点。工况点在 B 点的左方，串联运行可增加气体的压力和流量，离 B 点越远，串联运行的效果越好；反之，工况点在 B 点的右边，串联运行没有效果，气体的压力和流量比单台风机单独工作时的流量和压力还小。因此，一定要经过综合性能分析后，再确定串联运行是否有效。

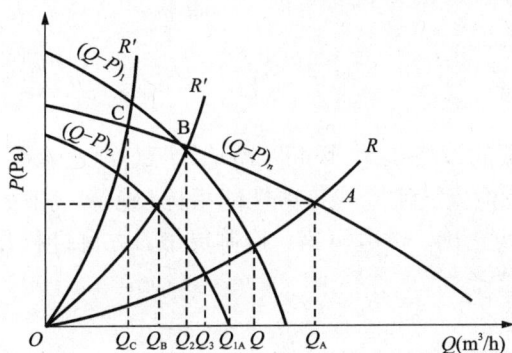

图 7-3 两台不同风机的并联运行工作特性

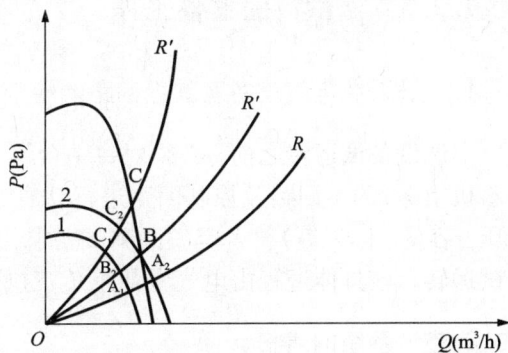

图 7-4 两台性能不同的风机串联运行的性能曲线

3. 通风机的选择

选择风机时应注意，性能曲线和样本上给出的性能，均指风机在标准状态下（大气压力 101.3 kPa、温度 20℃、相对湿度 50%、密度 $\rho = 1.20$ kg/m^3）的参数。如果使用条件改变，其性能应按下列各式进行换算，按换算后的性能参数进行选择。

1）改变介质、密度 ρ、转速 n 时：

$$Q = Q_0 \cdot \frac{n}{n_0}$$

$$P = P_0 \cdot \left(\frac{n}{n_0}\right)^2 \cdot \frac{\rho}{\rho_0} \tag{7-4}$$

$$N = N_0 \cdot \left(\frac{n}{n_0}\right)^3 \cdot \frac{\rho}{\rho_0}$$

$$\eta = \eta_0$$

2）当大气压力 P_0 及其温度 t 改变时：

$$Q = Q_0$$

$$P = P_0 \cdot \frac{P_b}{P_{b_0}} \cdot \frac{273 + 20}{273 + t}$$

$$(7-5)$$

$$N = N_0 \cdot \frac{P_b}{P_{b_0}} \cdot \frac{273 + 20}{273 + t}$$

$$\eta = \eta_0$$

式中：Q_0，P_0，N_0，η_0，n_0，P_{b_0}——标准状态或性能表中的风量、风压、功率、效率、转数和大气压；

Q，P，N，η，n，P_b，t——实际工作条件下的风量、风压、功率、效率、转数、大气压和温度。

7.2.3 调试前的准备工作

1. 空调系统电气设备及其主回路的检查与测试

空调设备试运转之前，必须对每一台参与调试的设备（如：风机、冷冻水泵、冷却水泵、冷水机组等）的主回路及控制回路进行认真细致地检查，确保其各项性能指标（绝缘、相序、电压、容量、标识等）符合有关的调试要求，即接线正确、供电可靠、控制灵敏，方可进行设备试运转。该具体过程由电气专业组负责执行。

2. 空调系统的清扫

1）空调机房内的灰尘必须打扫干净，为试运转创造良好的卫生环境。
2）打扫空调设备和吹扫送回风管内的灰尘，同时组织人员将空调房间打扫干净，处于工艺投产状态。

7.3 风管漏光法检测和漏风量测试

《通风空调工程施工质量验收规范》规定：风管系统按其系统的工作压力划分为三个类别，如表 7 - 4 所示。

表 7 - 4 风管系统压力划分类别

系统类别	系统工作压力 P(Pa)	密封要求
低压系统	$P \leqslant 500$	接缝和接管连接处严密
中压系统	$500 < P \leqslant 1500$	接缝和接管连接处增加密封措施
高压系统	$P > 1500$	所有的拼接缝和接管连接处，均应采取密封措施

7.3.1 风管漏光法检测

风管漏光法检测应采用具有一定强度的安全光源。手持移动光源可采用不低于 100 W

并带保护罩的低压照明等或其他低压光源。

对系统进行风管漏光检测时，光源可置于风管内侧或外侧，但其相对侧应为黑暗环境。检测光源应沿着被检测接口部位与接缝处缓缓移动，在另一侧进行观察，当发现有光线射出时，则说明查到有明显的漏风处，这时应做好记录。

对系统风管的检测应采用分段检测、汇总分析的方法。在严格安装质量的基础上，系统风管的检测以总管和干管为主。当采用漏光法检测系统的严密性时，低压系统风管以每 10 m 接缝漏光点不多于 2 处，且 100 m 接缝平均不多于 16 处为合格；中压系统风管每 10 m 接缝漏光点不多于 1 处，且 100 m 接缝平均不多于 8 处为合格。

在漏光检测过程中，对发现的条缝漏光应做密封处理。

7.3.2　风管漏风量的测试

1.试验前的准备工作

将待测风管连接风口的支管取下，并将开口处用盲板密封。

2.试验方法

利用试验风机向风管内鼓风，使风管内静压上升到 700 Pa，然后停止送风，如发现压力下降，则利用风机继续向风管内进风并保持压力在 700 Pa，此时风管内的进风量等于漏风量。该漏风量通过在风机与风管之间设置的孔板与差压计来测量。测试风管漏风量试验装置如图 7-5 所示。

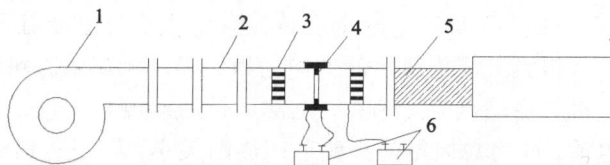

图 7-5　测试风管漏风量的试验装置
1—风机；2—调节阀；3—整流栅；4—孔板；5—软管；6—倾斜式微压计

7.3.3　漏风声音测试

漏风声音测试试验在漏风量测量之前进行。试验时先将支管取下，用盲板和胶带密封开口处，将试验装置的软管连接到被测风管上。关闭进风挡板，启动风机，逐步打开进风挡板，直到风管内的静压值上升并保持在试验压力。注意听风管所有接缝和孔洞处的漏风声音，将每个漏风点做出记号并进行修补。

7.4　空调系统风量测定

通风系统安装完毕后，应进行试运行和调试。系统调整的根本任务是将系统各管段的风量调整到设计风量，使系统和设备的运行达到预定的设计要求。

7.4.1　通风系统设备试运行前的检查工作

通风系统设备的试运转主要为风机的试运转，含送、排风风机、空调器风机等。

（1）风机的外观检查

1）核对风机、电动机的型号、规格及皮带轮直径、皮带等是否与设计或设备供应商提供的参数相符。

2）检查风机、电动机两个皮带轮的中心是否在一条直线上或联轴器是否同心，传动皮带松紧度是否适度。

3）检查风机进、出口柔性接管（如帆布短管）是否严密，松紧度是否适合。

4）检查轴承处是否有足够的润滑油，加注润滑油的种类和数量应符合设备技术文件的规定。

5）风机手动盘车，叶轮应无卡壳、摩擦现象及异常声音，风机内外清洁干净、无积尘现象。

6）电机、风机、风管接地应可靠，风机调节阀门应灵活，定位装置可靠。

7）空调器检查门应关好，滤网严密，无漏风现象。

（2）风管系统的检查

1）主干管、支干管、支管上的风量调节阀或防火调节阀全开。

2）组合式空调器的新风、回风电动对开式多叶调节阀必须达到电动开关要求。

3）空调风管应保温完整，排风风管应密封良好。

7.4.2　风机的启动与运转

1）风机初次启动应经一次启动立即停止运转，检查叶轮与机壳有无摩擦和不正常的声音。风机的旋转方向应与机壳上箭头所示的方向一致，确认无误后方可试运转。启动时，应采用钳形电流测量电动机的启动电流，待风机正常运转后再测量电动机的运转电流，若运转电流超过电动机额定电流，应将总风量防火调节阀逐渐关小，直至达到额定电流为止。

2）在风机运转过程中如发现不正常现象时，应立即停车检查，消除故障后再运转，风机连续运转时间不能少于2 h。

3）风机试运转应记录下列数值，并认真填写试运转报告。

①风机的电动机启动电流和运转电源。

②风机的轴承温度。

③风机试运转中产生的异常现象。

④风机转速。

7.4.3　风量测定的原理

空调系统风量测的内容包括：测定各空调机组的总送风量，各排风、排烟机组的总排风量，各新风口、送风口、排风（烟）口的风量。空调系统风量的测定和调整，应在风机正常运转，通风管网中出现的毛病被消除以后进行。

1. 选择测定断面。

测定断面一般应考虑设在气流均匀、稳定的直管段上，离开弯头、三通等产生涡流的局部构件有一定距离。一般要求按气流方向，在局部构件之后 4～5 倍管径（或长边）、在局部构件之前 1.5～2 倍管径（或长边）的直管段上选择测定断面。当受到条件限制时，此距离可适当缩短，但应增加测定位置，或采用多种方法测定进行比较，力求测定结果准确。

2. 系统风量测定步骤

系统风量测定一般分为两个步骤。第一步是空调机总送风量的测定及调整；第二步是各风口的风量平衡，即把送风机的送风量平均地分配给各个出风口。一般用皮托管和微压计在测定截面内进行动压测试，其中以计算测定断面处的风速 v 风量的计算如式（7-6）所示：

$$Q = 3600Fv \tag{7-6}$$

式中：F——测定处风管断面积（m^2）；

　　　v——测定断面平均风速（m/s）。

计算出断面处的风量，测定断面的选择对于测量结果的准确性和可靠性非常重要。

3. 确定测点

在测定断面上各点的风速不相等，因此一般不能只以一个点的数值代表整个断面。测定断面上测点的位置与数目，主要取决于断面的形状和尺寸。显然，测点越多，所测得的平均风速值越接近实际，但测点又不能太多。一般采取等面积布点法。矩形风管测点布置一般要求尽量划分为接近正方形的小方格，面积不大于 0.05 m^2（即边长小于 220 mm 的小方格），测点位于小方格的中心。圆形风管测点布置应将测定断面划分为若干面积相等的同心圆环，测点位于各圆环面积的等分线上，并且应在相互垂直的两直径上布置 2 个或 4 个测孔。

对于格栅风口与散流器，可采用在风口外加装短管的办法进行风量的测定，短管的长度等于 0.7～3 倍风口大边长或直径，短管断面尺寸等于风口的断面尺寸。对于带调节阀的百叶风口，由于调节阀对气流有较大影响，因此也可采用加短管的测量方法。

测点位于各个小截面的中心处，测孔开设在操作方便的一边，根据各测点的动压值按均方根求得其平均值，计算公式如下：

$$P_{db} = \left(\frac{\sqrt{P_{d1}} + \sqrt{P_{d2}} + \cdots + \sqrt{P_{dn}}}{n} \right) \tag{7-7}$$

式中：$P_{di}(1 \leqslant i \leqslant n)$——测定截面上各测点的动压值（Pa）。

知道了测定断面的平均值后可根据下式求得平均风速：

$$\bar{v} = \sqrt{\frac{2gP_{db}}{\gamma}} \tag{7-8}$$

式中：g——重力加速度，取值为 9.81（m/s^2）；

　　　γ——空气的容重，一般取值为 11.76（N/m^3）；

　　　P_{db}——平均动压（Pa）。

知道了平均风速后利用下式可以计算出测定截面处的风量：

$$L = 3600F\bar{v} \tag{7-9}$$

在知道了空调机的总风量，然后再与额定风量相比，调节送风总管上的调节风阀以使总送风量接近空调机的额定风量。

7.4.4 风量测量方法

1.风量计算方法

测量截面应选择在机组入口或出口直管段上，距2倍以上管径的位置。

矩形截面的测点数见图7-6，具体规定如下：

1）当矩形截面长短边之比小于1.5时，在截面上至少应布置25个点，见图7-6，对于长边大于2 m的截面，至少应布置30个点（6条纵线，每条纵线上5个点）。

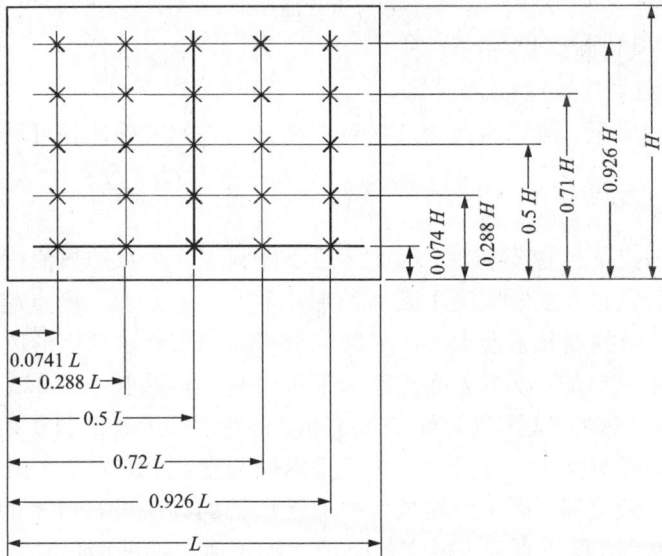

图7-6 矩形风管25点时的布置

2）当矩形截面长短边之比大于或等于1.5时，在截面上至少应布置30个点（6条纵线，每个纵线上5个点）。

3）对于长边小于1.2 m的截面，可等面积划分成若干个小截面，每个截面的边长200~250 mm。

4）测每一个点的动压，并算出平均值，由计算公式 $P_{动压} = \rho v^2/2$，即可算出风速 V。其中 ρ 为空气密度，取1.2 kg/m³。

5）用卷尺量出风口的长宽，算出截面积 S，$S = 长 \times 宽$，单位 m²。

6）风量的计算：$Q_{风量} = 3600vS$，单位 m³/h。

7）测试机组的同时再用万用表测出运行时的电压、电流。

2.压力的测量

一般在测试中，还应测出它的出口静压、回风口静压及总的全压，因为机组在出厂时有一个铭牌数据，所测出来的数据应与铭牌数一致。

例如：机组 G6150(N2)L，风量为 15000 m³/h，全压为 335 Pa，出风口尺寸为 550 mm × 480 mm，即可算出机组的出口风速，$Q_{风量} = 3600VS$，再由计算公式 $P_{动压} = \rho v^2/2$ 得出动压，再由 $P_{全压} = P_{动压} + P_{静压}$，即可得出机组的名义出口静压。

在现场测试前应先测试机组的静压，测静压时测孔应在测壁的中心，测出机组出风口的静压和机组进风口的静压，总的静压 = 出风口静压 - 进风口的静压，机组进风口的静压为负数。因为静压是相当于克服风管阻力所需的力，如果实际所测的静压比机组的名义静压要大，说明此机组的设计风道阻力偏大，实际的风量可能会小一些；如果实际所测的静压比机组的名义静压要小，说明此机组的设计风道阻力偏小，实际的风量可能会大一些，但电流不能超过其运行的额定电流。

静压与风量是可以相互转换的，它们是成反比的，风量越大，静压越小，风量越小，静压越大。

全压的测试方法和静压一样。在出风口和回风口测静压和全压，机组总的全压 = $P_{出口全压}$ - $P_{进口全压}$。总静压 = $P_{总出口静压}$ - $P_{总进口静压}$。进口的全压和静压均为负数。

3. 需注意的事项

1) 在机组出风口到测试的这一段风管不能出现漏风现象。

2) 国家标准规定在测试时应在干工况条件下进行，即表冷器不通冷冻水，若表冷器通了冷冻水后会增加阻力，从而会使风量衰减 10% 以上；

3) 现场测试的精度不是很高，在额定风量下测量时，其波动应在额定风量 ±10% 之内。

4) 当所测的动压值小于 10 Pa 时，风速应用风速仪进行测量。

7.4.5　风口风量的调整

在进行通风机的试运转及对其性能进行综合测定之后，即可进行系统风量的测定和调整。目前国内使用的风量调整方法有流量等比分配法和基准风口调整法及逐段分支调整法。

在第一步空调机总送风量的测定结束后，第二步是各风口的风量平衡，即把空调机的送风量平均地分配至各个出风口上，图 7-7 所示为某办公楼空调系统新风管网示意图。

首先应根据调节后的总送风量 $L(m^3/h)$，计算每个出风口的风速，计算公式为：

$$v = \frac{L}{3600Fn} \tag{7-10}$$

式中：F——出风口断面积(m^2)；

　　　n——出风口数(个)。

用热球风速仪或旋转风速仪由系统的最远处向最近处测试各个出风口的风速，即应从风口 26 开始测试。因各出口系统阻力不同，故出风口的实际风速大小不等，所以应调节出风口处的调节阀以使各个出风口的风速接近计算的风速，这样，反复调节测试记录使各出风口的风速达到平衡。

空调系统的送(回)风管多安设在技术夹层、顶棚或走廊的吊顶内。在进行风量测定调整时，应注意以下各点：

1) 测试人员应衣帽齐全、紧身，防止行动时凸出物拉扯。

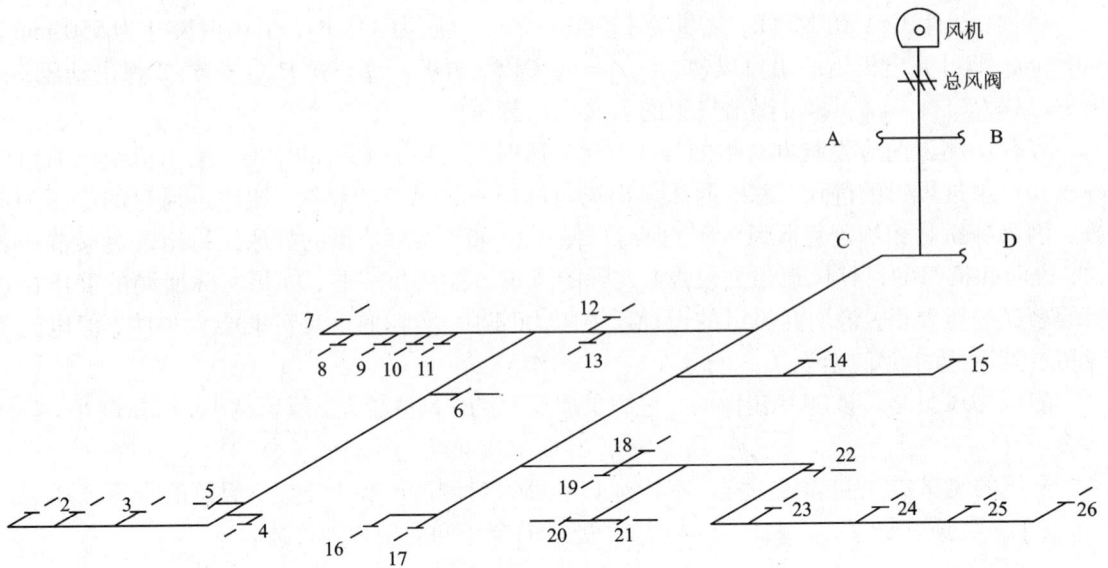

图 7 - 7　通风管网示意图

2）个人使用的工具应随身用工具袋装好，免得在顶棚内工作时，因忘带或缺少工具而徒劳往返，贻误工作。

3）在顶棚内行走时，要注意安全。脚要踩在受力主龙骨上，切勿踏在不吃力的部位，防止踏坏顶棚和发生人身事故（在顶棚行走须先报业主批准）。

4）顶棚内应使用安全电压行灯。

5）在顶棚内外和机房的测试人员，要经常保持通讯联络，发现问题，及时处理，防止机房内错误操作或贸然开风机而造成不良的后果。

7.4.6　调试过程与问题分析

1. 空调系统风量不平衡

空调风系统调试过程经常受到系统不稳定的影响，由于系统的总风量在调节过程中往往发生变化，外界的气温变化会对系统的风量产生影响，气流在管道中的流动会产生波动，存在大量的不可重复因素。对于较大的系统管道的沿程损失会造成系统的近端与末端之间产生较大的温度梯度，在一定程度上会影响送风量的准确测量。可以通过清除异物并充分清洗管道；调整管道坡度、弯度，增加导流叶片或设置阻挡措施；严重时提请设计单位修改设计并作局部更正等措施进行改进。

2. 送风参数与设计值不符

主要原因有以下几点：

1）空气处理设备选择容量偏大或偏小；

2）空气处理设备产品热工性能达不到额定值；

3）空气处理设备安装不当，造成局部空气短路；

4）空气处理机组或风管的负压段漏风，未经处理的空气漏入；

5）冷热媒参数和流量与设计不符；

6）风机送风管道温升超过设计值。

3. 改进措施

1）调节冷热媒参数与流量，使空气处理设备达到额定能力；如仍达不到要求，可考虑更换或增加设备；

2）检查设备、风管，消除短路与漏风；

3）加强风、水管保温。

7.5　风系统调试案例

某工程承包商提供了商店区的 AHU 的风平衡调试报告（表 7 - 5），我方对承包商的商店区的风平衡调试报告的验证见文档。

根据表 7 - 5 验证的内容，分析得出以下结论：

1）承包商对商店区的 AHU 的末端旋流风口和条形散流器均采用转轮式风速仪测试风速后换算成风口的风量，对于高速旋流风口来说，采用转轮式风速仪测试风量，误差会非常大，风平衡调试的结果不够准确。

建议：旋流风口和条形散流器测试风量采用风量罩，并使用与风口口径一致的导流风管作为缓冲测试风量，这样得出的风平衡调试结果才够合理和准确。

2）AHU - 1 的承包商的末端风口实测风量与设计风量的偏差率最大为 104%，最小为 102%，最大偏差率与最小偏差率之差只有 2%，此风平衡调试的结果太完美了，很让人怀疑结果的真实性。

3）AHU - 2 的末端风口承包商深化设计的风量累加只有 9900 m^3/h，与设计风量 12000 m^3/h 偏差过大，与设计风量不符，所得出的风平衡调试结果没有意义。

4）AHU - 3 的一个末端条形散流器风量测试时承包商遗漏了，承包商的风平衡调试随意性较大，需要对设计有一个清晰明确的认识。

5）装饰设计原因，AHU - 3 有 1 个旋流风口被装饰物遮挡，此风口不能进行风量测试，且影响此区域的空调效果和舒适性。

建议：被遮挡的旋流风口根据现在的装饰布局最好移位，将此风口利用起来，避免影响此区域的空调效果和舒适性。

表 7 - 5　承包商风平衡调试

编号	风口数量	风口类型	风口尺寸 (mm)	实测风速 (m/s)	计算风量(合同) (m³/h)	校验测量风量 (m³/h)	设计风量(合同) (m³/h)	设计风量 (m³/h)	偏差1 (计算风量/合同设计风量)	偏差2 (校验风量/设计风量)	备注
一　仓库区域 AHU-1 风平衡调试											
1	1	旋流风口	Ø400	8.5	1750	988	1714	1710	102%	58%	
2	2	旋流风口	Ø400	8.6	1770	1296	1714	1710	103%	76%	
3	3	旋流风口	Ø400	8.7	1780	1007	1714	1710	104%	59%	
4	4	旋流风口	Ø400	8.4	1740	1126	1714	1710	102%	66%	
5	5	旋流风口	Ø400	8.6	1770	1212	1714	1710	103%	71%	
6	6	旋流风口	Ø400	8.6	1770	902	1714	1710	103%	53%	
7	7	旋流风口	Ø400	8.8	1780	890	1714	1710	104%	52%	
8	Total air volume				12360	7421	11998	11970			
二　仓库区域 AHU-2 风平衡调试											
1	8	旋流风口	Ø400	8.7	1775	1546	1500	1920	118%	81%	
2	9	旋流风口	Ø400	8.6	1770	1448	1500	1920	118%	75%	
3	10	旋流风口	Ø400	8.4	1740	2128	1500	1920	116%	111%	
4	11	旋流风口	Ø400	8.4	1740	2090	1500	1920	116%	109%	
5	12	旋流风口	Ø400	8.4	1740	1949	1500	1920	116%	102%	
6	19	线型风口	1500×90	2.1	600	259	600	600	100%	43%	
7	20	线型风口	1500×90	2.2	610	544	600	600	102%	91%	
8	21	线型风口	1500×90	2.3	620	379	600	600	103%	63%	
9	22	线型风口	1500×90	2.2	610	354	600	600	102%	59%	
10	总风量				11205	10697	9900	12000			

续表 7-5

编号	风口数量	风口类型	风口尺寸 (mm)	实测风速 (m/s)	计算风量(合同)(m³/h)	校验测量风量 (m³/h)	设计风量(合同)(m³/h)	设计风量 (m³/h)	偏差 1(计算风量/合同设计风量)	偏差 2(校验风量/设计风量)	备注
三	仓库区域 AHU-3 风平衡调试										
1	13	旋流风口	Ø400	8.5	1750	1386	1600	1600	109%	87%	
2	14	旋流风口	Ø400	8.6			1600	1600			装饰风口，无法测试
3	15	旋流风口	Ø400	8.7	1775	1799	1600	1600	111%	112%	
4	16	旋流风口	Ø400	8.6	1770	1440	1600	1600	111%	90%	
5	17	旋流风口	Ø400	8.4	1740	1230	1600	1600	109%	77%	
6	18	旋流风口	Ø400	8.5	1750	1926	1600	1600	109%	120%	
7	23	线型风口	1500×90	2.2	620	612	600	600	103%	102%	
8	24	线型风口	1500×90	2.3	630	525	600	600	105%	88%	
9	25	线型风口	1500×90	2.4	640	366	600	600	107%	61%	
10	26	线型风口	1500×90			340	600	600	0%	57%	未测试
11	总风量				10675	9624	12000	12000			

第8章　电气控制系统调试

8.1　电控系统调试用低压电器

通常以交流 1000 V、直流 1500 V 为界的电路的电器是低压电器。暖通空调工程调试电气控制系统调试用低压电器有空气开关、接触器、热继电器。

8.1.1　空气开关(自动空气断路器)

空气开关有多种类型，有用于家庭等人身保护目的、防火保护目的的漏电断路器，有建筑配电、暖通空调电气装置用的微型断路器、塑壳断路器、万能式断路器等。通常作为不频繁通、断电路用；配电电路或电气设备的短路保护；配电电路或电气设备过载保护；配电电路或电气设备欠压保护(仅有少数规格空气开关有此功能)。

空气开关的基本性能：额定电压与额定绝缘电压；额定电流；短路通断能力(短路分断能力，分断能力越高短路时保证跳闸的能力越高，加串级保护可提高跳闸可靠性)；脱扣特性(电动机堵转电流及设备启动电流需考虑到，否则可能在电动机或设备启动状态便跳闸)；保护特性。

8.1.2　接触器

接触器主要用作频繁接通、断开交、直流电路，可实现远距离控制。控制对象是电动机或其他负载。

接触器的基本性能：额定电压(在规定条件下，保证主触头正常工作的电压值对应相应的额定电流)；额定电流(在相对应的额定电压下允许通过的额定电流)；操作频率；线圈电压(控制线圈所使用的电压)；辅助触头额定电流；触头通断能力(保证触头不融焊及可靠灭弧能力)。

8.1.3　热继电器

热继电器是利用电流的热效应，用来保护电动机等负载过载的电气设备，其电流整定一般按负载额定电流的 0.85～1.05 倍整定。

上述低压电器有使用环境温度的要求，一般为 -5～55℃，若电气元器件及设备允许超温使用，需按要求降级使用。

8.2　电动机

　　电动机按电流类型可分为交流电机和直流电机；按结构可分为大、中、小型电机；按防护类型可分为开启式、防水式、融爆式电机等；按用途可分为发电机、电动机、控制电机。常用的是异步电机（鼠笼式或绕线式）。

　　电动机铭牌包括：①型号，如异步电机为 Y；②功率，额定运行条件下的输出功率（轴功率）；③接线，有 Y 形、△形等；④电压、电流；⑤转速；⑥温升等。

　　电动机的启动：有全压启动、减压启动。可根据电源容量、负载功率、设备要求选择启动方式，据实际情况决定。

　　电动机调速：鼠笼式电机适用于变频调速，鼠笼式电机变频范围需符合电机厂家的规定。绕线式电机适用于调压调速，常规绕线式电机调压范围据电机要求。

8.3　电气线路、电气图

　　电气线路包括室内配电线路、电缆线路、架空线路、导线连接等。它能实现各电气元件或电气设备的连接。

　　电气图包括电气原理图、电气接线图、电气布置图、电气系统图、电路图等。

　　下面图 8 - 1 所示为水泵控制的电气接线图示例。

　　机组电控箱发出开机信号（SK1 与 SK2 接通），水泵接触器线圈得电，接触器主电路吸合，水泵电动机得电运转。当水泵电机过载时，热继电器动作脱扣，控制回路断电，接触器断开，水泵断电停止运行。机组电控箱发出关机信号（SK1 与 SK2 断开）时，控制回路断电，接触器断开，水泵断电停止运行。

8.4　自动控制设备

8.4.1　末端电控开关

　　专用风机盘管机组控制器特殊之处在于主机末端一体化方面，除此之外，它本身是一种自动恒温房间风机盘管机组控制器，可进行冷、暖转换，房间温度设置，自动更换风机盘管机组三挡来调节房间温度（风机盘管机组采用三连开关控制）。可单独用于盘管控制，也可用于同主机联动控制。

　　常用的三连开关有以下几种。

　　跷板式：该款为最简单的三挡机械式开关之一，见

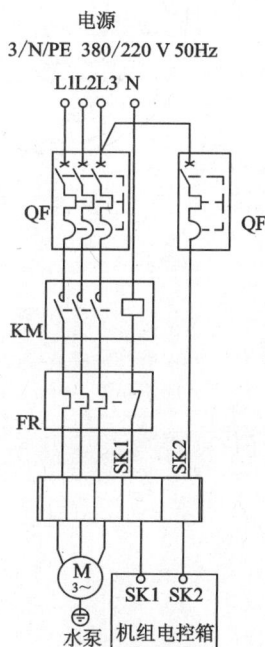

图 8 - 1　水泵控制的电气接线图

电源：3/N/PE 380/220 V 50 Hz 表示三相五线交流 380 V，控制电源交流 220 V，频率 50 Hz。QF：空气开关。KM：交流接触器。FR：热继电器。

图 8 - 2。

　　旋钮式(型号：FPHDK - 3 - D86)：该款为最简单的三挡机械式开关之一，见图 8 - 3 量程挡。

　　温控型机械式：可设置冷暖，设置房间温度，且质量可靠，见图 8 - 4。

　　液晶显示恒温控制器(图 8 - 5)可作普通风机盘管机组三速开关用：

　　另外，可据设定温度该控制器自动调节风机盘管的三挡风速及停转，节能运行，使房间温度控制精度在 ±1.5℃ 内。

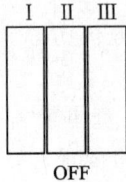

图 8 - 2　跷板式风机盘管三速开关

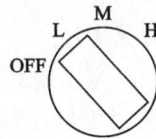

图 8 - 3　旋钮式风机盘管三速开关

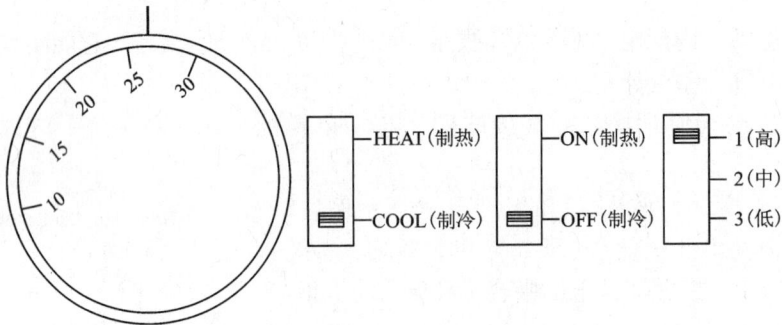

图 8 - 4　温控型机械式风机盘管控制器

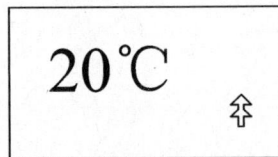

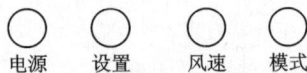

图 8 - 5　液晶显示恒温控制器

8.4.2　末端控制柜

1. 启停控制柜

启停控制柜为机组配套的产品，启停机组直观方便，具有短路、过载、缺相等保护电机的功能。型号按机组电机的数量及电机输出功率(轴功率)之和匹配,每只电控柜控制一台机组(机组内最多配两台电机)。可配机组功率范围:启停式 $1 \times (0 \sim 11)$ kW。

2. 减压启动柜

减压启动柜专为大功率机组配备,起动平缓,起动电流小,对电网冲击小,减小对机组内机械设备的冲击。具有短路、过载、缺相、三相严重不平衡、相序错误等保护功能。型号按机组电机输出功率(轴功率)匹配,每只电控柜控制一台电机。可配机组功率范围:减压启动 $15 \sim 225$ kW。

减压启动柜配带联锁开关触点接入端子,用户可根据需求接入。用户接入开关的电阻(从电控箱口算起)$15 \sim 22$ kW$\geqslant 7$ Ω;$30 \sim 45$ kW$\geqslant 3\Omega$;$55 \sim 225$ kW$\geqslant 20$ Ω。下列数据供参考:100 m 1 mm^2 铜芯线电阻为 2 Ω,100 m 1.5 mm^2 铜芯线电阻为 1 Ω,100 m 2.5 mm^2 铜芯线电阻为 0.4 Ω。

3. 调压调速柜

调压调速柜(适用于绕线式异步电动机或允许调压的电动机及电加热器)可控硅无极调压功能,能自动检测缺相、三相不平衡、电机过载等故障来封锁可控硅输出,保护机组并节能。平缓启动,对电网及机械设备冲击极小。可在调压电动机电压允许范围内(一般三相电机在 $240 \sim 380$ V AC,单相电机在 $140 \sim 220$ V AC)无级调节机组风量。匹配电加热器必须将电加热保护信号串入开机回路中。型号按机组电机输入功率之和匹配,控制一台电机(机组内若配外转子风机,每只电控柜可控制 $1 \sim 2$ 台同规格外转子风机)。可配机组功率范围:调压调速器 $0 \sim 15$ kW。

4. 变频调速器(适用于鼠笼式异步电动机)

变频调速器通过设置频率来调节机组电机的转速,实现调节风量同时节能。有过载、欠压、过压、过流等保护功能及故障显示。软启动功能,对机械及电网冲击小。在频率允许范围内(一般普通异步电动机 $30 \sim 50$ Hz)随意调节机组。

5. 恒温、恒湿自控、电控控制系统

恒温、恒湿自控、电控控制系统可据用户对温度、湿度的要求、控制方式、各技术要求等方面进行控制。主要有以下特点:

1)温度控制:通过采集回风温度或房间温度数据来调节水路(蒸气)电动调节阀开启度、(电加热级数)来达到温控目的。主要通过 PI 算法来实现对阀门的控制。精度一般 $\pm 1 \sim 2$℃。不同的加热、制冷方式有不同的精度。

2)湿度控制:通过采集回风温度数据来调节加湿器的加湿量,用 PI 算法来达到湿度控制精度。精度一般 $\pm 5 \sim 10\%$ RH。不同的加湿方式有不同的精度。此外,还有新回排百分比、过滤段清洗指示、风机、检修照明、灭菌、防冻保护、消防联动、电加热联锁等方面的控制组成组合式机组的自控、电控系统。

8.4.3　主机电气控制部分

现在的主机整个制冷系统大都已经实现了自动化，在向智能化的方向发展，即代替人们对运行过程进行调节、测量、控制、监督和保护。在一般主机系统中，为了减轻操作人员的劳动强度，提高主机系统运行的经济性，达到制冷用户要求的指标及保证制冷装置的安全运行，越来越多地装设一些电气控制装置。

1.模块型、恒温恒湿机组

模块型、恒温恒湿机组控制核心采用可编程序控制器，全中文液晶触摸屏操作显示，自动显示各种运行参数及故障信息。

2.水冷柜式空调机组

水冷柜式空调机组控制器自动显示各种运行参数及故障信息。用户侧是空气系统，不存在漏水隐患。运行工况简单，稳定可靠。

3.模块型风冷涡漩式冷水(热泵)机组

模块型风冷涡漩式冷水(热泵)机组包括涡漩式、往复式、螺杆式。电气部分成熟，控制核心采用可编程序控制器，全中文液晶操作显示，自动显示各种运行参数及故障信息。保护功能(缺相、相序保护、电机过载、过热保护、系统压力保护、防冻保护等)与特殊功能都很全面。其多机头的特性保证了机组对水温控制较高的精确性。电气部分全部按防溅水防护等级、耐高温设计，安全可靠、经久耐用。

4.水冷冷水机组

水冷冷水机组可编程控制、全中文显示、自动显示各种运行参数及故障信息。保护功能与特殊功能都很全面。电气不防雨，须放置在室内。

5.上位机(或 PC 机、个人电脑)监控

为适应市场竞争，进一步提高机组的先进性和市场竞争能力，适应楼宇自动化控制要求开发了上位机监控系统。可对有要求的用户提供上位机监控，用来监控机组的各项参数(各种温度数据，压缩机、风机、水泵、各传感器、各保护元器件的运行状况、报警信息)，并可进行一些参数设置及开关机操作，对机组进行实时监控。

8.5　中央空调控制逻辑

8.5.1　中央空调控制模式总体说明

以 2 台主机、3 台冷冻水泵、3 台冷却水泵、3 个冷却塔为例来说明中央空调控制模式。

1)中央空调系统分为中央空调系统 1 和中央空调系统 2，两套中央空调系统根据累计运行时间自动切换、根据系统实际负荷加减负载。

2)冷冻水泵根据冷冻水系统供回水压差变频，供回水温度仅显示用。

3）冷却水泵根据冷却水系统供回水温差变频。

4）冷却塔风机根据冷水机组进水温度变频。

8.5.2　中央空调启停控制逻辑

1. 中央空调系统启动控制逻辑

中央空调系统启动控制逻辑见图 8 - 6。

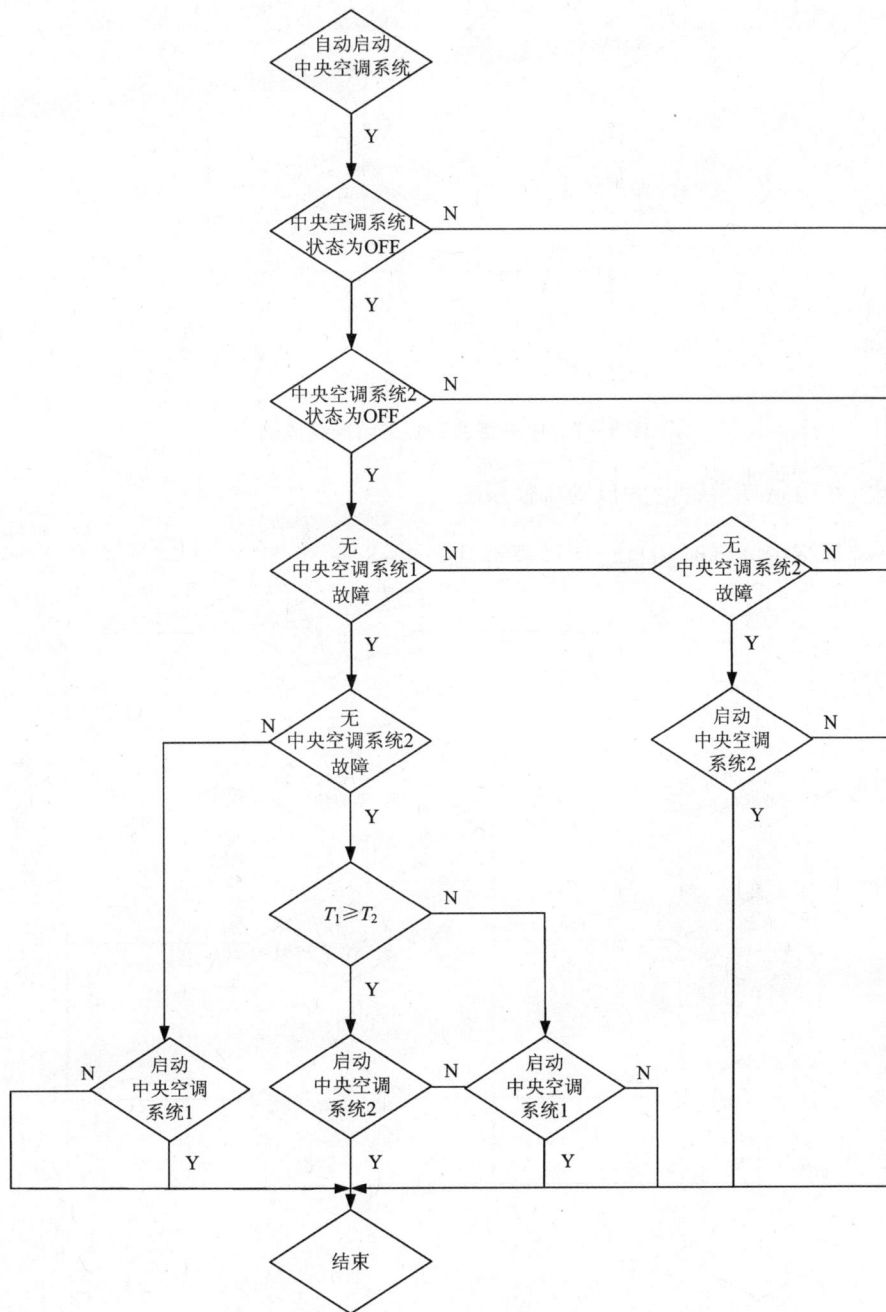

图 8 - 6　中央空调系统启动控制逻辑

2. 中央空调系统关闭控制逻辑

中央空调系统关闭控制逻辑见图 8-7。

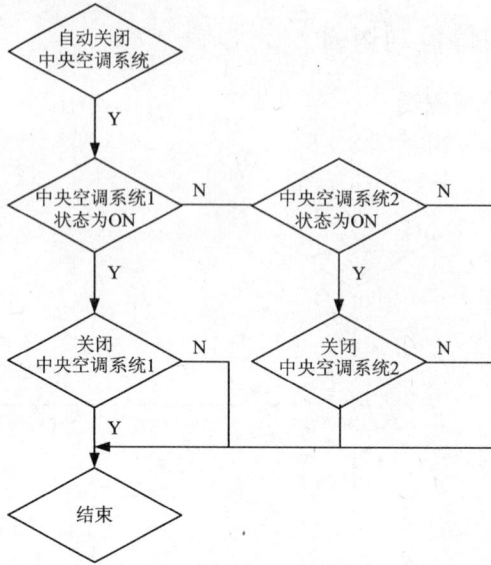

图 8-7 中央空调系统关闭控制逻辑

3. 空调系统运行中累计时间自动切换逻辑

空调系统运行中累计时间自动切换逻辑见图 8-8。

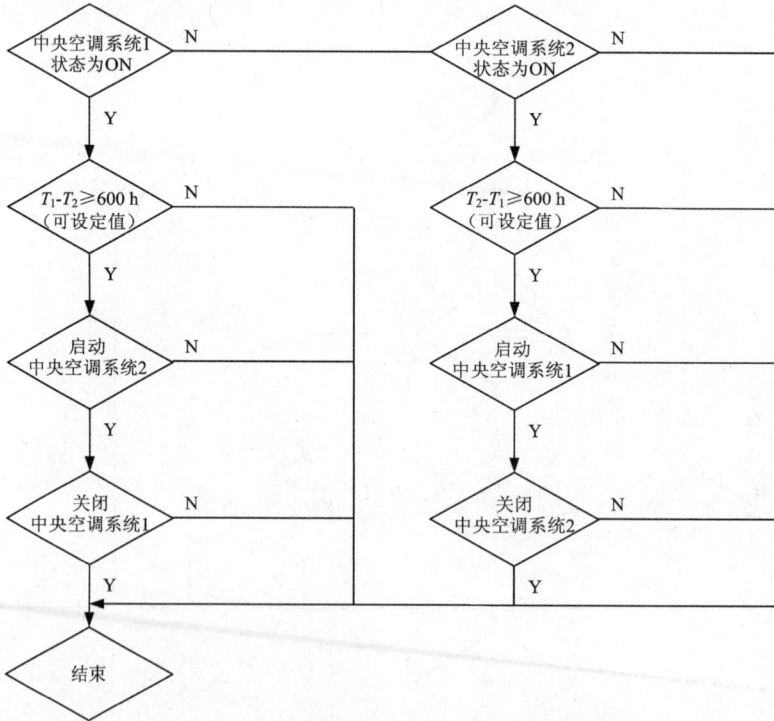

图 8-8 空调系统运行中累计时间自动切换逻辑

4. 空调系统运行中自动加减负载逻辑

空调系统运行中自动加减负载逻辑见图 8 – 9。

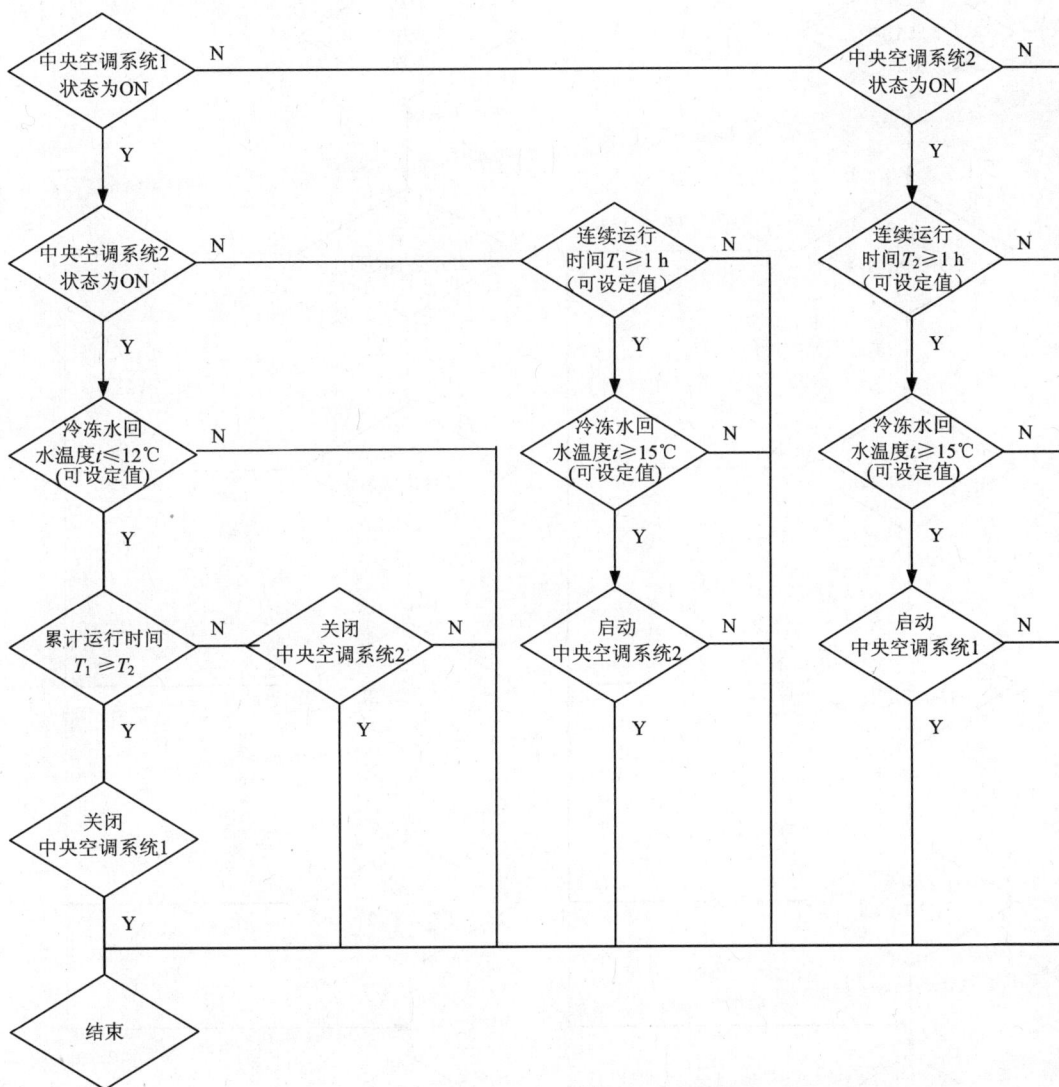

图 8 – 9　空调系统运行中自动加减负载逻辑

上述图中，t 代表温度，T 代表运行时间（T_1 为中央空调系统 1 运行时间，T_2 为中央空调系统 2 运行时间）

5. 中央空调系统 1、2 启停控制逻辑

1）中央空调系统 1、2 启动控制逻辑（图 8 – 10）

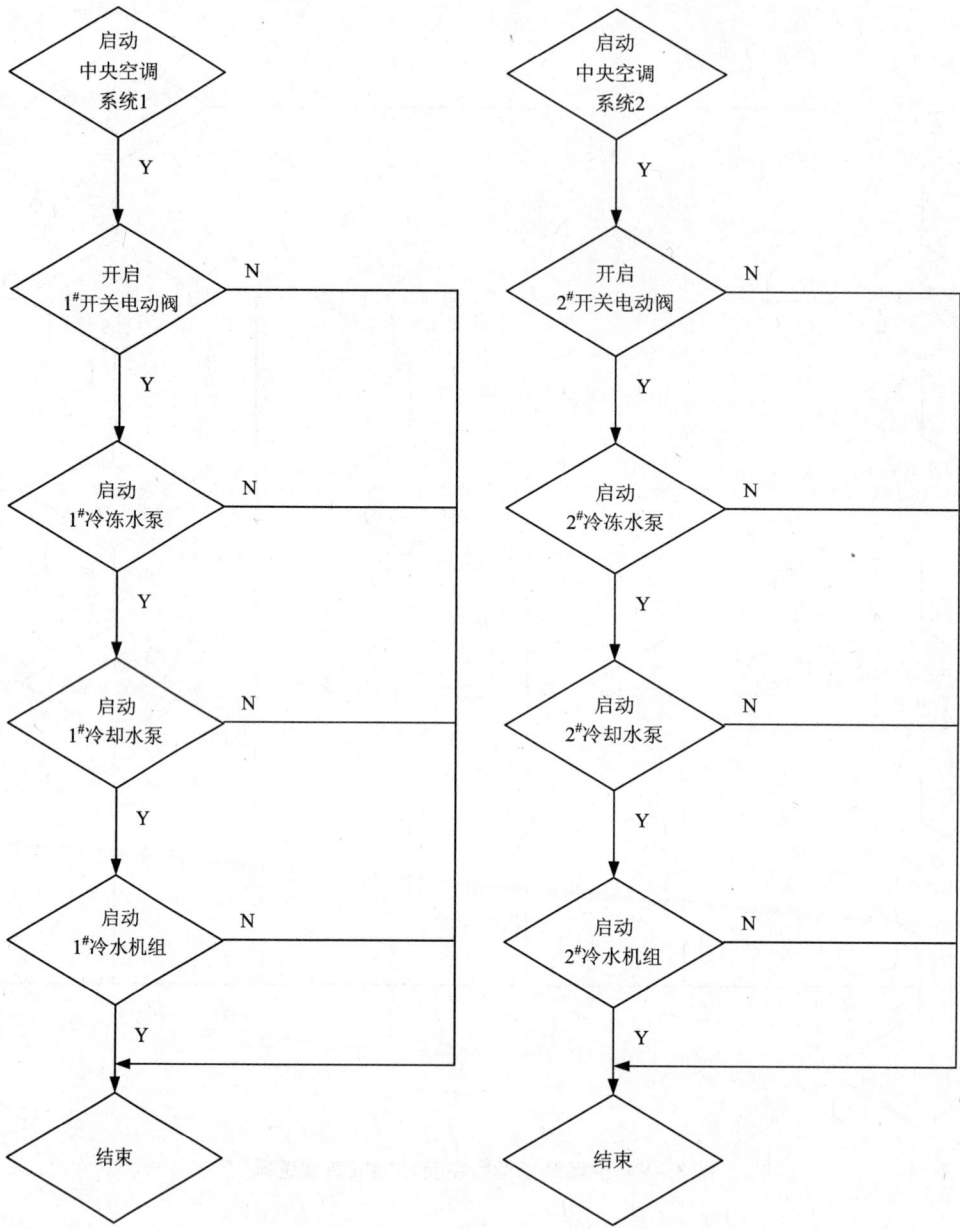

图 8 – 10　中央空调系统 1、2 启动控制逻辑

2）中央空调系统 1、2 关闭控制逻辑（图 8 - 11）

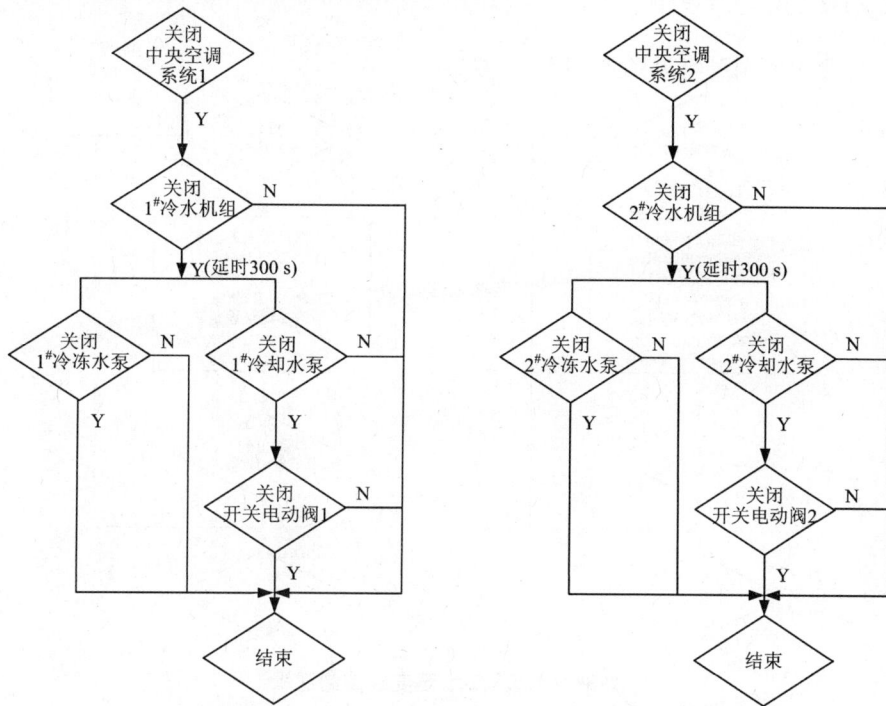

图 8 - 11　中央空调系统 1、2 关闭控制逻辑

6. 冷冻水泵变频控制逻辑

冷冻水泵变频控制逻辑见图 8 - 12。

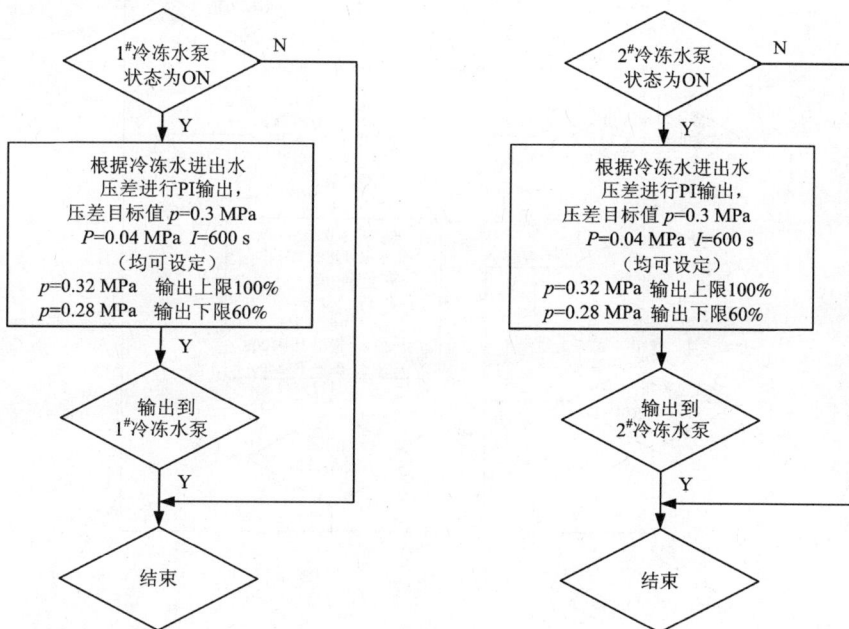

图 8 - 12　冷冻水泵变频控制逻辑

7. 冷却水泵变频控制逻辑

冷却水泵变频控制逻辑见图 8 – 13。

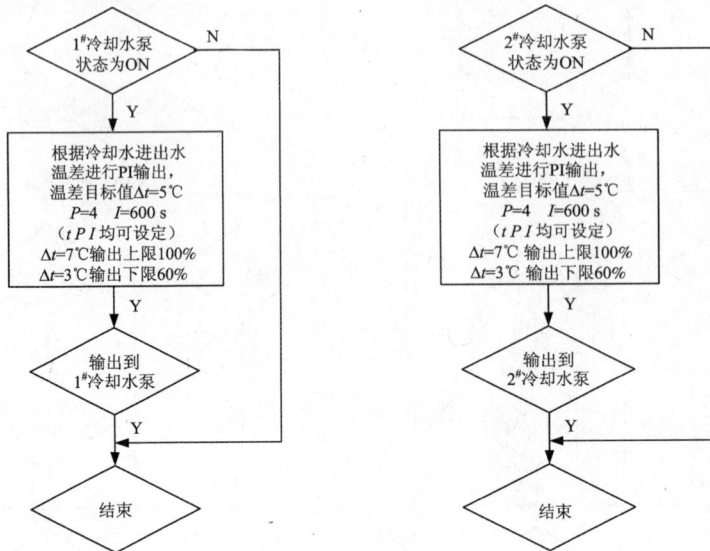

图 8 – 13 冷却水泵变频控制逻辑

8. 冷却塔风机变频控制逻辑

冷却塔风机变频控制逻辑见图 8 – 14。

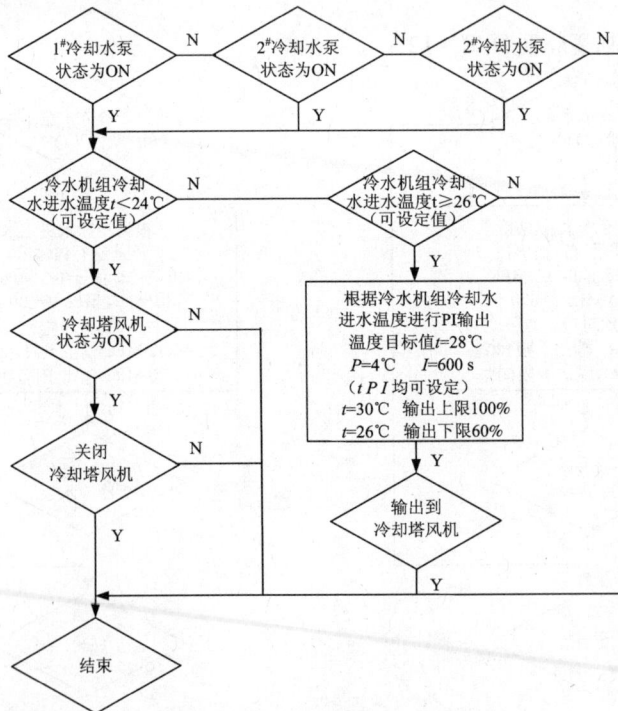

图 8 – 14 冷却塔风机变频控制逻辑

8.5.3 控制系统故障处理

1. 设备故障认定方法

1）在向冷冻水泵发出启动指令，延时 60 s 后，如果水流开关不能给予 ON 的状态反馈，发出冷冻水泵故障警报；在向冷冻水泵发出关闭指令，延时 60 s 后，如果水流开关不能给予 OFF 的状态反馈，发出冷冻水泵故障警报。

2）在向冷却水泵发出启动指令，延时 60 s 后，如果水流开关不能给予 ON 的状态反馈，发出冷却水泵故障警报；在向冷却水泵发出关闭指令，延时 60 s 后，如果水流开关不能给予 OFF 的状态反馈，发出冷却水泵故障警报。

3）在收到冷却塔风机变频器故障警报后，发出冷却塔风机故障警报。

4）在收到冷水机组故障警报后，发出冷水机组故障警报。

5）在向 1# 开关电动阀发出开启指令，延时 200 s 后，如果 1# 开关电动阀不能给予 ON 的状态反馈，发出 1# 开关电动阀故障警报；在向 1# 开关电动阀发出关闭指令后，延时 200 s 后，如果 1#开关电动阀不能给予 OFF 的状态反馈，发出 1# 开关电动阀故障警报。

6）在向 2# 开关电动阀发出开启指令，延时 200 s 后，如果 2# 开关电动阀不能给予 ON 的状态反馈，发出 2# 开关电动阀故障警报；在向 2# 开关电动阀发出关闭指令，延时 200 s 后，如果 2# 开关电动阀不能给予 OFF 的状态反馈，发出 2# 开关电动阀故障警报。

2. 设备故障处理方法

1）在启动 1# 冷冻水泵时，如果 1# 冷冻水泵发生故障，发出中央空调系统 1 故障警报。

2）在启动 2# 冷冻水泵时，如果 2# 冷冻水泵发生故障，立即自动启动 3# 冷冻水泵，如果 3# 冷冻水泵也故障，发出中央空调系统 2 故障警报。

3）在启动 1# 冷却水泵时，如果 1# 冷却水泵发生故障，发出中央空调系统 1 故障警报。

4）在启动 2# 冷却水泵时，如果 2# 冷却水泵发生故障，立即自动启动 3# 冷却水泵，如果 3# 冷却水泵也故障，发出中央空调系统 2 故障警报。

5）如果冷水机组发生故障，延时 300 s 关闭冷冻水泵或其备用泵、冷却水泵或其备用泵，冷却塔风机。

3. 系统故障认定方法

1）下列任一条件发生时，即可认定中央空调系统 1 故障：
①1# 冷冻水泵故障；
②1# 冷却水泵故障；
③1# 开关电动阀故障；
④1# 冷水机组故障；
⑤冷却塔变频器故障。

2）下列任一条件发生时，即可认定中央空调系统 2 故障：
①2# 冷冻水泵故障；
②2# 冷却水泵故障；

③2#开关电动阀故障;

④2#冷水机组故障;

⑤冷却塔变频器故障。

4. 系统故障处理方法

1) 在中央空调系统 1 发生故障时,关闭中央空调系统 1 并立即自动启动中央空调系统 2。

2) 在中央空调系统 2 发生故障时,关闭中央空调系统 2 并立即自动启动中央空调系统 1。

3) 在中央空调系统 1、2 同时发生故障时,发出中央空调系统严重故障警报。

5. 系统监控参数异常处理方法

1) 如果冷冻水进水温度传感器与冷冻水进水互检温度传感器温差大于 2°C,发出冷冻水进水温度传感器漂移警报。

2) 如果冷冻水出水温度传感器与冷冻水出水互检温度传感器温差大于 2°C,发出冷冻水出水温度传感器漂移警报。

3) 如果冷却水进水温度传感器与冷却水进水互检温度传感器温差大于 2°C,发出冷却水进水温度传感器漂移警报。

4) 如果冷却水出水温度传感器与冷却水出水互检温度传感器温差大于 2°C,发出冷却水出水温度传感器漂移警报。

8.6 自控系统调试案例

8.6.1 系统介绍

调试项目的楼宇自控系统主要包含暖通空调系统、热水供应系统、高低压设备、其他机械设备、照明等系统的监控。图 8 - 15 所示为楼宇自控系统控制界面。同时设置电力监控系统和能源管理系统,控制电脑位于消防控制中心,电脑以及打印机与楼宇自控系统合用。楼宇自控系统控制图例见图 8 - 16。

图 8 - 15 楼宇自控系统控制界面

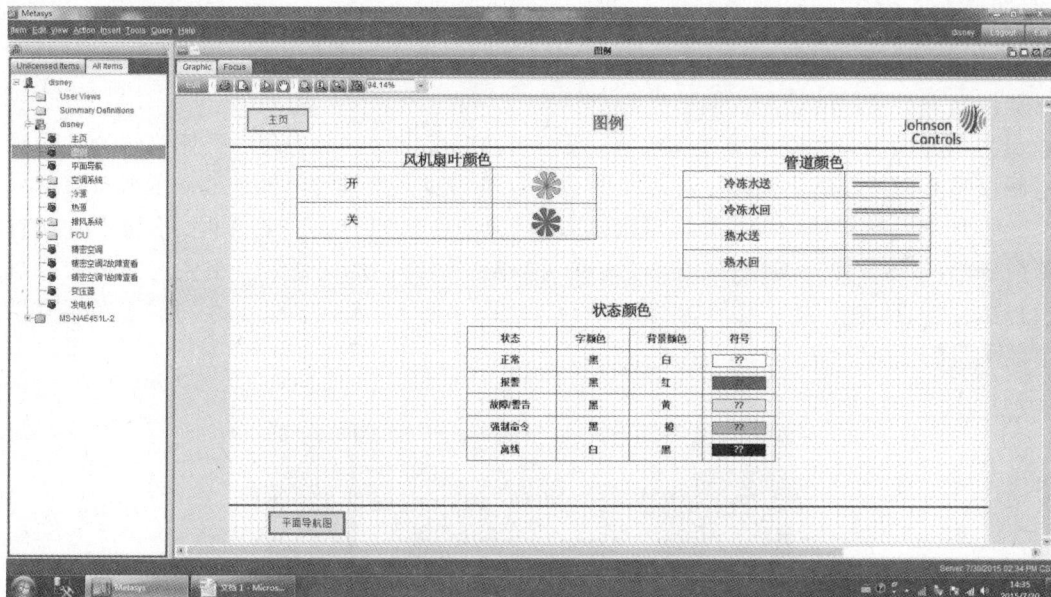

图 8 - 16　楼宇自控系统控制图例

8.6.2　空调系统

当风机启动后，新风处理机组的新风阀与风机联锁全开，感应管道的供水温度，按送风温度与设计值之偏差来控制及调节冷冻或采暖回水管的电动二通阀的直接或相反开启度，以满足最低新风负荷的要求。新风机组设有加湿系统控制湿度。当风机停止后，新风阀、冷冻或采暖回水电动二通阀及加湿设备恢复至全关位置。图 8 - 17 所示为 AHU BMS 控制界面示例。

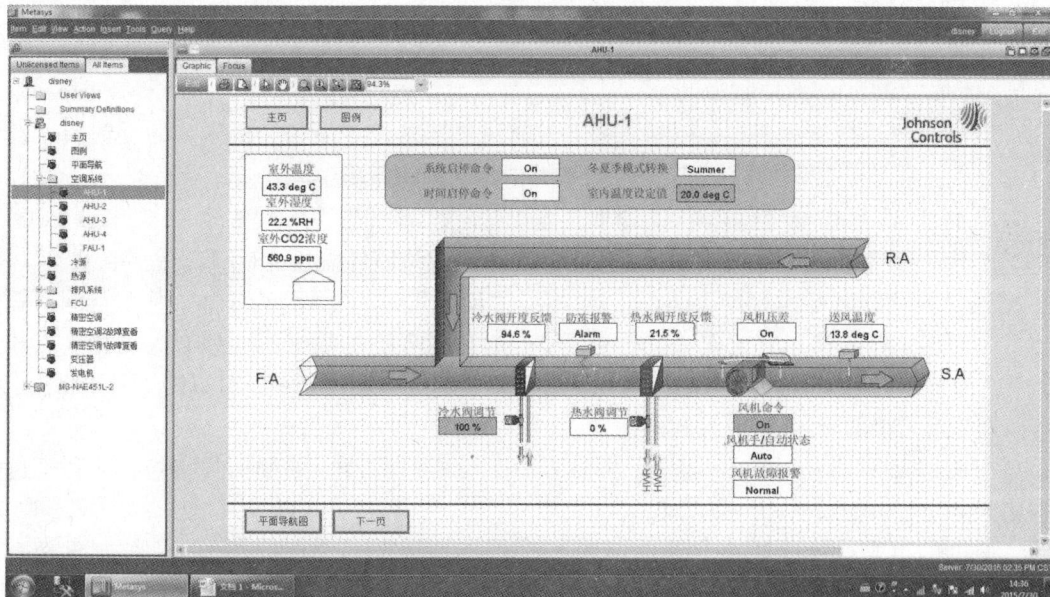

图 8 - 17　AHU BMS 控制界面

1. AHU 控制

从图 8-17 所示的控制界面可以看出：

1）控制界面上只有室内温度设定值，没有室内温度值即回风温度，空调机组的控制逻辑是由回风温度与设计值之偏差来控制及调节冷冻或采暖回水管的电动二通阀的开启度。

2）设计上设计有新风阀并与风机联锁启动或关闭，控制界面上未体现，实际上安装有电动新风阀门（图 8-18），但没有接线没有参与控制。值得关注的是设计上未考虑过渡季节新风的控制，为了节能，过渡季节期间应尽可能地多利用室外新风，减少冷（热）源的使用，达到节能的目的。

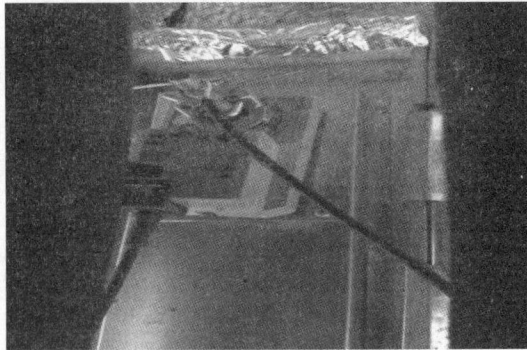

图 8-18　新风阀阀位问题

3）冷水阀调节强制开启到100%，冷水阀开启反馈只有84.6%。热水阀调节开启到0%，热水阀开启反馈有21.5%。开启信号和开启反馈信号不符，误差加大，需要承包商校验冷热水阀的开启度。

4）界面上有防冻报警信号，设计上没有对防冻报警做控制策略，什么温度下报警，采取什么措施防冻，都没有做控制说明。

5）风机压差状态显示开启，控制界面上没有风机压差设定值和风机压差的反馈值。设计上也没有风机压差的控制策略。需要完善风机压差的控制策略。

6）界面上显示室外温度为 43.3℃，室外湿度 22.2% RH，室外二氧化碳浓度为 560.8 μL/L，与同时截取的 PHU-1 的控制界面上的数值室外温度43.1℃，室外湿度22.4% RH，室外二氧化碳浓度为678.7 μL/L，数值有一定的相差。同承包商了解，整个空调系统只安装了一套温、湿度和二氧化碳浓度传感器，同时截取界面的数据不应该有大的相差。并且温、湿度传感器的安装位置在冷冻机房内，白天有一定的太阳照射（图 8-19），需要将温、湿度传感器安装在背阴太阳照射不到的位置。

7）AHU 上安装有初/中效过滤器，控制界面上没有过滤器压差的监控点位，不利于过滤器脏堵后的更换，影响 AHU 的送风总风量。

8）蓝图的主要材料设备表上 AHU 设计有加湿系统（图 8-20）控制湿度，控制界面上没有加湿系统的控制和反馈点位，不能对加湿系统进行自动控制。

图 8 – 19　室外温、湿度传感器安装在主管旁通旁边

图 8 – 20　AHU 的加湿系统的加湿管路

2. FAU 控制

从图 8 – 21 所示 FAU BMS 控制界面可以得出：

1）设计要求是新风处理机组当风机启动后，新风阀与风机联锁全开，控制界面上未体现，实际上安装有电动新风阀门，但没有接线没有参与控制。

2）阀门的控制逻辑是感应管道的供水温度，按送风温度与设计值之偏差来控制及调节冷冻或采暖回水管的电动二通阀的直接或相反开启度，以满足最低新风负荷的要求。界面上没有送风温度控制和反馈点位，冷热水阀要如何控制。

3）新风机组设有加湿系统控制湿度，控制界面上没有加湿系统的控制和反馈点位，不能对加湿系统进行自动控制。

4）冷热水阀的手动调节开度与冷热水阀的开度反馈存在误差，需要承包商校验。

5）界面上没有设置防冻报警点位，冬季如何实现热盘管的防冻保护。

6）风机压差状态显示开启，控制界面上没有风机压差设定值和风机压差的反馈值。设计

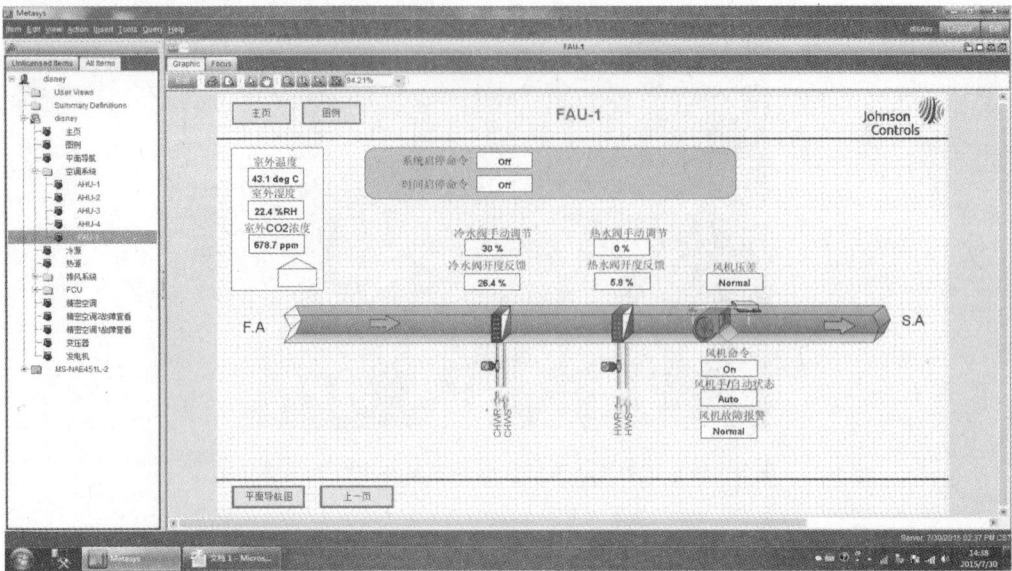

图 8 - 21 FAU BMS 控制界面

上也没有风机压差的控制策略,需要完善风机压差的控制策略。

7)AHU 上安装有初/中效过滤器,控制界面上没有过滤器压差的监控点位,不利于过滤器脏堵后的更换,影响 AHU 的送风总风量。

3. 排风系统

排风系统在机房内均设有温度感应器,按室内温度与设计值之偏差启停相关的空调设备。

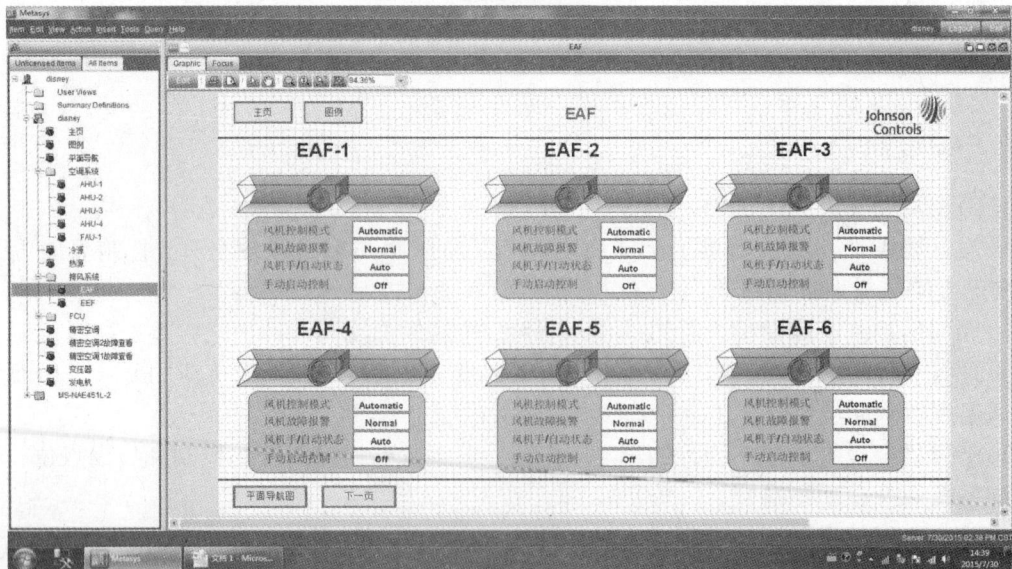

图 8 - 22 排风系统的 BMS 控制界面

从图 8 - 22 所示排风系统的 BMS 控制界面可以得出：排风系统在机房内均设有温度感应器，按室内温度与设计值之偏差启停相关的空调设备。控制界面上没有温度感应器相关的点位，不能以温度来控制排风系统的启停。

4. FCU 系统

风机盘管由三速选择开关控制器操作。当风机盘管启动后，按回风温度与室内恒温器的温度要求偏差来控制及调节冷冻或采暖回水管的电动二通阀的开关，以满足空调负荷的要求。当风机盘管停止后，回水电动二通阀回复至开闭位置。

当用于走道的地区，风机盘管不做速度控制。由置于回风管段的温度感应器来控制及调节冷冻或采暖回水管的电动二通阀的开关以保持设计的室内温度值。

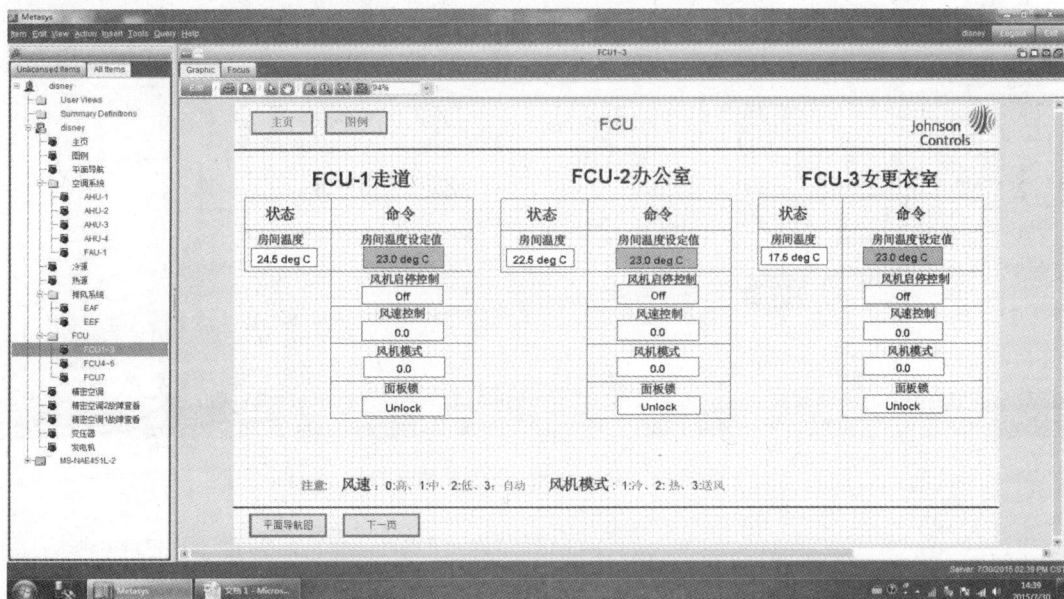

图 8 - 23   FCU 的 BMS 控制界面

从图 8 - 23 所示 FCU 的 BMS 控制界面可以看出：FCU 的面板锁的都未锁定，任何人员均可以在 FCU 的就地控制面板上设定室内温度值，可能人员就地误操作，设定室内温度值非常低，如男更衣室的房间温度为 17.5℃，女更衣室的房间温度为 16.5℃，造成舒适度较差并且浪费能源。建议根据实际的需求，在控制界面上锁定面板锁，避免人为在 FCU 就地控制面板上误操作。

5. 冷源系统

冷冻机组控制策略：

量度冷冻水的供回水温度及回水流量，再根据实际之冷负荷变化，而进行调节制冷机组开启台数。

1)配置 4 台冷水机组，满负荷时 4 台机组全开，其余的 BMS 系统根据室内空调负荷变化决定几台冷水机组运行。开机时先开启一台冷水机组，运行过程中，如果冷冻水温度应高于设定值，另一台机组启用，以此类推直至 4 台冷水机组全部工作；反之，逆向运行。

2)平时当一台机组出现问题时，将关闭启用另一台。

3)BMS 系统自动统计每台冷水机的运行时间，并总是首选运行工作时间最短的冷水机组以均衡设备寿命。

4)单元式冷水机组内部控制，按设备自带控制器控制，并输入信号到 BMS 系统。

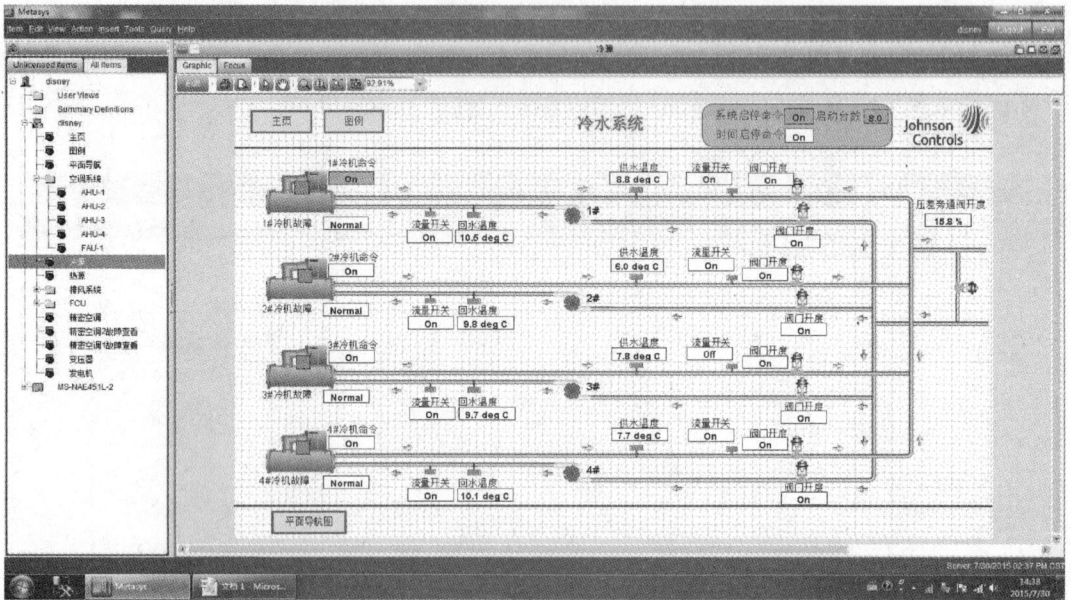

图 8-24　冷水机组的 BMS 控制界面

从图 8-24 所示的冷水机组的 BMS 控制界面可以看出：

1)量度冷冻水之供回水温度及回水流量，需要在冷冻水主管道上有温度感应器，在现场管路中未发现此温度感应器。这就造成制冷机组台数自动开启控制的不精准，造成冷源系统能耗增大。

2)设计要求 BMS 系统根据室内空调负荷变化决定几台冷水机组运行，此 BMS 系统未实现，人为控制冷水机组的开启台数。控制界面上 4 台冷水机组的供回水温度差均小于 3.8℃，远远小于设计要求的 5℃温差，加大冷源系统的能耗，冷源系统运行不节能。

3)设计要求当一台机组出现问题时，将关闭启用另一台。我方在 BMS 系统上模拟操作一台冷水机组出现故障，此台冷水机组能故障保护关闭，但不会启用另一台。

4)设计要求 BMS 系统均等运行冷水机组，因冷水机组无法实现自动启停控制，BMS 界面上也没有运行时间统计，冷水机组的均等时间运行不能实现。

6.热源系统

热源系统控制策略：

量度采暖热水供回水温度及回水流量，再根据实际之负荷变化，决定热水循环系统的水泵及热水锅炉运行台数，如图 8 – 25 所示热源系统的 BMS 控制界面。

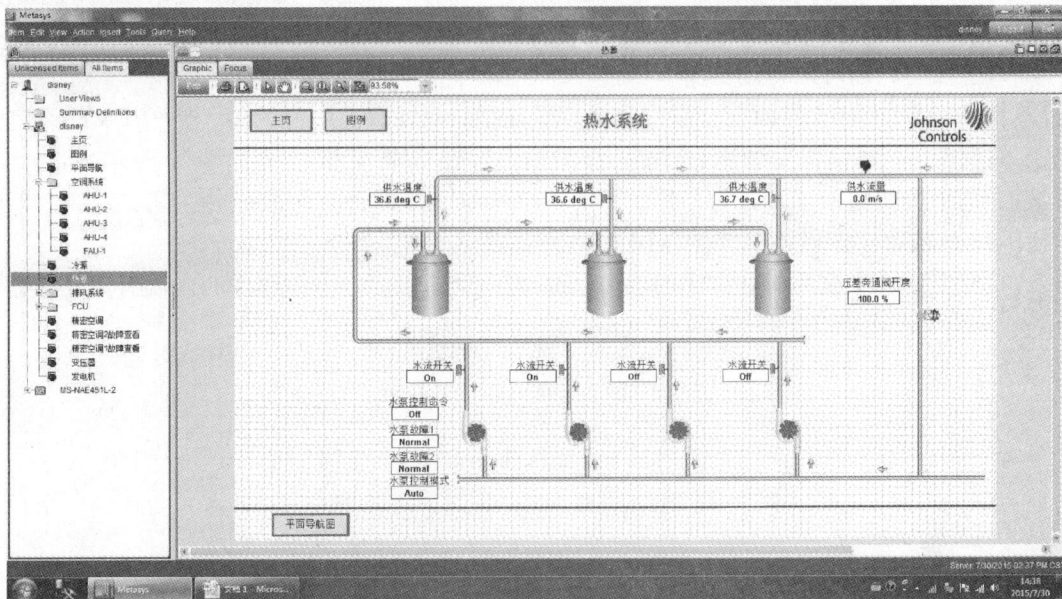

图 8 – 25 热源系统的 BMS 控制界面

夏季工况下，不具备热源系统的调试条件。

7. 精密空调

设计图纸上未对精密空调的控制策略做说明。

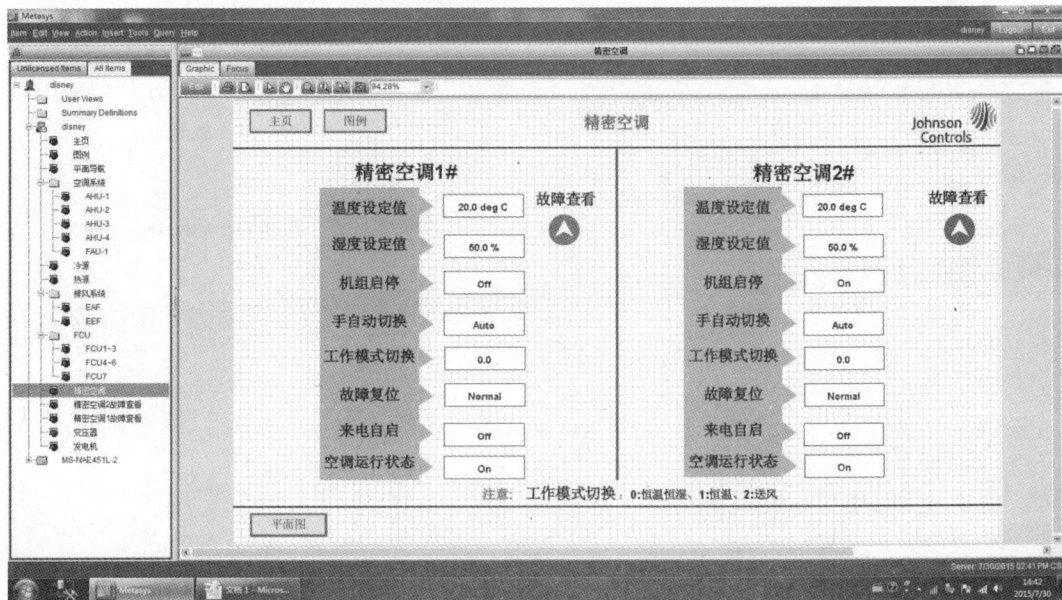

图 8 – 26 精密空调的 BMS 控制界面

常规来说，通信机房的精密空调需要互为备用，保证通信机房的温、湿度满足需求。互为备用的情况下，当一台精密空调出现问题时，将关闭并启用另一台。当通信机房的温、湿度超过限值时，在消控中心有声光报警作为提醒。

从以上控制界面可以得出：

1）精密空调的 BMS 界面上有温度和湿度设定值，但没有温度反馈值、湿度开关的设定值和湿度的反馈值，通信机房的温、湿度需要数值显示在 BMS 界面。

2）通信机房的精密空调互为备用，手动设定其中一台精密空调故障并关闭，另一台不能自动启动，此精密空调做不到互为备用。

3）精密空调发生故障时并关闭时，在 BMS 界面上有显示，但控制中心内没有声光报警。

第9章 调试常用测量仪表

暖通空调工程调试常用测量仪表如表9-1所示。

表9-1 调试常用测量仪表

仪表名称	测量物理量	用途及主要技术参数(典型设备)
便携式超声波流量计	流量	测量管道中水或者溶液的流量测量管径20~6000 mm,流速(0±30)m/s,精度:1%
精密压力表	水压	测量管路各点的压力量程与待测压力匹配,精度0.4级
热球/热线风速仪	风速	测量室内外、风口、风道等处的风速量程:0~30 m/s,精度≤3%
罩式风量测试仪	风口风量	精确地测量风口处的风量
水银温度计	温度	测量管道水温等量程:暖通空调常用温度范围±0.1℃
热电偶及电位差计	温度	精确地测量温度在暖通空调常用温度范围可达±0.1℃
自记温度计	温度	连续自动地测量温度并记录量程:-20~75℃,精度:3%
红外温度计	温度	较为粗略迅速地测量物体表面温度量程:-18~360℃,精度:±2℃或±2%(取大值)
红外热像仪	温度	检测围护结构热工缺陷量程:-50~1000℃,精度:±1.5℃(在23℃),30万像素
自记湿度计	湿度	连续自动地测量空气湿度并记录量程:0~100% RH,精度:3%
毕托管及微压差计	风压	测量空调风系统的压力、压差量程:0~700 Pa
气体压力测量表	风压	测量空调风系统的压力、压差
照度计	照度	测量室内照度量程:0~40000 lx,精度:3%
超声波测厚仪	管壁厚度	测量空调水管的管壁厚度,作为超声波流量计的参数,量程:1.00~125.00 mm
热流计	热流量温差	通过测量热流量和温差来测量围护结构的热工性能量程:0~±10000 W/m^2,-200~+400℃
钳式功率表	电功率	测量空调系统设备电机的电功率

续表 9-1

仪表名称	测量物理量	用途及主要技术参数(典型设备)
电度表	耗电量	测量耗电量
锅炉热平衡测试所需全套仪器	锅炉效率	测量锅炉效率
太阳能辐射测试仪	能流密度	测量太阳的直射和散射辐射强度

部分仪表简介如下。

9.1　超声波流量计

超声波流量计采用管外非接触式测量，测量过程与管路中的液体没有任何接触，故不受来自液体压力、腐蚀、污染等诸多因素的影响。

超声波流量计采用"时差法"测量原理，利用超声波脉冲在通过液体顺、逆两方向上传播速度之差，来求圆管内液体的流量。仪表分主机和传感器两部分，使用时将传感器贴装在管壁外侧或采用插入式探头插入管壁内，通过信号电缆与主机相连，进行人机对话，将管路及被测液体参数输入主机内存，仪表即可工作。常见的有固定式(图 9-1)和便携式(图 9-2)等形式。

1. 安装方法

选择测量点：超声波流量计的安装简捷的。在安装探头之前，选择出管材致密部分进行探头安装，须把管外壁安装探头的区域清理干净，除去一切锈迹油漆，最好用角磨机打光，再用干净抹布擦去油污和灰尘，然后在探头的中心部分和管壁涂上足够的耦合剂，然后把探头紧贴在管壁上捆绑好。安装过程中，千万注意在探头和管壁之间不能有空气泡及沙砾。为了保证测量精度，一般应遵循下列原则：

图 9-1　固定式超声波流量计

1)选择充满液体的管段，如管路的垂直段或充满液体的水平管段。在安装与测量过程中不得出现非满流情况。

2)测量点位置应选择在测点上游的直管段长度为 $4 \sim 10D$(D 管径)，测点下游直管段长度为 $1.5 \sim 5D$。

3)测量点选择应尽可能远离泵、阀门、三通、法兰、变径管等设备和管件，以避免其对液体的扰动。

4)充分考虑管内结垢状况，尽量选择无结垢的管段进行测量。结垢情况不严重时，把结垢考虑为衬里，以求较好的测量精度；结垢情况严重时，应选插入式探头，以穿过结垢层。

5)选择管路管材应均匀密实，易于超声波传播。

探头安装点示例见图 9-3。

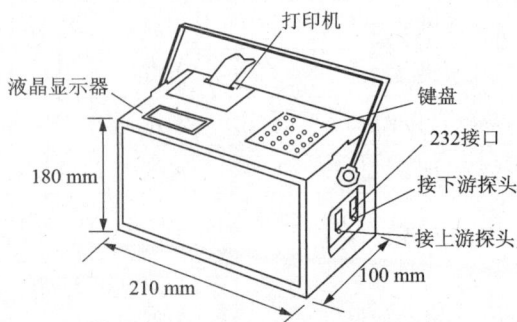

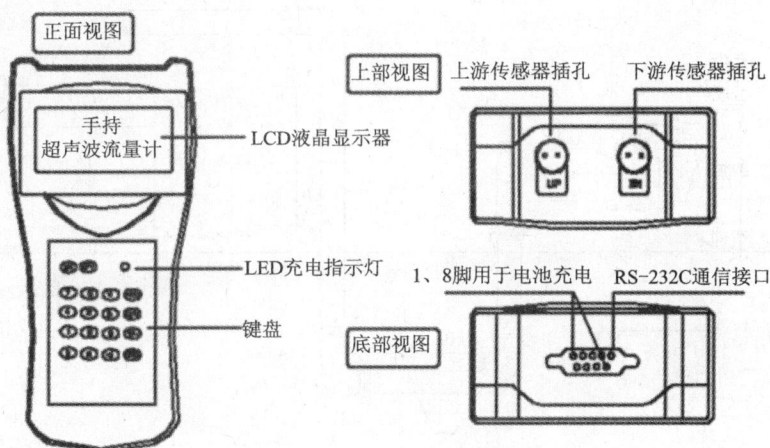

图 9 – 2　便携式超声波流量计

2. 外贴装探头的安装方式及安装时注意的问题

探头安装方式共有两种。这两种方式分别是 V 法、Z 法。一般地，在管径小于 D_N 100 mm 时可选用 V 法；管径在 D_N 100 mm 以上时选用 Z 法。

1) V 法(图 9 – 4，常用的方法)：可测量范围 15 ~ 400 mm；安装探头时，注意两探头水平对齐，其中心线与管道轴线水平。

2) Z 法(图 9 – 5，最常用的方法)：可测管径范围 100 ~ 6000 mm。实际安装时，建议 200 mm 以上的管道都要选用 Z 法安装。

3. 安装时注意的问题

1) 输入管道参数必须正确，否则流量计不可能正常工作。

2) 安装时要使用足够多的耦合剂把探头粘贴在管道壁上，一边察看主机显示的信号强度和信号质量值，一边在安装点附近慢慢移动探头直到收到最强的信号和最大的信号质量值。管道直径越大，探头移动范围越大。然后确认安装距离是否与 M25 所给探头安装距离相吻合、探头是否安装在管道轴线的同一直线上。特别注意钢板卷成的管道，因为此类管道不规则。如果信号强度总是 0.00 字样说明流量计没有收到超声波信号，检查参数(包括所有与管道有关参数)是否输入正确、探头安装方法选择是否正确、管道是否太陈旧、其衬里是否太厚、管道有没有流体、是否离阀门弯头太近、流体中气泡是否太多等。如果不是这些原因，还是接受不到信号，只好换另一测量点试试。

3) 确认流量计是否能正常可靠地工作：信号强度越大、信号质量 Q 值越高，流量计越能长时间可靠工作，其显示的流量值可信度越高。如果环境电磁干扰太大或者接受信号太低，则显示的流量值可信度就差，长时间可靠工作的可能性就小。

4) 安装结束时，要将仪器重新上电，并检查结果是否正确。

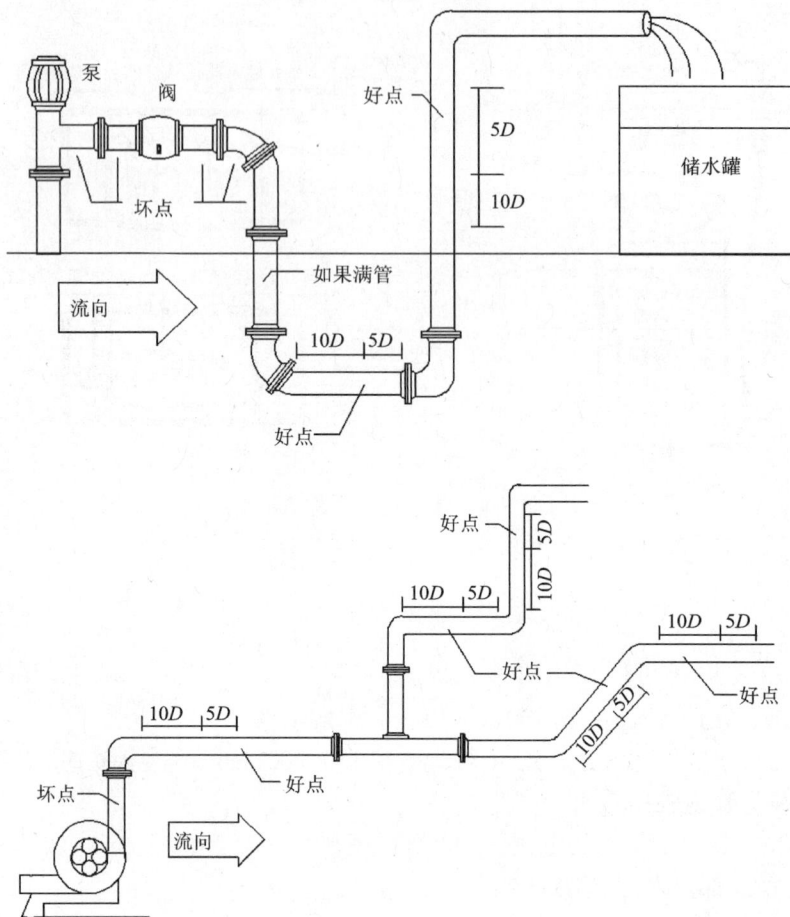

图 9-3 探头安装点示例

9.2 红外热像仪

红外热像仪的工作原理是使用光电设备来检测和测量辐射，并在辐射与表面温度之间建立相互联系。所有高于绝对零度（-273℃）的物体都会发出红外辐射。红外热像仪利用红外探测器和光学成像物镜接受被测目标的红外辐射能量分布图形反映到红外探测器的光敏元件上，从而获得红外热像图，这种热像图与物体表面的热分布场相对应。通俗地讲，红外热像仪就是将物体发出的不可见红外能量转变为可见的热图像。热图像的上面的不同颜色代表被测物体的不同温度。通过查看热图像，可以观察到被测目标的整体温度分布状况，研究目标的发热情况，从而进行下一步工作的判断。

调试中用于外墙维护结构进行了热成像的拍摄实例。

某办公楼外装饰采用中空钢化单元式玻璃幕墙体系以及单元石材幕墙体系。首层外墙使

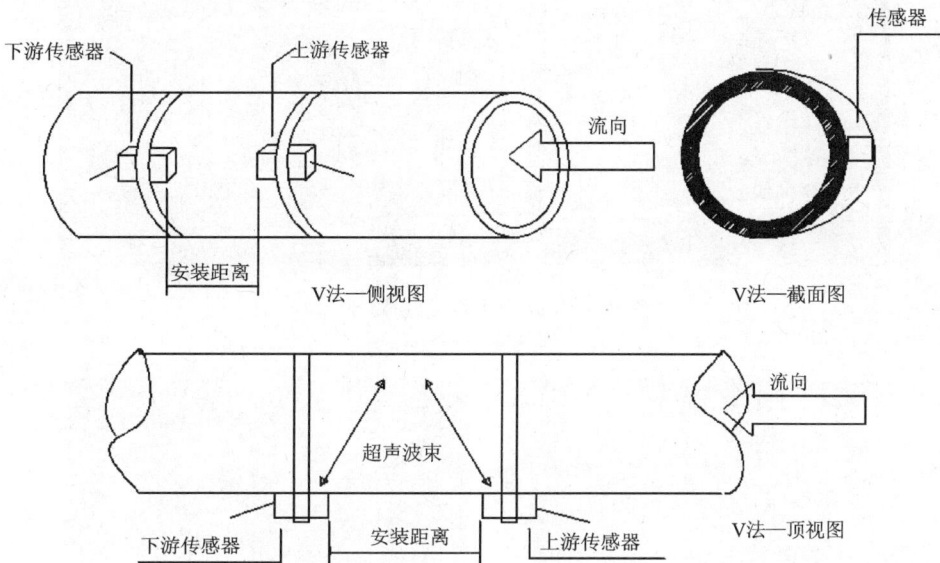

图 9 - 4　V 法安装

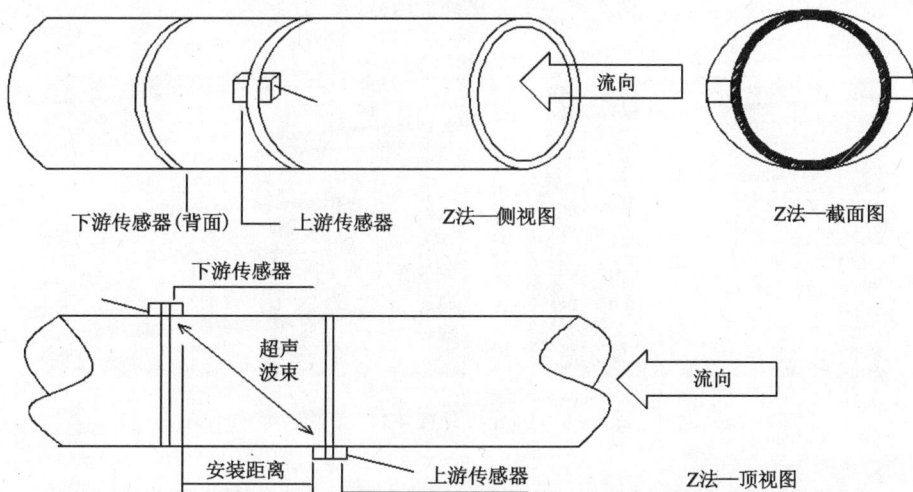

图 9 - 5　Z 法安装

用水泥压力板,内置保温岩棉,外幕墙玻璃采用双层中空 Low - E 玻璃。幕墙的设计气密性大于国家标准 GB/T 21086—2007《建筑幕墙》的 3 级。对于外墙拍摄热成像如图 9 - 6 ~ 图 9 - 9 所示。

从图 9 - 6 ~ 图 9 - 9 来看,CTP 外立面墙体墙体与幕墙的连接处并未发现有特别明显的热桥。

南侧做了大部分的外遮阳,综合遮阳系数小于 0.4。热成像图片如图 9 - 10 所示。

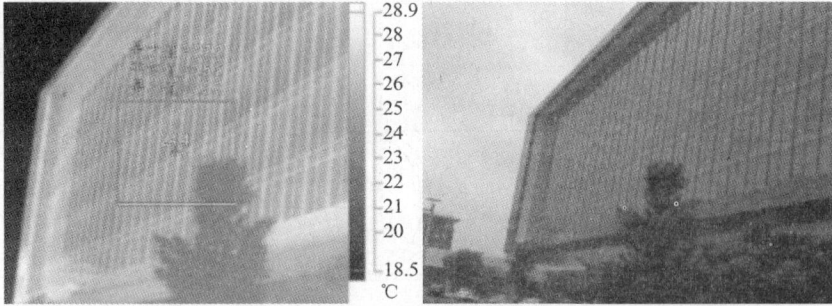

图 9 - 6 办公楼外楼墙体 (北侧)

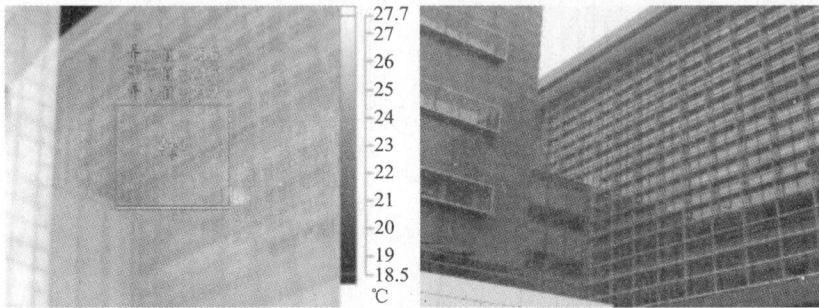

图 9 - 7 办公楼外楼墙体 (南侧)

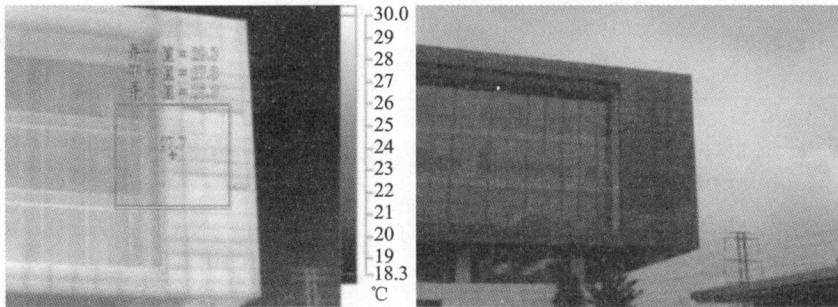

图 9 - 8 办公楼外楼墙体 (西侧)

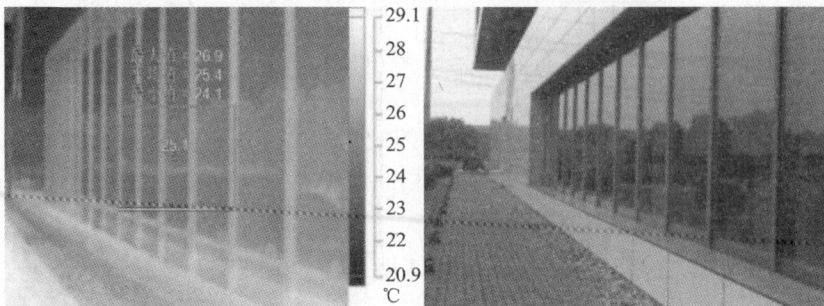

图 9 - 9 办公楼外楼墙体 (南侧)

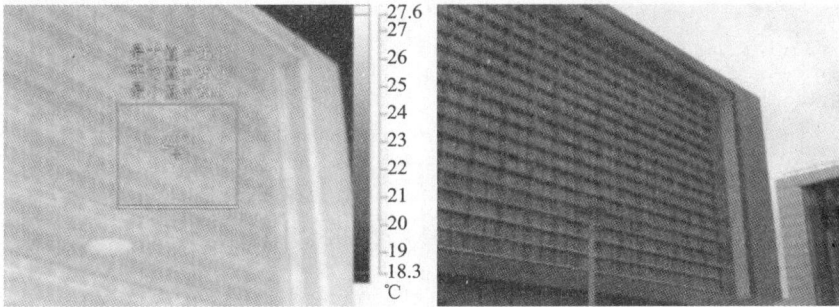

图9-10 办公楼外楼墙体(外遮阳)

办公楼整体的外围护结构还是不错的,但是在调研过程中发现,底层的一些大门四周都存在着缝隙,在这方面会有冷量的损失,热成像照片如图9-11和图9-12所示。

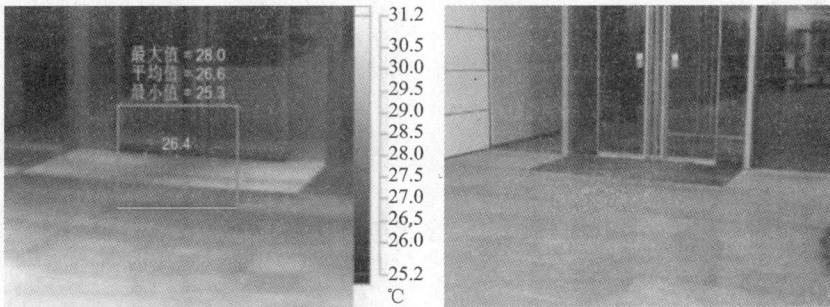

图9-11 办公楼底层大门(南侧)

图9-12 CTP1#楼底层大门(北侧)

由图9-11和图9-12中可以发现在玻璃大门与外墙体有明显的温度差,墙体与玻璃大门连接处保温有缺陷。若室外处在天气恶劣、风力较大的天气的话,这部分会有大部分的能量损失。

基本在大门这部分都有缝隙的存在,虽说这些地方是不可避免的,但如存在的缝隙较大的话,还是会导致建筑内能量的损耗,建议在这门的底部增加些密封毛条,在毛条规格选型

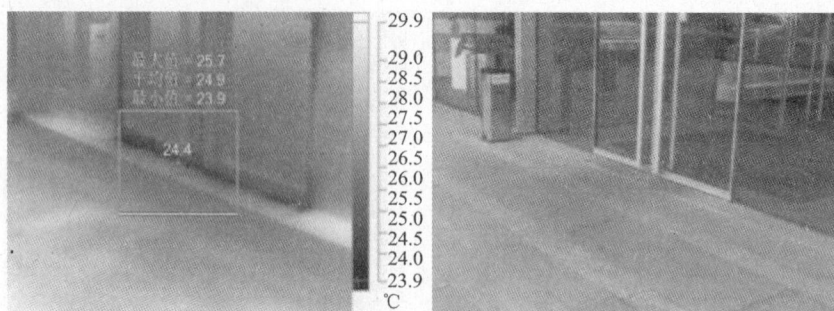

图片9－13   办公楼底层大门(北侧)

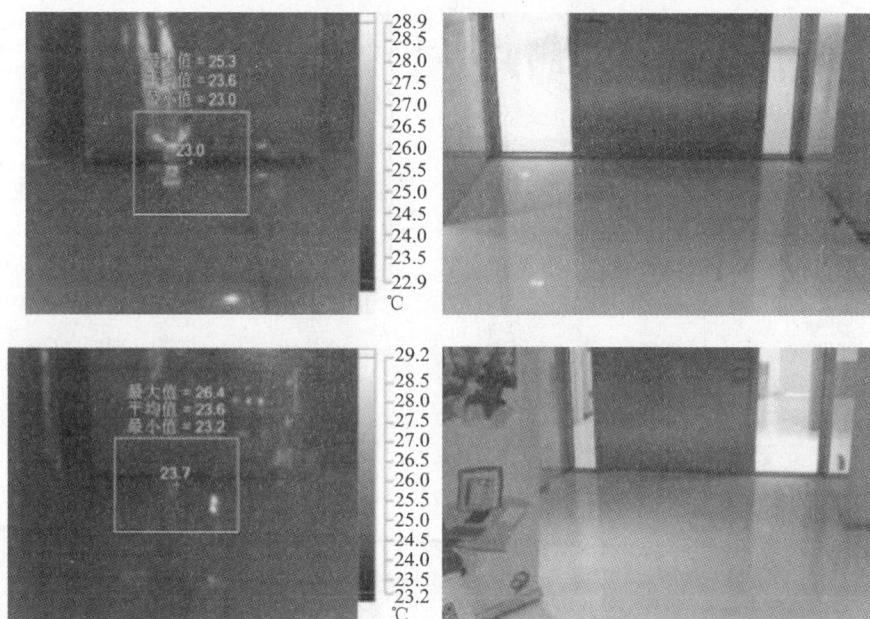

图9－14   办公楼3层电梯厅门

上一定要合理,这是影响推拉门密封性能的重要因素,规格过大或竖毛过高会造成推拉困难、门移动阻力大、开闭时启闭力过大,若规格过小或者高度不够的话容易脱出门槽外,使门的密封性能大大降低。

9.3   钳形电流表

钳形电流表又称为钳表,它是测量交流电流的电工仪表。一般用于不断开电路测量电流的场合。现在一般使用的都是多功能数字显示或指针显示的仪表。

钳形电流表的使用方法简单,如图9－15所示,测量电流时只需要将正在运行的待测导线夹入钳形电流表的钳形铁芯内,然后读取数显屏或指示盘上的读数即可。现在数字钳形电

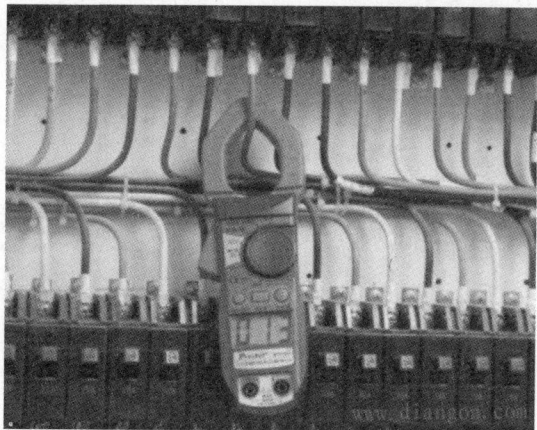

图 9 – 15　钳形电流表

流表的广泛使用,给钳形表增加了很多万用表的功能,比如电压、温度、电阻等可通过旋钮选择不同功能,使用方法与一般数字万用表相同。对于一些特有功能按钮的含义,则应参考对应的说明书。此外使用钳形电流表时应注意以下几个问题:

1)选择合适的量程挡,不可以用小量程挡测量大电流,如果被测电流较小,可将载流导线多绕几个圈放入钳口进行测量,但是应将读数除以绕线圈数后才是实际的电流值。测量完毕后要将调解开关放在最大量程挡位置(或关闭位置),以便下次安全使用。

2)不要在测量过程中切换量程挡。

3)注意电路上的电压要低于钳形表额定值,不可用钳形电流表去测量高压电路的电流,否则,容易造成事故或引起触电危险。

首先正确选择钳型电流表的电压等级,检查其外观绝缘是否良好,有无破损,指针摆动是否灵活,钳口有无锈蚀等。根据电动机功率估计额定电流,以选择表的量程。

钳形表钳口在测量时闭合要紧密,闭合后如有杂音,可打开钳口重全一次,若杂音仍不能消除时,应检查磁路上各接合面是否光洁,有尘污时要擦拭干净。

钳形表每次只能测量一相导线的电流,被测导线应置于钳形窗口中央,不可以将多相导线都夹入窗口测量。

9.4　皮托管

1. 皮托管的使用方法

使用时口应对准气流方向,不可偏离气流方向。

2. 压力的测量

动压:即把皮托管和压差计全连接上,压差计上所显示的数据即为动压;

全压:把压差计接负的一端拔掉即可,压差计上所显示的数据即为全压;

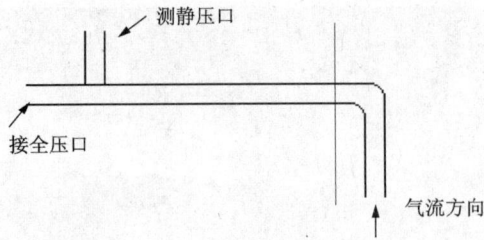

图 9 – 16　皮托管

静压：把接静压口的一头接压差计的"＋"，所显示的数据即为静压；当想要测风机后面的压力时，因为是负压，所以所测的点应接在"－"处。

全压、动压、静压三者的关系是：全压＝动压＋静压。

用风速仪测风量需注意的问题：

1）用风速仪测风量时最好选在回风口的地方进行测量，因为回风口风速均较低，且比较均匀，在测试时尽量多测几点，点越多，越准确。

2）在测试时探头应与风向相垂直，否则所测风速不准确。

第 10 章　暖通空调工程调试实例

本章以某新建工厂的暖通空调工程为例，介绍并分析具体的调试过程。

10.1　项目背景

某新建工厂项目包括公共综合楼项目，地上 2 层，地下 1 层，建筑高度为 12 m，建筑面积约 9507 m²，为民用建筑，耐火等级为二级。其中 1 号厂房面积为 14900 m²，2 号厂房供暖建筑面积为 19033 m²。该项目空调系统主要为地源热泵冷（热）源系统。本项目 2 号厂房辅房，集中空调面积约为 555 m²，空调冷（热）源采用办公楼的冷（热）源。

10.2　调试组织

针对项目情况，安排技术人员检查、调试地源热泵冷（热）源系统。

根据业主要求，每日总结递交当日的调试日报，之后也有一些不定期的日报递交业主。

同时业主、调试公司及空调总包单位每日早上 9：15 进行一次调试例会，会中对昨日的调试进度、调试中遇到的问题进行讨论，指定当日的调试任务。

会后，技术人员分至不同区域系统进行检查、调试，在空调总包的配合下。一天工作结束后，各技术人员就各自负责的当日工作进展做调试记录，现场调试经理总结各技术人员的当日调试记录，编制调试日报，晚上通过电子邮件递交业主。

10.3　地源热泵空调系统概况

10.3.1　空调/采暖设计参数

1. 室外空气计算参数

冬季：采暖室外计算（干球）温度 −5.0℃，空调室外计算（干球）温度 −8.0℃，空调室外计算相对湿度 67%，通风计算温度 −1℃，室外风速 1.8 m/s。

夏季：空调室外计算（干球）温度 35.2℃，空调计算湿球温度 26.0℃，通风计算温度 31℃，室外风速 2.2 m/s。

2. 室内空调设计参数

主办公楼室内空调设计参数见表 10 – 1；1 号厂房辅房室内空调设计参数见表 10 – 2；2 号厂房辅房室内空调设计参数见表 10 – 3。

表 10 – 1 主办公楼室内空调设计参数

序号	名称	夏季		冬季		新风量 (m³/h·人)	噪声 dB(A)
		温度 (℃)	相对湿度 (%)	温度 (℃)	相对湿度 (%)		
1	大堂	25～27	≤65	20～23	—	15	50
2	办公室	25～27	≤65	20～23	—	30	50
3	会议室	25～27	≤65	20～23	—	20	45
4	信息中心	25～27	≤65	20～23	30～40	30	60

表 10 – 2 1 号厂房辅房室内空调设计参数

序号	名称	夏季		冬季		新风量 (m³/h·人)	噪声 dB(A)
		温度 (℃)	相对湿度 (%)	温度 (℃)	相对湿度 (%)		
1	餐厅	25～27	≤65	20～23	—	10	50
2	开敞办公室	25～27	≤65	20～23	—	30	50
3	经理室	25～27	≤65	20～23	—	30	50
4	IT 室	25～27	≤65	20～23	30～40	30	60

表 10 – 3 2 号厂房辅房室内空调设计参数

序号	名称	夏季		冬季		新风量 (m³/h·人)	噪声 dB(A)
		温度 (℃)	相对湿度 (%)	温度 (℃)	相对湿度 (%)		
1	餐厅	25～27	≤65	20～22	—	10	50
2	开敞办公室	25～27	≤65	20～22	—	30	50
3	展示区	25～27	≤65	20～22	—	30	50
4	IT 室	25～27	≤65	20～22	—	30	55

3. 室内采暖设计参数

1 号、2 号车间：10℃；淋浴间、更衣室：23℃。

10.3.2　空调冷(热)源配置

主办公楼及 2 号厂房辅房的空调冷(热)源设于主办公楼地下室的地源热泵机组,2 台;夏季制冷供、回水温度为 7/12℃,单台名义制冷量为 496.5 kW;冬季供热供、回水温度为 45/40℃,单台名义制热量为 500.0 kW。主办公楼集中空调面积约为 6338 m²,设计冷负荷为 792 kW,热负荷为 367 kW;冷负荷指标为 124.9 W/m²,热负荷指标为 58 W/m²。2 号厂房辅房集中空调面积约 555 m²,设计冷负荷为 75 kW,热负荷为 38.85 kW,冷指标为 135 W/m²,热指标为 70 W/m²;供暖建筑面积为 1068 m²,总热负荷 200 kW,热指标为 187 W/m²;空调冷(热)源采用办公楼的冷(热)源,夏季制冷供、回水温度为 7/12℃,冬季制热供、回水温度为 45/40℃。

地源热泵系统原理见图 10-2。

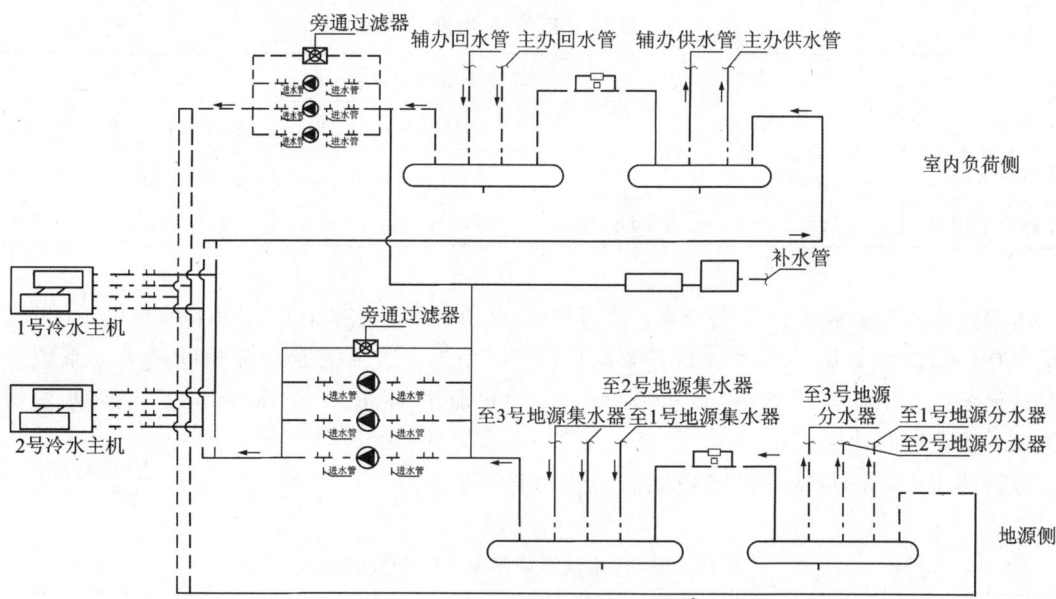

图 10-2　地源热泵系统原理图

10.4　系统分项调试

10.4.1　风机盘管机组

风机盘管控制器的控制、调节功能巡检,发现个别损坏或者异常现象,应进行更换或维修;风机盘管运行巡检,应无异常噪声;个别风机盘管不制热,可以原因为模式设置错误,或为二通阀执行器损坏(强制置于手动位置恢复制热功能)。

10.4.2　新风空气处理机组

检查屋面新风空气处理机组,新风进风口处安装有尼龙滤网的机组(2台),因脏堵过于严重,影响了新风送风量,测试所得送风量只为机组设计风量的三分之一,需清洗尼龙滤网。粗效过滤器也应注意系统的报警信息,过滤器压差报警时及时进行初效过滤器的清洗;新风机组电动阀巡检,能正确动作和反馈阀体动作情况;电动风阀巡检,能正确动作和反馈阀体动作情况;新风冬季送风温度设定20℃,在测试日工况下送风温度能达到设定值。

10.4.3　地源热泵空调水系统

测试、调节主办公楼(简称主办)与2号辅助办公楼(简称辅办)的空调热水平衡。根据空调设计图纸及文件计算相关流量,见表10-4。

表10-4　计算流量

项目	主办公楼	2号辅办及淋浴房	备注
设计热负荷	367 kW	200 kW	系统设计热负荷 567 kW
计算热水流量	63.1 m³/h	34.4 m³/h	设计匹配流量 97.5 m³/h
计算冷水流量	冷水负荷 = 567 − 95.6 = 471.4 kW,计算冷水流量 81 m³/h		设计匹配流量 81 m³/h

水泵选型参数:额定功率22 kW,额定扬程32 m,额定流量160 m³/h;单台机组(名义制热量500 kW)的制热量基本可满足冬季制热需要;另外,水泵的额定流量明显大于系统所需的设计流量(热水流量97.5 m³/h < 160 m³/h,冷水流量81 m³/h < 160 m³/h),需对水流量进行调试,以满足设计要求;

进行热水泵不同频率下的参数测试得到表10-5。

表10-5　热水泵不同频率下的参数测试

频率(Hz)	总流量(m³/h)	主办流量(m³/h)	辅办流量(m³/h)	扬程(m)	水泵电流(A)	备注
50	196.3	—	—	24.9	40.7	
45	179.3	—	—	20.8	31.2	
40	159.9	—	—	17.5	24.9	
35	140.0	—	—	13.2	19.7	
30	117.6	74.9	42.7	10.0	15.3	
25	100	—	—	8.0	12.0	

备注:30 Hz时的辅办热水流量由超声波流量计测得,主办流量由电磁流量计与超声波流量计测得数值相减而得。

从以上结果可知,在水泵运行频率为25 Hz时,水流量满足系统设计;考虑水泵电机的运行效率及使用寿命,建议水泵最小频率设定为30 Hz,同时也满足使用要求。在夏季标定下的平衡阀开度下进行2#辅办和主办公楼的水流量不平衡率校核,计算约为(42.7/34.4)/

$(74.9/63.1)-1 \approx 0.046 \times 100\% = 4.6\%$（小于规范值 15%），在合理的范围内，故不对平衡阀再进行调节。

10.4.4　制热工况水系统的负荷端压差测试

压差旁通阀的压差值设定：在水流为设计流量的工况下，热水系统的所需扬程最大，记录该工况下热水供、回水压差，该压差值即为冬季制热工况压差旁通阀的设定压差；进行模拟满负荷工况，开启末端的电动二通阀，分水器测压点的压力值为 0.21 MPa，集水器测压点的压力值为 0.16 MPa，模拟工况的测定结果为 0.05 MPa。

在原系统 30 Hz 运行条件下，据业主反馈，室内制热效果差、制热时间过长，由此可知在设计热负荷计算流量(97.5 m³/h，此时水泵运行频率约为 25 Hz)下很难满足实际需求。提高水泵的运行频率可以适当提高室内末端空调器的制热量，测试水泵运行频率为 50 Hz 时，分水器测压点的压力值为 0.28 MPa，集水器测压点的压力值为 0.16 MPa，系统供回水压差约为 0.12 MPa。因此，结合需用需求，可将压差修正设定为 0.12 MPa。

10.5　地源热泵及水泵的能效评价

10.5.1　热水泵(用户侧泵)效率分析

冬季工况下测试 50 Hz 时的热水泵电流为 40.7 A，水泵的额定电流为 42.8 A(水泵功率为 22 kW，效率 78%)，水泵的满载率 = 40.8/42.8 × 100% = 95.1%。

计算 50 Hz 下热水泵的效率：测定水泵的功率因素 $\cos\Phi = 0.882$，根据测定数值计算水泵效率：$\eta = (Q \times H/367)/(\sqrt{3} \times I \times \cos\Phi) \times 100\% = 56.2\%$，30 Hz 下热水泵的效率为 36.1%，冷水泵(地源侧泵)效率分析 48.7%。

10.5.2　地源热泵主机在制热工况下的能效评价

测试日的室外(干球)温度为 3℃，相对湿度为 43%RH，开启主机并测试主机在达到稳定供水温度下的能效比。热泵主机的功率因素 $\cos\Phi = 0.857$；热水泵 30 Hz 时的流量为 117.6 m³/h，主机在 71% 负荷下的热水供水温度为 44.6℃(接近机组的出水设定温度 45℃)，回水温度为 42.2℃，可知供回水温差为 2.4℃；测定 1 号主机运行电流为 117 A；计算地源热泵在测试日的能效比 $COP = C \times M \times \Delta T/(\sqrt{3} \times U \times I \times \cos\Phi) \approx 4.97$。

通过测试分析，在部分负荷工况下地源热泵主机的能效比达到了 4.97，表明地源热泵系统运行高效。

10.6　调试结论及建议

1)地源热泵系统的水泵选型过大，导致水泵运行效率低下及系统节能可调性变差。

2)个别风机盘管不制热的原因有：温控器模式设定没有调至制热模式，风机盘管主板损坏，二通阀执行器未开启；已对温控面板模式进行了正确设定，对未开启的二通阀执行器开至手动开启状态，风机盘管可正常制热；需对损坏的风机盘管主办进行维修或更换。

3）主办公楼屋面新风口处安装有尼龙滤网，因脏堵过于严重，严重影响了新风送风量，测试所得送风量只为机组设计风量的三分之一，需清洗尼龙滤网；粗效过滤器也应注意系统的报警信息，过滤器压差报警时及时进行初效过滤器的清洗；根据近期西安天气污染状况，清洗频率建议为两周一次。

4）对控制系统主机加、减机的温度范围进行了调整，加机由2℃温差更改至6℃温差，减机由1℃温差更改至3℃温差，避免超大流量和极小温差运行，以及同时在单台主机负荷状态下开启两台主机，避免主机在高能耗模式下运行。

5）通过增加热水泵频率，适当提高末端设备的制热量，加快冬季室内的制热效果，并修正了设计工况下的供、回水压差值，用户侧的供、回水压差值建议设为0.12 MPa。

6）在冬季节假日，主机曾有过被断电的状态；建议冬季节假日期间，主机应保持通电和待机模式，保证值班供暖温度，确保系统防冻功能能正常执行，避免因极端天气将主机或末端设备损坏。

第 11 章　暖通空调工程调试清单

本章给出了常见暖通空调工程功能性预调试、调试清单，供在实际调试项目中参考。

11.1　系统设备预调试

针对暖通空调工程中的系统设备预调试见表 11 - 1 ~ 表 11 - 14。

表 11 - 1　板式换热器

设备信息（对照铭牌数据和认可的递交资料）

服务区域		位置	
生产商		型号	
序列号		换热负荷(kW)	
热侧设计流量(m^3/h)		冷侧设计流量(m^3/h)	
热侧进、出口设计温度(℃)		冷侧进、出口设计温度(℃)	
热侧/冷侧压降(kPa)		换热面积(m^2)	

安装

检测项目	结果			检查人	日期	备注
I1 板式换热器没有损坏	Y	N	NA			
I2 板式换热器安装的位置合适并满足设备供应商维修空间的要求	Y	N	NA			
I3 所有运输用的固定约束装置已被去除	Y	N	NA			
I4 所有的组配件(螺栓、紧固件)安装稳固	Y	N	NA			
I5 组件的连接满足设备供应商的要求	Y	N	NA			
I6 板式换热器按要求有隔热保护措施	Y	N	NA			
I7 板式换热器有合适的标签	Y	N	NA			
I8 板换一次侧/二次侧接管方向正确	Y	N	NA			
I9 管道装配完成，并有正确的固定支撑	Y	N	NA			

续表 11 - 1

检测项目	结果			检查人	日期	备注
I10 排水管路包括排水阀已按要求安装好	Y	N	NA			
I11 自动排气装置已按要求安装	Y	N	NA			
I12 管道有相对应的标签、标识	Y	N	NA			
I13 管道保温完好	Y	N	NA			
I14 管道系统试压完成并已冲洗	Y	N	NA			
I15 管配件无泄漏	Y	N	NA			
I16 阀门安装方向正确并有适当的标识	Y	N	NA			
I17 温度计、压力表等仪表已正确安装	Y	N	NA			
I18 检查所有隔离阀，电动阀在已正确状态	Y	N	NA			
I19 温度传感器和压力传感器安装正确	Y	N	NA			
I20 电动执行器的安装满足要求	Y	N	NA			
I21 传感器和执行器已校准	Y	N	NA			
I22 所有控制装置接线已完成	Y	N	NA			
功能						
F1 流经的流体的流质压力和温度满足要求	Y	N	NA			
F2 板式换热器没有泄漏	Y	N	NA			
F3 没有液锤和气锤现象发生	Y	N	NA			

参数	设计值	测试值	日期
板换热/冷侧压降(kPa)			
板换热侧进出温度(℃)			
板换冷侧进出温度(℃)			

表 11 - 2　冷却塔

设备信息(对照铭牌数据和认可的递交资料)

服务区域		位置		
生产商		型号		
序列号		制冷能力		kW
冷却水流量(m³/h)		冷却水供回水温度(℃)		
风扇功率(kW)		电压/相数/频率(V/ -/Hz)		

检测项目	结果			检查人	日期	备注
I1 供应商已经完成了调试报告	Y	N	NA			
I2 冷却塔没有外观上的损害和污渍	Y	N	NA			

续表 11 - 2

检测项目	结果			检查人	日期	备注
I3 有足够的空间用以维护和清洁	Y	N	NA			
I4 设备去除了所有用于运输安全的装置	Y	N	NA			
I5 除去了用于风机运输的螺栓	Y	N	NA			
I6 保证所有部件的可靠性，如螺栓、紧固件、联结杆等	Y	N	NA			
I7 安装了防振台	Y	N	NA			
I8 设备安装了 VFD	Y	N	NA			
I9 VFD 被包含在 IP64 之中	Y	N	NA			
I10 系统含有一个自动断路器	Y	N	NA			
I11 检查螺栓的紧固状态和排列	Y	N	NA			
I12 确保叶轮可以自由地转动，风机运行流畅	Y	N	NA			
I13 内部填料干净并且没有异物	Y	N	NA			
I14 水管已经正确地连接（水流方向）	Y	N	NA			
I15 确保电加热器在正确的位置	Y	N	NA			
I16 确保电加热器接线正确	Y	N	NA			
I17 管道有标贴和阀门 ID 标签	Y	N	NA			
I18 安装了下列设备	Y	N	NA			
I18.1 温度计	Y	N	NA			
I18.2 压力表	Y	N	NA			
I18.3 隔离阀	Y	N	NA			
I18.4 排水阀	Y	N	NA			
I18.5 放空阀	Y	N	NA			
I19 下列控制装置已安装并已接入各自的控制系统	Y	N	NA			
I19.1 温度传感器	Y	N	NA			
I19.2 压力传感器	Y	N	NA			
I19.3 关断阀	Y	N	NA			
I19.4 关断阀门执行器	Y	N	NA			
功能						
F1 参见设备生产商的测试和调试报告						
F2 调整马达保护开关设定点	Y	N	NA			
F3 检查风机运行方向是否正确	Y	N	NA			
F4 15 min 试运行之后，验证 F5 - F10	Y	N	NA			

续表 11－2

参数		设计值	测试值	日期
F5 风机相电压	V			
F6 风机电流	A			
F7 电加热相电压	V			
F8 电加热器电流	A			
F9 内部喷洒泵相电压	V			
F10 内部喷洒泵相电流	A			

表 11－3　水泵

设备信息(对照铭牌数据和认可的递交资料)

服务区域		位置	
泵		电机	
生产商		生产商	
序列号		序列号	
流量(m^3/h)		型号	
压头(m)		额定马达功率(kW)	
需求汽蚀余量(mH_2O)		马达转速(1/min)	
进/出		电压/位相/功率(V/－/Hz)	
叶轮直径(mm)		满负荷电流值(A)	

安装

检测项目	结果			检查人	日期	备注
I1 供应商已经完成了调试报告	Y	N	NA			
I2 设备没有外观上的损害和污渍	Y	N	NA			
I3 提供了足够的空间用以维护和清洁	Y	N	NA			
I4 设备去除了所有用于运输安全的装置	Y	N	NA			
I5 保证所有部件的可靠性,如螺栓、紧固件、联结杆等	Y	N	NA			
I6 安装了防振台	Y	N	NA			
I7 设备安装了 VFD	Y	N	NA			
I8 VFD 被包含在 IP64 之中	Y	N	NA			
I9 系统含有一个自动断路器	Y	N	NA			
I10 叶轮可以自由并且流畅地转动	Y	N	NA			
I11 已完成全部水系统施工作业,永久供水已就绪	Y	N	NA			

续表 11 - 3

检测项目	结果			检查人	日期	备注
I12 水管已经正确地连接（水流方向）	Y	N	NA			
I13 管道有标贴和阀门 ID 标签	Y	N	NA			
I14 安装了下列设备	Y	N	NA			
I14.1 温度计	Y	N	NA			
I14.2 压力表	Y	N	NA			
I14.3 过滤器	Y	N	NA			
I14.4 单向阀	Y	N	NA			
I14.5 隔离阀	Y	N	NA			
I14.6 排水阀	Y	N	NA			
I14.7 放空阀	Y	N	NA			
I15 下列控制装置已安装并已接入各自的控制系统	Y	N	NA			
I15.1 温度传感器	Y	N	NA			
I15.2 压力传感器	Y	N	NA			
功能						
F1 调整马达保护开关设定点	Y	N	NA			
F2 检查转动方向是否正确	Y	N	NA			
F3 检查是否有异常噪声	Y	N	NA			
F4 水系统中空气是否已全部排除	Y	N	NA			
F5 15 min 试运行之后，验证 F3，F4，F12 和 F13	Y	N	NA			
F6 24 h 试运行成功	Y	N	NA			

参数	设计值	测试值	测试日期
F7 泵的停止压头（m H_2O）			
F8 排放侧头（mH_2O）			
F9 吸入侧头（mH_2O）			
F10 压差（MPa）			
F11 相电压（V）			
F12 电流（A）			
F13 $\cos\varphi$			
F14 马达功率 $P1$（kW）			
F15 泵功率 $P2$（kW）			
F16 流量（m^3/h）			
F17 马达效率			

表 11 −4 空调水管路

确保在安全过程的前提下完成该表格。如果安装确认单和现有的施工文件之间存在冲突，以施工文件为准

安装

检测项目	结果			检查人	日期	备注
I1 管道清洁干净在安装过程中没有损坏	Y	N	NA			
I2 管道可以自由伸缩吊件连接件和建筑物不会对此有破坏和噪声的影响	Y	N	NA			
I3 管道有足够的坡度满足管道系统排空的要求	Y	N	NA			
I4 管道系统的最高点排气阀已正确安装	Y	N	NA			
I5 管道尺寸的改变是通过变径、变径弯头、变径三通等配件来实现的不允许衬套等方式	Y	N	NA			
I6 所有管道的支架吊架满足规范要求	Y	N	NA			
I7 所有管配件满足要求	Y	N	NA			
I8 所有设备的检修是可操作的(有隔离阀等配件)	Y	N	NA			
I9 管道的安装不阻碍设备的检修(如空调末端机组)	Y	N	NA			
I10 管道的安装能保证不影响到相邻表面的保温	Y	N	NA			
I11 连接件和管道的材质相同	Y	N	NA			
I12 不同介质管材的连接件满足要求	Y	N	NA			
I13 油令已被安装在需要拆卸的设备管道上和需要拆除的螺纹阀门、疏水器等阀门配件前	Y	N	NA			
I14 管道的配件、法兰满足压力要求	Y	N	NA			
I15 排污阀已安装在系统的低位	Y	N	NA			
I16 滤网位置正确并清洁	Y	N	NA			
I17 隔离阀和平衡阀正确安装	Y	N	NA			
I18 自动控制流量阀门正确安装尺寸正确	Y	N	NA			
I19 在测试点上各类传感器已正确安装	Y	N	NA			
I20 温度计压力表等测量仪表已正确安装	Y	N	NA			
I21 压力容器有名牌和标签，每个膨胀水箱已进行检查	Y	N	NA			
I22 空气和污物分离器安装在正确的位置	Y	N	NA			
I23 根据合同要求进行管压测试和泄漏测试(附上报告)	Y	N	NA			
I24 管道的保温满足要求	Y	N				

续表 11 - 4

检测项目	结果		检查人	日期	备注
I25 管道标识正确	Y	N			
I26 管道系统正确冲洗清洁临时管道的拆除(附上报告)	Y	N			
I27 部分过滤器和低位排污阀在业主见证下打开清洁见证	Y	N			
I28 化学处理系统安装和正确运行(附上报告)	Y	N			
I29 阀门需要贴注常备的标签	Y	N			
I30 阀门安装方向正确	Y	N			
I31 阀门的行程得到校准	Y	N			
I32 阀门在工作压力下开关无泄漏	Y	N			
I33 温度压力流量等传感器的安装正确	Y	N			
I34 流量计的安装正确并经过校准	Y	N			
I35 管道测量的各物理量读数 BMS 通过校准	Y	N			

表 11 - 5 化学加药装置

设备信息(对照铭牌数据和认可的递交资料)

服务区域		位置		
生产商		序列号		
药槽容积(m³)		型号		
标定柱(GPM)		电压/位相/功率(V/ –/Hz)		

安装

检测项目	结果			检查人	日期	备注
I1 处理设备完好无损	Y	N	NA			
I2 处理设备是成套组装的,工厂内已完成的接线接管完好,框架为不锈钢材质,安装稳固	Y	N	NA			
I3 成套处理设备和药箱安装位置合适并便于维修和排水	Y	N	NA			
I4 泵的基础是开放的框架概念以便于维修和清洗	Y	N	NA			
I5 所有的组配件(螺栓、紧固件)安装稳固	Y	N	NA			
I6 装置已完成清洁工作	Y	N	NA			
I7 装置有合适的标签	Y	N	NA			
I8 泵已按要求位置固定安装	Y	N	NA			

续表 11－5

检测项目	结果			检查人	日期	备注
I9 减振装置已按要求安装	Y	N	NA			
I10 成套设备的管子和管件的材质满足规定要求	Y	N	NA			
I11 加药管路和末端喷嘴已连接到需要加药处理设备或管路的正确位置	Y	N	NA			
I12 补水管路包括阀门配件已按要求安装好	Y	N	NA			
I13 排水管路包括排污法已按要求安装好	Y	N	NA			
I14 管道有相对应的标签、标识	Y	N	NA			
I15 管道系统试压完成并已冲洗	Y	N	NA			
I16 管配件无泄漏	Y	N	NA			
I17 阀门安装方向正确并有适当的标识	Y	N	NA			
I18 管道仪表和取样点已正确安装	Y	N	NA			
I19 检查所有阀门已在正确状态	Y	N	NA			
I20 加药罐的泄漏测试已完成并清洁	Y	N	NA			
I21 电控柜安装正确	Y	N	NA			
I22 指示灯功能完善	Y	N	NA			
I23 电源隔离开关安装在正确位置并有标识	Y	N	NA			
I24 所有电气线路连接紧密	Y	N	NA			
I25 电气绝缘测试已完成	Y	N	NA			
I26 电机及其配套设备的电气保护接地都正确	Y	N	NA			
I27 检查电源是否正常供电	Y	N	NA			
I28 人机界面显示正常	Y	N	NA			
I29 ORP 值探头、pH 探头、电导率探头等安装在正确位置	Y	N	NA			
I30 探头和药剂浓度监测仪已校准	Y	N	NA			
I31 控制系统的联锁功能已安装完成	Y	N	NA			
I32 所有控制装置接线已完成	Y	N	NA			
I33 控制盘内有电气控制接线图	Y	N	NA			
I34 控制 PLC 已为第一次启动作好编程设置	Y	N	NA			
功能						
F1 加药计量泵和电动阀门在手动模式下分别都可启动和关闭	Y	N	NA			
F2 水泵旋转方向正确，运行平稳	Y	N	NA			

续表 11 −5

检测项目	结果			检查人	日期	备注
F3 水泵的噪声和振动在可以接受的范围	Y	N	NA			
F4 系统设定压力下阀门关闭时没有泄漏	Y	N	NA			
F5 控制器可以在线监控各参数，当有偏离时可以发出本地和远程报警信号	Y	N	NA			
F6 控制箱通电运行正常	Y	N	NA			
F7 PLC 程序编程及运行符合要求	Y	N	NA			
F8 加药系统加注压力满足系统要求	Y	N	NA			
F9 化学添加剂已按厂商的规定添加	Y	N	NA			
参数	设计值			测试值		测试日期
F10 加药泵可以在自动模式下根据预设浓度值(启动和停泵)(ppm)						
F11 加药泵可以在自动模式下根据预设时间程序(启动和停泵)(s)						
F12 自动排污阀可以在自动模式下根据电导率的预设值(开启或关闭)(us/cm)						

表 11 −6　定压补水装置

设备信息(对照铭牌数据和认可的递交资料)

服务区域		位置	
生产商		稳压泵型号	
序列号		额定电机功率(kW)	
稳压泵数量	−	电压/位相/功率(V/−/Hz)	
隔膜罐额定容积		满载电流(A)	

安装

检测项目	结果			检查人	日期	备注
I1 定压装置没有损坏	Y	N	NA			
I2 定压装置安装位置合适并便于维修和排水	Y	N	NA			
I3 所有的组配件(螺栓、紧固件、拉杆)安装稳固	Y	N	NA			
I4 底座支架已按要求安装	Y	N	NA			
I5 防振装置已正确安装	Y	N	NA			
I6 组件的连接满足设备供应商的要求	Y	N	NA			
I7 安全阀已按要求正确安装	Y	N	NA			

续表 11 - 6

检测项目	结果			检查人	日期	备注
I8 装置按要求有隔热保护措施	Y	N	NA			
I9 装置有合适的标签	Y	N	NA			
I10 水泵已按要求位置固定安装	Y	N	NA			
I11 减振装置已按要求安装	Y	N	NA			
I12 水泵适当润滑	Y	N	NA			
I13 固定可见的铭牌数据	Y	N	NA			
I14 软连接已正确安装	Y	N	NA			
I15 管道装配完成，并被正确地固定支撑	Y	N	NA			
I16 管道膨胀管和溢流管按供应商标准位置和管路系统连接	Y	N	NA			
I17 补水管路(包括切断阀、流量计、过滤器、电动阀)已按要求安装好	Y	N	NA			
I18 排水管路(包括排水阀)已按要求安装好	Y	N	NA			
I19 通气管和自动排气装置已按要求安装	Y	N	NA			
I20 管道有相对应的标签、标识	Y	N	NA			
I21 管道保温完好	Y	N	NA			
I22 管道系统试压完成并已冲洗	Y	N	NA			
I23 管配件无泄漏	Y	N	NA			
I24 阀门安装方向正确并有适当的标识	Y	N	NA			
I25 压力表等仪表已正确安装	Y	N	NA			
I26 检查所有隔离阀、止回阀、电动阀在已正确状态	Y	N	NA			
I27 隔膜罐在第一次启动前水位是空的	Y	N	NA			
I28 电控柜安装正确	Y	N	NA			
I29 指示灯功能完善	Y	N	NA			
I30 电源隔离开关安装在正确位置并有标识	Y	N	NA			
I31 所有电气线路连接紧密	Y	N	NA			
I32 电动机绕组测试已完成	Y	N	NA			
I33 电动机的绝缘测试已完成	Y	N	NA			
I34 电机及其配套设备的电气保护接地都正确	Y	N	NA			
I35 检查电源是否正常供电	Y	N	NA			
I36 热过载继电器正确安装并预设正确	Y	N	NA			

续表 11 - 6

检测项目	结果			检查人	日期	备注
I37 人机界面显示正常	Y	N	NA			
I38 液位传感器压力传感器和执行器安装在正确位置	Y	N	NA			
I39 传感器和执行器已校准	Y	N	NA			
I40 机组控制系统的联锁功能已安装完成	Y	N	NA			
I41 所有控制装置接线已完成	Y	N	NA			
I42 控制 PLC 已为第一次启动作好编程设置	Y	N	NA			
功能						
F1 风机转向正确	Y	N	NA			
F2 补水泵的开机和停止	Y	N	NA			
F3 水泵旋转方向正确运行平稳	Y	N	NA			
F4 水泵的噪声和振动在可以接受范围	Y	N	NA			
F5 水泵和电机轴承温升正常	Y	N	NA			
F6 系统设定压力下阀门关闭时没有泄漏	Y	N	NA			
F7 人机界面模式转换功能实现	Y	N	NA			
F8 安全阀预设并动作测试	Y	N	NA			
F9 自动排水机组运行时正常	Y	N	NA			
F10 系统运行稳定在自动状态下	Y	N	NA			
F11 PLC 程序编程及运行符合要求	Y	N	NA			
参数	设计值			测试值		测试日期
F1 相电压(V)						
F2 电流(A)						
F3 马达功率 $P1$(kW)						
F4 流量(m^3/h)						

表 11 –7　AHU 及吊顶式空气处理机组

设备信息（对照铭牌数据和认可的递交资料）

服务区域		位置	
AHU		电机	
生产商		生产商	
型号		型号	
序列号		序列号	
出风口尺寸（mm × mm）		额定电机功率（kW）	
风机叶轮直径（mm）		电压/相数/频率（V / – /Hz）	
风机轮盘参数（mm）		满载电流（A）	
皮带参数		轮盘参数（mm）	
主从动轮轴心距（mm）			

安装

检测项目	结果			检查人	日期	备注
I1 供应商已经完成了调试报告	Y	N	NA			
I2 已提供了设备参数资料	Y	N	NA			
I3 机组没有外观上的损害和污渍	Y	N	NA			
I4 有足够的空间用以维护和清洁	Y	N	NA			
I5 设备拆除了所有用于运输安全的装置	Y	N	NA			
I6 所有机组器件、螺栓、组件等均安装牢固	Y	N	NA			
I7 安装了防振台	Y	N	NA			
I8 机组配置了变频器	Y	N	NA			
I9 变频器控制柜防护等级达到 IP64	Y	N	NA			
I10 系统配备自动断路器保护	Y	N	NA			
I11 叶轮转动正常	Y	N	NA			
I12 风管连接正确 – 风向正确	Y	N	NA			
I13 管路连接正确	Y	N	NA			
I14 冷凝水排水水封符合安装手册要求	Y	N	NA			
I15 机组进风口出风口风管长度符合安装手册要求	Y	N	NA			
I16 安装了下列设备	Y	N	NA			
I16.1 软性接头	Y	N	NA			
I16.2 止回风阀	Y	N	NA			
I16.3 保护装置	Y	N	NA			

续表 11 – 7

检测项目	结果			检查人	日期	备注
I16.4 过滤网	Y	N	NA			
I17 下列控制装置已安装并已接入各自的控制系统	Y	N	NA			
I17.1 温度传感器	Y	N	NA			
I17.2 压力传感器	Y	N	NA			
功能						
F1 风机转向正确	Y	N	NA			

参数	设计值	测试值	测试日期
风量(m^3/h)			
静压(Pa)			
电机功率(kW)			
风机功率(kW)			
风机转速(1/min)			
电机转速(1/min)			
电机电压(V)			
电机电流(A)			
频率(Hz)			
电机功率因素			
电机效率			

表 11 – 8　新风机组

设备信息(对照铭牌数据和认可的递交资料)

服务区域		位置	
生产商		序列号	
型号			
制冷量(kW)		电压/相数/频率(V/ –/Hz)	
加热量(kW)		加湿量(kg/h)	
送风机风量和机外静压 (m^3/h &Pa)		送风机电机额定 功率和转速(kW&RPM)	
排风机风量和机外静压 (m^3/h &Pa)		送风机电机额定 功率和转速(kW&RPM)	

续表 11－8

安装

检测项目	结果			检查人	日期	备注
I1 贴有永久的标签铭牌，包括风机	Y	N	NA			
I2 包装完好没有破损和泄漏，检修门安装有密封垫	Y	N	NA			
I3 检修门闭合紧密（没有缝隙）	Y	N	NA			
I4 风机电机减振装置已安装好，并解除了装箱时的临时固定装置	Y	N	NA			
I5 消声器已被正确安装	Y	N	NA			
I6 空调箱箱体的保温层符合要求	Y	N	NA			
I7 空调箱的仪表已正确安装(如压差计温度计)	Y	N	NA			
I8 空调箱的清洁工作已按要求完成	Y	N	NA			
I9 过滤器已正确安装，其更换类型和效率符合要求	Y	N	NA			
I10 管道装配完成，并被正确地固定支撑	Y	N	NA			
I11 管道有相对应的标签、标识	Y	N	NA			
I12 管道保温完好	Y	N	NA			
I13 过滤器已正确安装及清洗	Y	N	NA			
I14 管道系统已冲洗	Y	N	NA			
I15 管配件无泄漏	Y	N	NA			
I16 盘管已清洁，翅片完好无损坏	Y	N	NA			
I17 冷凝水滴水盘已清洁，已按要求坡度接连入冷凝水管道	Y	N	NA			
I18 阀门安装方向正确并有适当的标识	Y	N	NA			
I19 压力表、温度计已正确安装	Y	N	NA			
I20 检查所有隔离阀、平衡阀、电动阀已正确开启	Y	N	NA			
I21 送风风机和马达连接正确	Y	N	NA			
I22 送风机轴联器安装正确良好	Y	N	NA			
I23 送风机功能段已清洁	Y	N	NA			
I24 已润滑送风机和马达	Y	N	NA			
I25 回风机/排风机和马达连接正确	Y	N	NA			
I26 回风机/排风机轴联器安装正确良好	Y	N	NA			
I27 回风机/排风机功能段已清洁	Y	N	NA			

续表 11 – 8

检测项目	结果			检查人	日期	备注
I28 已润滑回风机/排风机马达	Y	N	NA			
I29 过滤器已清洁和正确安装	Y	N	NA			
I30 空气过滤器的压差测量计已按要求安装	Y	N	NA			
I31 防火风阀、防烟风阀已正确安装	Y	N	NA			
I32 所有风阀能密闭并已全开启	Y	N	NA			
I33 所有阀门有最小的操作空间	Y	N	NA			
I34 所有风阀执行器已正确安装	Y	N	NA			
I35 管道连接处的密封已经完成	Y	N	NA			
I36 系统内没有明显扰动	Y	N	NA			
I37 新风入口远离污染源和排风口	Y	N	NA			
I38 风管漏风测试已经完成	Y	N	NA			
I39 支风管风阀可操作切已打开	Y	N	NA			
I40 风管已按要求作清洁	Y	N	NA			
I41 所有风口格栅已正确安装并已全部打开	Y	N	NA			
I42 确定测点并预留测试孔	Y	N	NA			
I43 指示灯功能完善	Y	N	NA			
I44 电源隔离开关安装在正确位置并有标识	Y	N	NA			
I45 接线盒尺寸安装正确且与电动机满负荷电流相匹配	Y	N	NA			
I46 所有电气线路连接紧密	Y	N	NA			
I47 电动机绕组测试已完成	Y	N	NA			
I48 电动机绝缘测试已完成	Y	N	NA			
I49 空调箱及其配套设备的电气保护接地都正确	Y	N	NA			
I50 隔离开关和电动机电缆测试完成	Y	N	NA			
I51 检查电源是否正常供电	Y	N	NA			
I52 空调箱灯具及静电除尘器的供电正常	Y	N	NA			
I53 热过载继电器正确安装并预设正确	Y	N	NA			
I54 各温度传感器安装在正确的位置,传感器(包含有室外温度、混风温度、送风温度、回风温度、风管静压传感器)安装正确	Y	N	NA			
I55 传感器和执行器已校准	Y	N	NA			
I56 PAU 机组控制系统的联锁功能已安装完成	Y	N	NA			

续表 11 - 8

检测项目	结果			检查人	日期	备注
I57 所有控制装置、取样管还有接线已完成	Y	N	NA			
I58 变频器的电气接线(包括控制回路)已完成	Y	N	NA			
I59 变频器联锁控制设置已完成	Y	N	NA			
I60 静压传感器及其他的传感器已按施工图位置正确安装,并校准	Y	N	NA			
I61 变频器周围环境温度适合	Y	N	NA			
I62 变频器周围环境湿度适合	Y	N	NA			
I63 变频器的参数与电动机参数相匹配	Y	N	NA			
I64 电动机输入满负荷电流在电动机额定满负荷电流的 100% ~ 105%	Y	N	NA			
I65 加湿器已按要求安装完成	Y	N	NA			
I66 转轮热回收装置已按要求安装	Y	N	NA			
功能						
F1 送风机旋转方向正确	Y	N	NA			
F2 回风机/排风机旋转方向正确	Y	N	NA			
F3 回风/排风机的噪声和振动在可以接受的范围内	Y	N	NA			
F4 送风机的噪声和振动在可以接受范围	Y	N	NA			
F5 风机轴承温升正常	Y	N	NA			
F6 正常压力下阀门关闭时没有泄漏	Y	N	NA			
F7 机组的手动、停止、自动三种模式的开关正常变频器选定三个合适频率连续运行	Y	N	NA			
F8 静电空气过滤器运行正常	Y	N	NA			
F9 加湿器运行正常	Y	N	NA			
F10 转轮热回收装置运转正常旋转方向和速度正确	Y	N	NA			
参数	设计值		测试值		测试日期	
送风机						
风量(m^3/h)						
静压(Pa)						
电机功率(kW)						
风机功率(kW)						
风机转速(1/min)						
电机转速(1/min)						

续表 11 – 8

参数	设计值	测试值	测试日期
电机电压(V)			
电机电流(A)			
频率(Hz)			
电机功率因素			
电机效率			
排风机			
排风量(m³/h)			
参数	设计值	测试值	测试日期
静压(Pa)			
电机功率(kW)			
风机功率(kW)			
风机转速(1/min)			
电机转速(1/min)			
电机电压(V)			
电机电流(A)			
频率(Hz)			
电机功率因素			
电机效率			
静电过滤器运行电压(V)			
静电过滤器运行电流(A)			
转轮运行电压(V)			
转轮运行电流(A)			

表 11 – 9　风机盘管

设备信息(对照铭牌数据和认可的递交资料)

服务区域		位置	
生产商		额定电机功率(kW)	
型号		电压/相数/频率(V/ –/Hz)	
序列号	–	满载电流(A)	

安装

检测项目	结果			检查人	日期	备注
I1 已提供了设备参数资料	Y	N	NA			
I2 机组没有外观上的损害和污渍	Y	N	NA			
I3 有足够的空间用以维护和清洁	Y	N	NA			
I4 设备拆除了所有用于运输安全的装置	Y	N	NA			
I5 所有机组器件、螺栓、组件等均安装牢固	Y	N	NA			
I6 叶轮转动正常	Y	N	NA			
I7 风管连接正确 – 风向正确	Y	N	NA			
I8 管路连接正确	Y	N	NA			
I9 冷凝水排水水封符合安装手册要求	Y	N	NA			

功能

检测项目	结果			检查人	日期	备注
F1 风机转向正确	Y	N	NA			

参数	设计值	测试值	测试日期
F2 风量(m^3/h)			
F3 电机功率(W)			

表 11 – 10　变风量箱

设备信息(对照铭牌数据和认可的递交资料)

服务区域		制热量(kW)	
位置		风机风量(m^3/h)	
生产商		额定电机功率(W)	
型号		电压/相数/频率(V/ –/Hz)	
序列号		满载电流(A)	

安装

检测项目	结果			检查人	日期	备注
I1 VAV – BOX 没有损坏	Y	N	NA			
I2 型号和设备表上相同,并有正确的标签	Y	N	NA			

续表 11 – 10

检测项目	结果			检查人	日期	备注
I3 机组的吊装和支架满足要求	Y	N	NA			
I4 减振装置已合适安装	Y	N	NA			
I5 防止金属和金属直接连接防止噪声问题	Y	N	NA			
I6 机组有必要的检修维修空间	Y	N	NA			
I7 保温已正确安装并没有被破坏	Y	N	NA			
I8 所有部件已正确安装	Y	N	NA			
I9 机组有易识别的标签	Y	N	NA			
I10 机组的清洁工作已按要求完成	Y	N	NA			
I11 机组的检修门位置是否合适	Y	N	NA			
I12 管道装配完成，并被正确地固定支撑	Y	N	NA			
I13 管道有相对应的标签、标识	Y	N	NA			
I14 管道保温完好	Y	N	NA			
I15 过滤器已正确安装及清洗	Y	N	NA			
I16 冷热水管道已试压完成，管道系统已冲洗	Y	N	NA			
I17 管配件无泄漏	Y	N	NA			
I18 盘管已清洁，翅片完好无损坏	Y	N	NA			
I19 冷凝水集水盘已清洁，已按要求坡度接连入冷凝水管道	Y	N	NA			
I20 阀门安装方向正确并有适当的标识	Y	N	NA			
I21 压力表、温度计已正确安装	Y	N	NA			
I22 检查所有隔离阀、平衡阀、电动阀已正确开启	Y	N	NA			
I23 入口风管安装有调节阀	Y	N	NA			
I24 机组的上游管道处要有笔直和足够长度的风管（至少是 VAV 进口直径的三倍距离）	Y	N	NA			
I25 下游管道长度足够自由的转换	Y	N	NA			
I26 机组与风管的连接良好	Y	N	NA			
I27 在机组进口或出口的柔性软管安装（如有使用）没有相互打结扭曲的情况	Y	N	NA			
I28 管配件无泄漏	Y	N	NA			
I29 风管已按要求清洁	Y	N	NA			
I30 风阀能密闭并已全开启	Y	N	NA			
I31 风机和马达的连接校准正确	Y	N	NA			

续表 11−10

检测项目	结果			检查人	日期	备注
I32 送风机轴联器安装正确良好	Y	N	NA			
I33 风机已清洁	Y	N	NA			
I34 已润滑风机和马达	Y	N	NA			
I35 电源隔离开关安装在正确位置并有标识	Y	N	NA			
I36 所有电气线路连接紧密	Y	N	NA			
I37 电动机绝缘测试已完成	Y	N	NA			
I38 机组及其配套设备的电气保护接地都正确	Y	N	NA			
I39 水阀执行器安装正确	Y	N	NA			
I40 VAV 控制器的安装符合要求	Y	N	NA			
I41 温控面板的安装符合要求	Y	N	NA			
I42 控制线的连接正确安装呢	Y	N	NA			
I43 控制设备有合适的标签	Y	N	NA			
功能						
F1 风机转向正确	Y	N	NA			
F2 风机的噪声和振动在可以接受范围	Y	N	NA			
F3 温控面板可调整模式（例如占用模式或非占用模式）	Y	N	NA			
F4 温控面板可以调整温度设定值和显示现场实际温度值	Y	N	NA			
F5 VAV 内置风阀动作正确开关灵活（三档开度）	Y	N	NA			
参数	设计值			测试值		测试日期
F6 风量(m³/h)						
F7 电机功率(W)						

表 11−11　空调风管路

安装

检测项目	结果			检查人	日期	备注
I1 风管清洁干净在安装过程中没有损坏	Y	N	NA			
I2 风管的安装参照国标的要求	Y	N	NA			
I3 风管和密封垫的材质满足消防要求	Y	N	NA			
I4 风管的支吊架的安装满足要求	Y	N	NA			

续表 11 –11

检测项目	结果			检查人	日期	备注
I5 风管的检修门已按图纸要求正确安装在集风静压箱,临近热盘管,防火防烟阀的位置	Y	N	NA			
I6 不同材质的风管的连接中间有符合要求的密封垫和连接件	Y	N	NA			
I7 管道有满足要求的加强防止凹入或突出等变形	Y	N	NA			
I8 风管的横向和纵向密封良好	Y	N	NA			
I9 所有支管的连接是 45°	Y	N	NA			
I10 风管已按要求做过漏光或漏风测试	Y	N	NA			
I11 穿墙的风管已合适的密封	Y	N	NA			
I12 弯头的内径满足要求	Y	N	NA			
I13 风管对所有设备有检修维护的隔离阀门和部件	Y	N	NA			
I14 风管的部件诸如风帽、变径等的安装符合要求	Y	N	NA			
I15 帆布软连接正确安装	Y	N	NA			
I16 风管的保温满足要求	Y	N	NA			
I17 风管的标识正确	Y	N	NA			
I18 柔性软管无凹陷和扭结	Y	N	NA			
I19 柔性软管有独立吊架	Y	N	NA			
I20 柔性软管的长度满足要求	Y	N	NA			
I21 测试点已按图纸要求开出	Y	N	NA			
I22 测量仪表已按图纸要求安装	Y	N	NA			
I23 图纸上所有阀门已正确安装	Y	N	NA			
I24 风阀有足够的操作空间	Y	N	NA			
I25 风阀安装方向正确	Y	N	NA			
I26 风阀转动灵活,关闭严密	Y	N	NA			
I27 止回阀的安装符合要求	Y	N	NA			
I28 防火阀和防烟阀有独立支架	Y	N	NA			
I29 风阀刻度有标识	Y	N	NA			
I30 风口的安装满足设计要求	Y	N	NA			
I31 表面的瑕疵已修正	Y	N	NA			
I32 温度压力流量等传感器的安装正确	Y	N	NA			
I33 管道测量的各物理量读数 BMS 通过校准	Y	N	NA			

表 11 – 12 风机

设备信息(对照铭牌数据和认可的递交资料)

服务区域		位置	
风机		电机	
生产商		生产商	
型号		型号	
序列号		序列号	
出风口尺寸(mm × mm)		额定电机功率(kW)	
风机叶轮直径(mm)		电压/相数/频率(V/ –/Hz)	
风机轮盘参数(mm)		满载电流(A)	
皮带参数		轮盘参数(mm)	
主从动轮轴心距(mm)			

安装

检测项目	结果			检查人	日期	备注
I1 供应商已经完成了调试报告	Y	N	NA			
I2 已提供了设备参数资料	Y	N	NA			
I3 设备没有外观上的损害和污渍	Y	N	NA			
I4 有足够的空间用以维护和清洁	Y	N	NA			
I5 设备拆除了所有用于运输安全的装置	Y	N	NA			
I6 所有机组器件,螺栓,组件等均安装牢固	Y	N	NA			
I7 安装了防振台	Y	N	NA			
I8 机组配置了变频器	Y	N	NA			
I9 变频器控制柜防护等级达到 IP64	Y	N	NA			
I10 系统配备自动断路器保护	Y	N	NA			
I11 叶轮转动正常	Y	N	NA			
I12 风管连接正确 – 风向正确	Y	N	NA			
I13 安装了下列设备	Y	N	NA			
I13.1 活接	Y	N	NA			
I13.2 止回风阀	Y	N	NA			
I13.3 保护装置	Y	N	NA			
I14 下列控制装置已安装并已接入各自的控制系统	Y	N	NA			
I14.1 温度传感器	Y	N	NA			
I14.2 压力传感器	Y	N	NA			

续表 11 – 12

检测项目	结果			检查人	日期	备注
功能						
F1 风机转向正确	Y	N	NA			

参数	设计值	测试值	日期
静压（Pa）			
电机功率（kW）			
风机功率（kW）			
风机转速（1/min）			
电机转速（1/min）			
电机电压（V）			
电机电流（A）			
频率（Hz）			
电机功率因素			
电机效率			

表 11 – 13　制冷机

设备信息（对照铭牌数据和认可的递交资料）

服务区域		位置	
生产商		型号	
序列号		制冷量（kW）	
冷冻水流量（m³/h）		冷却水流量（m³/h）	
冷冻水供回水温度（℃）		冷却水供回水温度（℃）	
马达功率（kW）		电压/相数/频率（V/ –/Hz）	

安装

检测项目	结果			检查人	日期	备注
I1 供应商已经完成了调试报告	Y	N	NA			
I2 冷冻机没有外观上的损害和污渍	Y	N	NA			
I3 有足够的空间用以维护和清洁	Y	N	NA			
I4 设备去除了所有用于运输安全的装置	Y	N	NA			
I5 安装了防振台	Y	N	NA			
I6 确认系统满冲注	Y	N	NA			
I7 确保有水流流量	Y	N	NA			

续表 11 – 13

检测项目	结果			检查人	日期	备注
I8 所有必需的泵成功完成 24 h 试运行	Y	N	NA			
I9 确保水流方向正确	Y	N	NA			
I10 检查管路是否有保温	Y	N	NA			
I11 安装了下列设备						
I11.1 温度计	Y	N	NA			
I11.2 压力表	Y	N	NA			
I11.3 流量开关	Y	N	NA			
I11.4 隔离阀	Y	N	NA			
I12 下列控制装置已安装并已接入各自的控制系统						
I12.1 温度传感器	Y	N	NA			
I12.2 压力传感器	Y	N	NA			
I12.3 关断阀	Y	N	NA			
I12.4 关断阀门执行器	Y	N	NA			

表 11 – 14　燃气热水锅炉

设备信息(对照铭牌数据和认可的递交资料)

服务区域		位置	
生产商		型号	
序列号		额定热功率(kW)	
锅炉额定水容量(m³)		燃气电功率(kW)	
进出水温度(℃)		电压/相数/频率(V/ –/Hz)	

安装

检测项目	结果			检查人	日期	备注
I1 锅炉外表完好无明显损伤	Y	N	NA			
I2 锅炉正确的设置于满足强度要求的基础上	Y	N	NA			
I3 减振装置安装到位	Y	N	NA			
I4 锅炉周围有足够的操作维修空间	Y	N	NA			
I5 锅炉本体的水压试验已经完成	Y	N	NA			
I6 机组有合适的标签	Y	N	NA			
I7 所有的机组配件已安装紧固	Y	N	NA			
I8 安全阀和排放管已按要求正确安装并且经过整定	Y	N	NA			

续表 11－14

检测项目	结果			检查人	日期	备注
I9 机组的隔热保护措施已按要求安装	Y	N	NA			
I10 现场已为测试做好了清洁工作	Y	N	NA			
I11 管道与锅炉连接的接口位置正确无误	Y	N	NA			
I12 热水管道及配件装配完成，并被正确地固定支撑	Y	N	NA			
I13 集气罐的位置安装正确，排气阀已正确安装	Y	N	NA			
I14 管道试压冲洗已完成	Y	N	NA			
I15 除污器已正确并清洁	Y	N	NA			
I16 软水设备和水箱已按要求正确安装	Y	N	NA			
I17 补水管路(包括切断阀、流量计、过滤器、电动阀)已按要求安装好	Y	N	NA			
I18 热水泵/板换/定压装置/化学加药装置的单体启动检查已完成	Y	N	NA			
I19 排水管路包括排水阀已按要求安装好	Y	N	NA			
I20 管道有相对应的标签、标识	Y	N	NA			
I21 管道保温完好	Y	N	NA			
I22 阀门安装方向正确并有适当的标识	Y	N	NA			
I23 压力表等仪表已正确安装	Y	N	NA			
I24 检查所有隔离阀、止回阀、电动阀都在正确状态	Y	N	NA			
I25 测试孔和取样点已按要求安装	Y	N	NA			
I26 燃气管道和机组的连接正确	Y	N	NA			
I27 燃气管道和配件的安装符合要求	Y	N	NA			
I28 管道的支撑满足要求	Y	N	NA			
I29 隔离阀、减压阀、过滤器、流量计电动阀安装正确	Y	N	NA			
I30 管道压力表已正确安装	Y	N	NA			
I31 管道和阀门的标记正确	Y	N	NA			
I32 管道的耐压试验和气密性试验完成	Y	N	NA			
I33 管道已被吹扫和干燥	Y	N	NA			
I34 燃气管道的放散管已安装到室外合适位置	Y	N	NA			
I35 管道保护接地已正确完成	Y	N	NA			
I36 阀门都在正确状态	Y	N	NA			

续表 11－14

检测项目	结果			检查人	日期	备注
I37 烟道安装正确，通常最多允许两个弯头	Y	N	NA			
I38 烟道支架安装正确烟道坡度正确	Y	N	NA			
I39 烟道排出口的位置符合要求	Y	N	NA			
I40 烟道的防雷措施已按照要求完成	Y	N	NA			
I41 烟道的保温符合要求	Y	N	NA			
I42 烟道的电动蝶阀已正确安装	Y	N	NA			
I43 电动蝶阀开关严密闭合	Y	N	NA			
I44 防爆片的安装符合要求	Y	N	NA			
I45 烟气监测孔和温度计已按要求安装	Y	N	NA			
I46 低位的排水管已按要求安装	Y	N	NA			
I47 烟道底部有可移动的检查盖	Y	N	NA			
I48 锅炉和排烟管道的漏风试验完成	Y	N	NA			
I49 锅炉房的补风和排风管道已安装完毕	Y	N	NA			
I50 锅炉房补风机和排风机的单体调试已经完成	Y	N	NA			
I51 有足够燃烧用的空气补给	Y	N	NA			
I52 锅炉必须在工厂进行过点火测试	Y	N	NA			
I53 燃烧器与锅炉的连接正确无误	Y	N	NA			
I54 燃烧器无泄漏	Y	N	NA			
I55 观察窗安装正确	Y	N	NA			
I56 燃烧器与炉膛完全匹配，可确保燃料在炉膛内完全燃烧	Y	N	NA			
I57 鼓风机安装满足要求并转动灵活	Y	N	NA			
I58 燃烧器应为调节型，通过风阀来调节，并且配有数字微处理器来自动控制燃烧器启停	Y	N	NA			
I59 电子点火器安装正确并清洁	Y	N	NA			
I60 一个电子探火器用于监视引火烧嘴以确保只有火点燃后才打开燃料阀	Y	N	NA			
I61 提供一个空气安全开关用于保证只有足够的火点燃后才打开燃烧器	Y	N	NA			
I62 调压装置应有内置压力传感器用于在燃气燃烧器启动时的压力测试	Y	N	NA			
I63 在调气装置后通向燃烧器的入口上提供安装入口阀用于在断电、熄火、或者出现其他安全关断条件时起关断作用	Y	N	NA			

续表 11 – 14

检测项目	结果			检查人	日期	备注
I64 火焰安全控制器的安装正确并且其一定是电脑固态的	Y	N	NA			
I65 燃烧器的防热保护和密封满足要求	Y	N	NA			
I66 锅炉主控制盘和锅炉控制盘安装正确	Y	N	NA			
I67 指示灯功能完善	Y	N	NA			
I68 电源隔离开关安装在正确位置并有标识	Y	N	NA			
I69 急停开关已按要求安装	Y	N	NA			
I70 所有电气线路连接紧密	Y	N	NA			
I71 相关的绝缘测试已完成	Y	N	NA			
I72 锅炉及其配套设备的电气保护接地都正确	Y	N	NA			
I73 检查电源是否正常供电	Y	N	NA			
I74 热过载继电器正确安装并预设正确	Y	N	NA			
I75 漏电保护开关已按要求安装	Y	N	NA			
I76 人机界面显示正常	Y	N	NA			
I77 所有传感器和执行器安装在正确位置	Y	N	NA			
I78 传感器和执行器已校准	Y	N	NA			
I79 机组控制系统的联锁功能已安装完成	Y	N	NA			
I80 所有控制装置接线已完成	Y	N	NA			
I81 控制 PLC 已为第一次启动作好编程设置	Y	N	NA			
I82 控制箱内有锅炉的电气和控制接线图	Y	N	NA			

11.2　功能性调试单

11.2.1　空调风系统测试、调整和平衡

空调风系统测试、调整和平衡见表 11 – 15 ~ 表 11 – 20。

表 11 – 15　空调风系统测试、调整和平衡

系统描述（空调风系统）	
典型的空调风系统是指能进行空气冷热等处理的空调机组的空气输送分配通风系统。例如 PAU + AHU + VAV 送风系统，PAU + FCU 通风系统，AHU 集中送风系统等（不包含防排烟系统及不需冷热负荷处理的新、排风系统）；系统的主要组成：AHU、PAU（含带转轮热回收）、VAV、FCU 电动风阀、防火阀、止回阀等风阀部件；电气控制：DDC 控制器、变频器、静压传感器等通风管路及末端各类风口	
风系统的平衡调整及测试	
目的	空调风系统的每个末端风口的风量满足设计要求 确认系统的总风量满足设计要求
测试工具	毕托管、微压计、风速仪、风量罩（经计检部门标定校核并在有效期内）
测试条件	在开始风系统平衡调试前，需要确认所有影响风管风量的每项工作已预先做好准备，例如关闭门和窗，吊顶已就位
接受标准	风口风量的实际测量值与设计风量的偏差不大于 10% 系统总风量的实际测量值与设计风量的偏差不大于 10%
数据记录表格	参见表 11 – 18 ~ 11 – 19
空调系统风平衡测试前提（在风平衡测试前需确认以下工作完成）	
1	风系统相关的单机调试单已经完成，例如 AHU、PAU、VAV、FCU 等
2	该系统暖通通风管路的调试单已经完成
3	承包商已完成风管漏光\漏风测试并已提交检查表
4	在开始平衡测试前自控系统已完成安装和相应的调试

表 11 – 16　定风量系统测试、调整和平衡

测试流程	预期的结果	通过与否
a）确认风系统末端风口和风阀已全部开启。 b）风口的叶片角度已按设计要求调整。 c）加装临时过滤保护措施工作已经完成，并移除临时过滤器。	1）测试点的安装符合要求	
	2）风阀和末端风口已在全部开启状态 主风管风阀在合适位置	
	3）风口的叶片角度已按要求调整	
	4）风管已吹扫，临时过滤装置已拆除	

续表 11-16

测试流程	预期的结果	通过与否
d) 机组回风主阀在最大位置新风主阀在 0~50% 开度。 e) 开启相应的风机，确认马达运行电流和风机转速不超过电机风机额定值。 f) 巡视检查风阀和风口确认没有未开的风阀和风口。 g) 采取合适的方法措施确定系统总输送风量(毕托管、微压计或叶轮风速仪)。 h) 统计系统实际的输送总风量，与设计风量作比较。 i) 调整输送主管风阀，或手动通过变频器调整风机转速，调整系统总的输送风量到设计风量的 100% ~110%。 j) 测量该输送系统的所有风口风量，并统计该输送系统主支管路，和分支管路的总风量大小，初步调整风阀并确保各主支管管路相互间的实际风量和设计风量的比值不超 30% 的偏差，同时确保系统总阻力最远的主支管路的实际风量和设计风量比值是在主支管路中是最低的。 k) 与上面步骤类似初步调整主支管路的分支管路阀门，并调整各下级分支管路的实际风量和设计风量比值偏差不超过 30%。 l) 从最不利支管路开始调整末端风口，实际风量和设计风量比值最低的风口作为基准。调整比值第二低的风口风阀使其比率接近基准，接着调整比率第三低的风口风阀和基准风口比较调整，使其比率接近基准风口，依次调节使分支管的末端风口都平衡。 m) 与末端风口的平衡相类似，以实际风量和设计风量比值最低的分支风管为基准调整分支风管风阀，使分支风管的风量都平衡。 n) 与末端风口的平衡相类似，以实际风量和设计风量比值最低的主支管为基准调整主支管风阀，使主支管的风量都平衡。 o) 整个输送管路的风量调整平衡后，统计系统的总风量和系统各个风口的风量，将新风阀、回风阀调整到系统最大设计新风量然后调整主风管风阀或手动调整变频器频率，使总风量及各风口的风量满足设计风量要求，并最终填写风量平衡调试记录表。 p) 锁定所有风阀的标位置，并做好标记指示。 q) 记录风量平衡调整后的通风机和空调箱的具体参数在通风机空调机组调试记录单上。	5) 空调机组、风机运行正常，系统风量调整到设计风量 6) 系统风平衡已经完成 7) 末端风口的风量满足要求并填完风量平衡调试记录表，实测风量与设计风量的偏差值不大于 15% 8) 系统的新风量、排风量、送风量、回风量满足设计要求实测风量与设计风量的偏差值不大于 10% 9) 相关风阀的开度位置已标定并做记号 10) BMS 控制点相关的静压、风量数据已标定 11) 系统调整平衡后空调机组和风机的参数满足要求，并填完空调机、通风机组调试记录单风机、电机转速不超过额定转速 风量与设计风量的偏差值不大于 10%，运行电流不超过电机额定电流 12) 空气过滤器压降的初阻力此时已记录标定 13) 系统的噪声符合要求	

表 11 – 17　VAV 变风量系统

测试流程	预期的结果	通过与否
a) 确认风系统末端风口和风阀已全部开启。 b) 风口的叶片角度已按设计要求调整。 c) VAV 承包商完成所有 VAV 单机调试，确保每台 VAV 的压差风量传感器都已经过校准，和能实时读取数据，并把所有 VAV 的风阀锁定在 100% 开度。 d) 加装临时过滤保护措施对风管进行风管吹扫的工作已经完成，并移除临时过滤器。 e) 机组回风主阀开在最大位置新风主阀在 0 ~ 50% 开度。 f) 开启相应的风机，确认马达运行电流，和风机转速不超过电机风机额定值。 g) 采取合适的方法措施确定系统总风量（毕托管、微压计或叶轮风速仪）。 h) 统计系统实际的输送总风量，与设计风量作比较。 i) 手动调整变频器的频率使系统总的输送风量到设计总风量的 100% ~ 110%。 j) 通过 VAV 风量传感器确认每个带 VAV 的风管支管路的实测风量和设计风量的比值偏差值都不大于 30% 如有比值偏差值大于 30% 的初步调整每个 VAV 前的手动调节阀门。 k) 从系统最远最不利的 VAV – BOX 开始调整其带的末端风口，保证各风口实测风量与设计风量的比值一致，以最不利风口为基准，调整风口的风阀，直到该 VAV – BOX 所带风口都平衡 比值误差均比较接近。 l) 依次调整每台 VAV – BOX 所带的风口，确保每台 VAV – BOX 的风口均平衡。 m) 再次通过 VAV 风量穿感器读取每台 VAV – BOX 的输送风量与设计风量的比值，确保最不利点 VAV – BOX 的输送百分比为最低，以此 作为基准从远致近的调整 每台 VAV – BOX，确保每台 VAV 实测风量于设计风来 能够之间的比值接近上偏差还是下偏差基于 VAV 所带风口的风量情况。 n) 送风管路的 VAV – BOX 都调整平衡后调整回风管路和回风口，保证回风管路和回风口风量平衡。 o) 调整回风总阀、新风总阀和送风总阀开度，用变频器调整风机转速，使送风量、回风量和新风量满足设计要求，此时检查风机电机，查看电流、转速等均未超过额定值。	1) 测试点的安装符合要求	
	2) 风阀和末端风口已在全部开启状态主风管风阀在合适位置	
	3) 风口的叶片角度已按要求调整	
	4) 风管已吹扫，临时过滤装置已拆除	
	5) 空调机组、风机运行正常，系统风量调整到设计风量	
	6) VAV 送风系统最大风量和最小风量测试工作完成	
	7) 风机动力型 VAV 的风机挡位和风阀开度已标定	
	8) 系统风平衡已经完成	
	9) 末端风口的风量满足要求并填完风量平衡调试记录表实测风量与设计风量的偏差值不大于 15%	
	10) 系统的新风量、排风量、送风量、回风量满足设计要求实测风量与设计风量的偏差值不大于 10%	
	11) 相关风阀的开度位置已标定并作记号	
	12) BMS 控制点相关的静压、风量数据已标定	
	13) 系统调整平衡后空调机组和风机的参数满足要求，并填完空调机、通风机组调试记录单风机、电机转速不超过额定转速风量与设计风量的偏差值不大于 10% 运行电流不超过电机额定电流	
	14) 空气过滤器的压降初阻力已经标定	
	15) 系统的噪声符合要求	

续表 11−17

测试流程	预期的结果	通过与否
p)记录当前送风管路的静压值,以此为 VAV 送风管路的初步静压最大风量标定值;记录每个送风口和回风口的送风量大小并填入风量平衡表格。 q)风机先降低频率,同时 BMS 调节每台 VAV 的风阀开度到设计的最小风量,通过每台 VAV 的风量传感器读出,确保每台 VAV 基本到了最小的设计风量,各个比值偏差接近,此时 VAV 的风量为设计最小值,此时查看风机频率是否过低,如果过低调整风机的送风主阀,提升风机频率超过电机的最低频率,并记录下送风主管的静压值为初步最小风量的标定值。 r)在每台 VAV 在最小风量的情况下,调整所有并联风机动力型的 VAV 风机和风机风阀保证每台风机动力型的 VAV 送风量满足设计送风量要求并记录下风机和风阀调整档位。 s)本项目有集中新风和集中排风新风机的 AHU 待所承担的 AHU 送、回风都调整平衡好后,锁定 AHU 的新风、排风 VAV 为最大开度,按设定送风量和回风量开启 AHU 机组。 t)开启新风机组和排风机组,调整总新风阀、总排风阀和风机频率,使总新风量和总排风量在设计风量110% ~100% ,查看风机转速和电流,确保没有超过额定值。 u)通过 BMS 的新风、排风 VAV 风量传感器确认每台 AHU 的新风量和排风量与设计风量的比值,调整 AHU 新风阀、排风阀的开度使新风和排风系统平衡。 v)记录下此时新风管和排风主管路的静压,以此为初步标定的静压值。 w)再次检查 PAU 和 AHU 的各项参数,进行微调整,使系统的各风量满足要求,并将检查记录填写进风机、空调箱调试记录单。		

表 11－18　风量平衡调试记录

单位(子单位)工程：

系统名称			系统编号		
施工技术员			检测依据		
设计总风量(m³/h)			实测总风量(m³/h)		

序号	调试位置	风口		设计风量 (m³/h)	实测风量 (m³/h)
		型式	规格		

评定意见	

建设单位(或监理单位)(章)	施工单位　(章)
现场代表： 　　　　　年　月　日	测试人员： 　　　　　年　月　日

表 11－19　通风机、空调机组调试记录

单位(子单位)工程：

系统名称			系统编号		
设备名称			设备编号		
型号规格		安装区域		施工技术员	
检测依据					

序号	测试项目	设计值	铭牌值	实测值
1	电机转速(r/min)			
2	风机转速(r/min)			
3	余压(Pa)			
4	总风量(m³/h)			
5	功率(kW)			
6	电压(V)			
7	电流(A)			

评定意见	

建设单位(或监理单位)(章)	施工单位(章)
现场代表： 　　　　　年　月　日	检测人员： 　　　　　年　月　日

表 11 - 20 VAV 风量调试记录表

系统名称				系统编号			
系统服务区域				文档编号			
序号	VAV 编号	VAV 类型	一次风设计流量(m³/h)	一次风实测流量(m³/h)	二次风实测流量(m³/h)	二次风实测流量(m³/h)	测试人/日期
1							
2							
3							
4							
5							
6							
评定意见:							

建设单位签字	施工单位签字
现场代表:	调试负责人:

11.2.2 送排风系统测试、调整和平衡

送排风系统测试、调整和平衡见表 11 - 21 ~ 表 11 - 28。

表 11 - 21 送排风系统测试、调整和平衡

系统描述(送、排风系统)	
典型的送、排风系统是为建筑物内某些需要提供全新风和排风的特定区域的通风系统。例如冷冻机房、生活水泵房、地下车库、卫生间等(不包含需要空调冷热处理的所有通风系统及防排烟系统);系统的主要组成:送风机、排风机电动风阀、防火阀、止回阀等风阀部件;电气控制:DDC 控制器、温度、CO 浓度等传感器、变频器、电流热继电器等通风管路、末端各类风口等	
风系统的平衡调整及测试	
目的	送、排风系统的每个末端风口的风量满足设计要求确认系统的总风量满足设计要求
测试工具	微压计、风速仪、风量罩(经计检部门标定校核并在有效期内)
测试条件	风机的单机调试已经完成受检风系统的风量恒定且为设计值的 100% ~ 110% 末端风阀及风口已相应全部开启

续表 11 - 21

风系统的平衡调整及测试	
接受标准	风口风量的实际测量值与设计风量的偏差不大于10% 系统总风量的实际测量值与设计风量的偏差不大于10%
测试流程	参见综合机电调试方案暖通送排风系统风平衡调试方案
数据记录格	参见附件一、附件二
测试前提(在功能性测试前需确认以下工作完成)	
1	风机的单机调试单已经完成
2	暖通通风管路的调试单已经完成
3	控制系统的相关编程、联锁功能已完成,并可操作
4	相关控制设定值和时间表已绑定

表 11 - 22 风机本地启停

测试流程	预期的结果	通过与否
风机马达控制柜切换本地模式手动启动风机 5 min 手动停止风机	1)工作站相关界面显示本地模式	
	2)风机正常启动,Metasys 工作站相关界面 显示风机启动	
	3)在风机启动时,电动新风、排风、送风阀 联锁预先开启到全开状态,Metasys 工作站显示相关电动风阀状态	
	4)在风机关闭时,电动新风、排风、送风阀联锁延时关闭,Metasys 工作站显示相关 电动风阀状态	
	5)风机正常停止,Metasys 工作站相关界面 显示风机停止	
	6)风机如有变频器,Metasys 工作站相关界面显示风机运行频率	
	7)相应风机电气联锁确认:送/排风机先开后,排/送风机才能开启	

表 11 - 23 风机远程控制启停

测试流程	预期的结果	通过与否
风机马达控制柜切换远控模式远控启动风机 5 min 远控停止风机	1)Metasys 工作站相关界面显示远控模式	
	2)风机启动,Metasys 工作站相关界面显示风机启动	
	3)在风机启动时,电动新风、排风、送风阀联锁预先开启到全开状态,Metasys 工作站显示相关电动风阀状态	
	4)在风机关闭时,电动新风、排风、送风阀联锁延时关闭,Metasys 工作站显示相关电动风阀状态	
	5)风机正常停止,Metasys 工作站相关界显示风机停止	
	6)风机如有变频器,Metasys 工作站相关界面显示风机运行频率	

表 11 - 24　风机故障

测试流程	预期的结果	通过与否
风机正常启动运行短接风机故障点	1)风机保护停机,Metasys 工作站相关界面显示风机故障,本地有故障指示灯显示	
调整风机热继电器电流保护值低于风机正常运行电流额定值;风机启动运行	2)风机保护停机,Metasys 工作站相关界面显示风机故障,本地有故障指示灯显示	

表 11 - 25　风机变频器功能

测试流程	预期的结果	通过与否
风机正常远控启动运行将风管静压值设置低于设定值 50 Pa	1)风机频率逐步减小,并自动调整,直到达到通风管路静压值	
风机正常远控启动运行将风管静压值设置高于设定值 50 Pa	2)风机频率逐步增大,并自动调整,直到达到通风管路静压值	
	3)满足设计风量要求时的风管静压设定值__ Pa,风管静压值在 Metasys 工作站相关界面显示	
风机变频器最高设定值确认	4)风机最高频率锁定值__ Hz	
风机变频器最低设定值确认	5)风机最低频率锁定值__ Hz	

表 11 - 26　地下车库排风/排烟风机运行

测试流程	预期的结果	通过与否
风机正常远控启动运行 将 CO 浓度设置值高于实际值建议 CO 设置值为 3 ppm	1)风机频率逐步减小,并自动调整,直到达到 CO 浓度设定值	
风机正常远控启动运行将 CO 浓度设置值低于实际值(正常实际值为 0.01 ~ 0.03 ppm)	2)风机频率逐步增大,并自动调整,直到达到 CO 浓度设定值	
	3)CO 浓度设定值__ ppm,CO 浓度在 Metasys 工作站相关界面显示	
风机正常运行 消防给出输出信号 消防停止输出信号 风机停止运行 风机再次启动运行	4)正常排风管路电动常开阀关闭,排烟管路电动常闭阀打开,在消控主机有正确反馈信号	
	5)风机切换至工频运行	
	6)消防停止风机输出信号风机停止运行	
	7)电动风阀手动复位后风机再次远程启动	

表 11 - 27　防冻保护风压保护

测试流程	预期的结果	通过与否
风机正常远控启动运行，将防冻开关设定温度高于当前进风温度 2℃	1）风机停止运行	
	2）新风阀自动关闭	
	3）热水电动阀全开（如有）	
	4）防冻开关设定温度＿℃，防冻开关在 Metasys 工作站相关界面有报警显示	
风机正常远控启动运行，将压差开关设定压力低于当前 风机运行压力 50 Pa	5）风机停止运行	
	6）压差开关设定压差＿ Pa，压差开关在 Metasys 工作站相关界面有报警显示	

表 11 - 28　运行时间功能

测试流程	预期的结果	通过与否
在 Metasys 的相关 Schedule 菜单中输入开机时间和关机时间	风机按相关的时间启动停止	

11.2.3　热源系统调试

热源系统调试见表 11 - 29 ~ 32。

表 11 - 29　热源系统调试

系统描述（空调热源系统）	
本项目的空调热源系统是指提供建筑物空调热源的所有设备和输送管路系统的主要组成：热水锅炉、热水循环泵、热水板换、给水软化水装置、自动加药装置、热水定压装置、螺旋除污器等；AHU、PAU、FCU 平衡阀，电动阀、手动调节阀等电气控制：DDC 控制器、变频器、静压传感器等锅炉群控界面	
空调热源系统调试	
目的	确保整个锅炉热源系统的功能满足要求
测试工具	流量计、管路平衡阀供应商的压差流量计量装置、压力表，万用表、钳形电流表、红外线温度仪等，所有测试工具都经过计量部门的校准，并在校准有效期内
测试条件	建筑物现场施工完毕，土建条件具备测试要求
接受标准	主要热源设备的功能满足要求
数据记录表格	表 11.2.2 ~ 11.2.7
空调系统热源测试前提（在测试前需确认以下工作完成）	
1	空调热源所有设备的单机调试已经完成
2	空调热水管路已完成冲洗工作

续表 11-29

空调系统热源测试前提(在测试前需确认以下工作完成)	
3	空调热水管路的平衡已经完成
4	空调热水管路已完成冲洗其水处理工作也已经完成
5	锅炉群控系统和 BMS 系统已施工完成并完成保证测试的所有工作

表 11-30　锅炉的运行开启前准备工作

测试流程	预期的结果	通过与否
a)末端热水阀门保持水平衡调试好后的状态,所有电动阀门全开。 b)锅炉房的送风机和排风机开启。 c)一次侧热水电动蝶阀开启。 d)BMS 设定二次侧热水出水温度为 60℃。 e)锅炉一次热水循环泵手动开启。 f)一次侧软水器和补水定压装置开启。 g)一次侧自动加药装置开启。 h)锅炉二次热水循环泵手动开启。 i)二次侧软水器和补水定压装置开启。 j)锅炉设定出水温度为 90℃。	1)末端热水阀门全部开启,所有电动阀保持全开状态 2)锅炉房的送风机、排风机运行正常 3)一次侧热水电动碟阀全部开启 4)锅炉一次热水循环泵运行正常 5)一次侧软水器和补水定压装置运行正常 6)一次侧自动加药装置运行正常 7)锅炉二次热水循环泵运行正常 8)二次侧软水器和补水定压装置运行正常	

表 11-31　锅炉的运行

测试流程	预期的结果	通过与否
a)锅炉运行,燃烧器启动。 b)出水温度达到设定值时记录板换数据。 c)锅炉达到设定温度停止运行。	1)燃烧器各个保护功能已在单机调试单内确认 2)锅炉燃烧充分,能根据出水温度的变化值火焰自动调节 3)烟道排烟顺畅,排烟温度符合要求 4)1 号板换热水板换一次侧进水温度__℃ 热水板换一次侧出水温度__℃ 板换一次侧压降__kPa 热水板换二次侧进水温__℃ 热水板换二次侧出水温度__℃ 板换二次侧压降__kPa 三通电动调节阀运行正常 5)2 号板换热水板换一次侧进水温度__℃ 热水板换一次侧出水温度__℃ 板换一次侧压降__kPa 热水板换二次侧进水温度__℃ 热水板换二次侧出水温度__℃ 板换二次侧压降__kPa 三通电动调节阀运行正常 锅炉达到设定温度燃烧器停止工作	

表 11 – 32　锅炉的关闭

测试流程	预期的结果	通过与否
a) 关闭锅炉。 b) 关闭相关锅炉辅助设备。	1) 锅炉能够正常关闭 2) 相关锅炉辅助设备能正常关闭	

说明：锅炉由于受到实际没有热负荷的限制，只能短时间启动运行，具体的带热负荷空调联动测试需要在冬季进行。

11.2.4　热水末端水系统平衡调试

热水末端水系统平衡调试见表 11 – 33 ~ 表 11 – 38。

表 11 – 33　热水末端水系统平衡调试

系统描述（空调热水系统）	
本项目的空调热水系统是指提供建筑物空调热源的热水水力系统，主要包括锅炉 – 板换一次测热水系统，板换二次侧热水系统。 系统的主要组成：锅炉、热水板换、水泵、补水定压装置等；AHU、PAU（含带转轮热回收）、VAV、FCU 平衡阀，电动阀、手动调节阀等；电气控制：DDC 控制器、变频器、静压传感器等	
空调热水系统的平衡调整及测试	
目的	空调热水系统的总流量满足设计要求，各楼层空调热水流量满足设计要求各空调主要设备的空调热水流量满足设计要求（AHU、PAU 等）
测试工具	流量计、管路平衡阀供应商的压差流量计量装置、压力表；所有测试工具都经过计量部门的校准，并在校准有效期内
测试条件	在开始热水系统平衡调试前，需要确认所有影响热水流量的每项工作已预先做好准备，例如各管路平衡阀已由平衡阀厂家预先计算初步设置好确保平衡阀在全开状态；管路的过滤器已检查清洁系统各个末端设备、支管主管路的设计流量已在系统图上标出并做好准备
接受标准	热水系统的总流量实际测量值与设计流量的偏差不大于 10% 主要空调设备热水系统的实测流量与设计流量偏差不大于 5%
数据记录格	参见表 11 – 36 ~ 表 11 – 38
空调热水系统平衡测试前提（在水平衡测试前需确认以下工作完成）	
1	水系统相应水泵、板换、定压装置等的单机调试单已经完成
2	相应水系统管路的单机调试单已经完成
3	承包商已完成相应系统的管路冲洗并递交报告
4	在开始平衡测试前自控系统已完成安装和相应的调试

表 11 - 34　锅炉板换二次侧热水系统

测试流程	预期的结果	通过与否
a)确认末端所有管路的手动调节阀和隔离阀处于全开状态；电动阀处于全开状态，旁通阀处于全关状态。	1)流量计、平衡阀的安装符合要求	
	2)所有手动调节阀、电动阀、平衡阀已在全部开启状态	
b)膨胀水箱已进满水，液位控制阀门良好，液位在设计位置。	3)膨胀水箱已按要求满水，管路排气阀开启	
c)管路自动排气装置已启，所有平衡阀都预先初设设置好，确保平衡阀在全开位置。	4)管路已清洗，过滤器已拆装清洁	
d)相应管路已清洗，过滤器滤网已拆出检查清洁并安装。	5)水泵运行正常，管路压力稳定，管路空气已经排尽，系统流量调整到设计流量	
e)手动开启相应的水泵变频器，确认水泵的吸入压力和出口输出压力之差在设计范围之内并接近水泵的流量特性曲线，并确认马达运行电流，不超过电机额定值。	6)系统水平衡已经完成	
	7)末端系统的水流量均满足要求并填完水平衡调试记录表，实测系统流量与设计流量的偏差值不大于10%	
f)采取合适的方法或措施确定系统总输送水量。	8)相关平衡阀和手动调节阀的开度位置已标定并作记号，有压差控制的平衡阀的压差设定值已按要求设定	
g)统计系统实际的输送流量，与设计流量作比较，手动通过变频器调整水泵转速，调整系统总的输送流量到设计流量的100%～110%，并确保水泵运行电流未超水泵设计电流。	9)BMS控制点相关的静压、流量数据已标定	
h)将相应水系统管路平衡阀和手动调节阀分组编号，然后从楼层最末一级的支管路进行平衡，针对本项目是末端的FCU和末端再热的VAV，由远及近地测量所有FCU、VAV的热水流量，并和设计流量作比值，选取最不利点比值最小的设备为基准，由远及近地调整其余末端设备的手动调节阀，使其比值接近基准的比值；依次调整末端管路使FCU热水系统和VAV再热热水系统的各末端设备的热水流量比值接近平衡。	10)系统调整平衡后水泵的参数满足要求，并填完水泵运行调试记录，单水泵电机转速不超过额定转速，水泵的总流量偏差值不大于10%，运行电流不超过电机额定电流，水泵的吸入压力、水泵出口压力、水泵的扬程在设计范围	
i)计算楼层该热水管路所带的AHU或PAU的热水管路流量与设计流量的比值与该FCU或VAV再热热水管路总流量与设计流量的比值比较，以比值较小的作基准手动调整比值大的平衡阀门开度，使两者之间相平衡。		
j)如上述所描述的方案，分别调整各楼层的热水管路，使各楼层内的热水管路平衡。		
k)待各楼层的热水管路平衡后，统计计算系统立管包含的各个楼层热水流量与设计流量的比值作比较，以比值最小的楼层作为基准点，手动调节平衡阀开度，以使该立管的各楼层热水管路平衡。		

续表 11-34

测试流程	预期的结果	通过与否
l)如一幢楼有两个立管,待每个立管平衡后,统计两个立管的总流量,已与设计流量比值最小的为基准调整比值大的立管平衡阀开度,使两根立管热水流量相平衡。 m)测量每组板换的流量值,调整板换的手动调节阀使两组板换水流量相互平衡。 n)手动提升变频水泵的转速,使水泵的总流量到设计流量的 105% 左右,检查水泵的运行电流不超过水泵的额定流量。 o)检查末端所有压差设定的平衡阀流量,设定该压差平衡阀的控制压差,如有流量偏差不满足要求,再进行微调直到满足要求 p)记录每个平衡阀的开度大小和压差控制值 q)BMS 此时标定变频水泵的压差控制点的压差值,作为初步控制预设值。 r)记录此时水泵的相关运行数据值。 s)将水泵降频至设计允许最小频率,标定压差旁通的压差值,以此作为压旁通阀的初始压差设定值。		

表 11-35 锅炉板换一次侧热水系统

测试流程	预期的结果	通过与否
a)确认所有管路的手动调节阀和隔离阀处于全开状态;电动阀处于全开状态,旁通阀处于全关状态。 b)管路自动排气装置已开启,所有平衡阀都预先初设设置好,确保平衡阀在全开位置。 c)相应管路已清洗,过滤器滤网已拆出检查清洁并安装回。 d)补水定压装置预先开启,确保系统管路已注满水。 e)手动开启一次测热水循环泵,先将水泵出口阀门处于接近关闭的开度,然后缓慢打开水泵出口阀门,直到水泵进、出口压差满足水泵流量特性曲线下合适流量的位置,其中如果由于管路气体的关系,需要在小开度稳定一段时间,待系统压力平稳后,再缓慢调节出口阀门,直到接近并取水泵的流量特性曲线的流量合适值,此时用相同的方法开启另外一台水泵,手动调整另几台水泵的出口调节阀。将水泵泵组调整到几台并联水泵接近的工况。	1)流量计、平衡阀的安装符合要求	
	2)所有手动调节阀、电动阀、平衡阀已在全部开启状态	
	3)管路已清洗,过滤器已拆装清洁	
	4)定压补水装置已调试完成,管路补水完成	
	5)水泵运行正常,管路压力稳定,管路空气已经排尽,系统流量调整到设计流量	
	6)系统水平衡已经完成	
	7)末端系统的水流量均满足要求,并填完水平衡调试记录表;实测系统流量与设计流量的偏差值不于 10%	
	8)相关平衡阀和手动调节阀的开度位置已标定并做记号,有压差控制的平衡阀的压差设定值已按要求设定	

续表 11 – 35

测试流程	预期的结果	通过与否
f)采取合适的方法或措施确定系统总输送水量。 g)统计系统实际的输送流量,与设计流量作比较,通过手动调节阀调整系统总的输送流量到设计流量的 100% ~110%,并确保每台水泵的运行电流未超水泵的设计电流。 h)将相应水系统管路的平衡阀和手动调节阀分组编号采取,统计每台板换组一次侧的测试流量和设计流量作比值,以比值最小的为基准,由远及进调整第二小的板换手动平衡阀,直到其流量比值与基准接近,接着依次调整另外一组板换的手动平衡阀,直到一次侧板换的流量均平衡为止。 i)统计计算每台锅炉的热水流量,与设计流量作比较,以比值最小的作为基准点调整其他锅炉的手动调节阀门,确保每台锅炉的热水流量平衡。 j)调整数台水泵的出口调节阀门使数台水泵并联,流量在设计流量的 105% ~110% 左右,并且每台水泵的电流、转速、扬程满足设计要求。 k)相关自控承包商此时标定每台板换一次测的流量计量装置。	9)BMS 控制点相关的静压、流量数据已标定 10)系统调整平衡后水泵的参数满足要求,并填完水泵运行调试记录单水泵电机转速不超过额定转速 水泵的总流量偏差值不大于 10% 运行电流不超过电机额定电流水泵的吸入压力,水泵出口压力水泵的扬程在设计范围	

表 11 –36 水泵设备调试记录

单位(子单位)工程:　　　　　　　　　　　　　　　　　　　编号:

系统名称		系统编号	
设备名称		设备编号	
型号规格		安装区域	
检测依据			

序号	测试项目	设计值	铭牌值	实测值
1	电机转速(rpm)			
2	电机功率(kW)			
3	流量(m³/h)			
4	电压(V)			
5	电流(A)			
6	频率(Hz)			
7	吸入口压力(kPa)			
8	出口压力(kPa)			

续表 11 – 36

序号	测试项目	设计值	铭牌值	实测值
9	总扬程(mH_2O)			
评定意见				

监理单位(章)	施工单位(章)
年　月　日	年　月　日

表 11 – 37　水平衡调试记录表

系统名称					系统编号	
系统服务区域					文档编号	
系统设计总流量(m^3/h)					系统实测总流量(m^3/h)	
序号	设备名称	设备编号	设备位置	设计流量 (m^3/h)	实测流量 (m^3/h)	测试人/日期
1						
2						
3						
4						
5						
6						

评定意见：

建设单位签字	施工单位签字
现场代表：	调试负责人：

表 11 - 38 平衡阀调试记录表

系统名称				系统编号			
系统服务区域				文档编号			
系统设计总流量(m³/h)				系统实测总流量(m³/h)			
序号	平衡阀编号	平衡阀类型	平衡阀实测流量 CMH	设计流量（m³/h）	平衡阀开度	压差设定值（kPa）	测试人/日期
1							
2							
3							
4							
5							
6							
7							
8							
9							
10							
11							
12							
13							
14							
15							

评定意见：

建设单位签字	施工单位签字
现场代表：	调试负责人：

注意：测试单位需另附该水平衡系统设备平面布置图，并在该图纸上标注被测设备编号，要与本表的设备编号一致。

11.2.5 冷源系统调试

冷源系统调试见表 11 - 39 ~ 表 11 - 41。

表 11 −39　冷源系统调试

系统描述（空调冷源系统）

本项目的空调冷源系统是指提供建筑物空调冷源的冷水水力系统和主要冷源设备，水力系统主要包括一次侧冷冻水系统、二次侧冷冻水系统、冷却水系统。

系统的主要组成：冷冻机、冷却塔、水泵、板换、膨胀水箱等 AHU、PAU（含带转轮热回收）、VAV、FCU、平衡阀，电动阀、手动调节阀等；电气控制：DDC 控制器、变频器、静压传感器等

空调冷源系统的测试

目的	确保整个冷源系统可在非群控自控模式下正常运行
测试工具	流量计，管路平衡阀供应商的压差流量计量装置、压力表、万用表、钳形电流表、红外线温度仪等，所有测试工具都经过计量部门的校准，并在校准有效期内
测试条件	根据现场实际情况末端冷负荷不够的情况下，空调冷源系统的调试预计只能分别针对每台冷冻机配相应的冷却塔进行冷源系统调试
接受标准	主要冷源设备的运行功能达到设计要求
数据记录格	表 11.5.2 ~ 11.5.7

空调冷源系统测试前提（在测试前需确认以下工作完成）

1	冷冻机、冷却塔、冷冻水泵、冷却水泵、板换、加药装置等的单机调试已经完成
2	冷冻水系统、冷却水系统的冲洗已经完成
3	冷冻水系统、冷却水系统的水平衡调试已经完成
4	水处理系统已经完成并可以操作
5	冷机群控系统和 BMS 控制系统的单点动作已经完成，相关设备阀门等有反馈信号

表 11 −40　冷冻机开机运行

测试流程	预期的结果	通过与否
a) 冷冻机房现场阀门控制柜手动开启单台冷却塔管路电动碟阀。 b) 手动开启单台冷却塔的风扇。 c) 手动开启冷却水循环泵。 d) 通过冷冻机现场阀门控制柜开启冷冻水管路上的电动阀门全部开启。 e) 启动冷冻水二次泵，启动冷冻水一次泵。 f) 当达到冷冻水出水设定温度后记录冷机数据。	1) 冷机冷却水电动阀全开冷却塔电动阀门全开	
	2) 冷却塔电动风扇全开冷却塔电动风扇电流（设定频率下，非自控）： A 相 ___ Amps B 相 ___ Amps C 相 ___ Amps	
	3) 冷却水循环泵正常开启冷却水循环泵电流（设定频率下，非自控）： A 相 ___ Amps B 相 ___ Amps C 相 ___ Amps	

续表 11-40

测试流程	预期的结果	通过与否
	4)冷机冷冻水电动阀门全开,冷却塔电动阀门全开	
	5)冷冻水一次循环泵正常开启,冷冻水循环泵电流: A 相__ Amps B 相__ Amps C 相__ Amps	
a)冷冻机房现场阀门控制柜手动开启单台冷却塔管路电动碟阀。 b)手动开启单台冷却塔的风扇。 c)手动开启冷却水循环泵。 d)通过冷冻机现场阀门控制柜开启冷冻水管路上的电动阀门全部开启。 e)启动冷冻水二次泵,启动冷冻水一次泵。 f)当达到冷冻水出水设定温度后记录冷机数据。	6)冷机开启,冷冻机各项参数: 冷机设定出水温度__℃ 冷机冷冻水出水温度__℃ 冷机冷冻水回水温度__℃ 一次冷冻水流量__ m³/h 冷冻水侧机组压降__ kPa 冷却水出水温__℃ 冷却水回水温度__℃ 冷却水流量__ m³/h 冷却水侧机组压降__ kPa 冷机负荷百分比__% 冷机蒸发压力__ kPa 冷机冷凝压力__ kPa	
	7)冷机开启,冷却塔各项参数: 冷却塔冷却水进水温度__℃ 冷却塔冷却水出水温度__℃ 冷却塔冷却水流量__ m³/h 室外湿球温度__℃	

表 11 –41 冷机保护控制

测试流程	预期的结果	通过与否
a)手动降低冷机对应的冷却水泵频率至相应冷机冷却水最小流量值,冷机自动保护停机。 b)5 min 后再提升相应冷却水泵频率到单台冷机额定值。 c)手动复位冷机报警。 d)再次开启冷机。	1)冷却水流量低于__ m³/h,流量开关动作,冷机自动保护停机冷机有相关报警故障显示如采用压力传感器,压差设定值__ kPa 水泵保护电机频率设定值__ Hz 最小冷却流量的水泵频率测定值__ Hz	
	2)冷机再次启动设置时间间隔__ min	
e)运行 10 min 后关闭冻水水二次循环泵和调整冷冻水,一次循环泵的出口阀门开度至相应冷机冷冻水最小流量值,冷机自动保护停机。 f)5 min 后再开启相应冷冻水一次循环泵和二次循环泵。	3)冷机复位后能正常启机,运行正常	
	4)冷冻水流量低于__ m³/h,流量开关动作,冷机自动保护停机冷机有相关报警故障显示如采用压力传感器,压差设定值__ kPa	
g)手动复位冷机报警。 h)再次开启冷机。	5)冷机复位后能正常启机,运行正常	
i)整定冷凝压力保护值。 j)整定蒸发压力保护值。	6)冷机冷凝压力保护值__ kPa 冷机蒸发压力保护值__ kPa	
k)手动关闭冷机。	7)冷机关机正常	
l)手动关闭二次冷冻水泵。	8)一次、二次冷冻水泵关机正常	
m)手动关闭一次冷冻水泵。	9)冷冻水电动阀门全部关闭	
n)从阀门控制柜关闭冷机冷冻水电动阀。	10)冷却水泵关机正常	
o)手动关闭冷却水泵。	11)冷却水电动阀门全部关闭	
p)手动关闭冷却塔。 q)从阀门控制柜关闭冷机冷却水电动控制阀门,关闭相应冷却塔电动控制阀门。		

11.2.6 冷水末端水系统平衡调试

冷水末端水系统平衡调试见表 11 –42 ~ 表 11 –44。

表 11 –42 冷水末端水系统平衡调试

系统描述(空调冷水系统)

本项目的空调冷水系统是指提供建筑物空调冷源的冷水水力系统,主要包括一次侧冷冻水系统、二次侧冷冻水系统、冷却水系统。系统的主要组成:冷冻机、冷却塔、水泵、板换、膨胀水箱等;AHU、PAU(含带转轮热回收)、VAV、FCU 平衡阀,电动阀、手动调节阀等;电气控制:DDC 控制器、变频器、静压传感器等。

续表 11 – 42

空调冷水系统的平衡调整及测试	
目的	空调冷冻水、冷却水系统的总流量满足设计要求，各楼层空调冷冻水流量满足设计要求各空调主要设备的空调冷冻水流量满足设计要求（AHU、PAU 等）
测试工具	流量计、管路平衡阀供应商的压差流量计量装置、压力表，所有测试工具都经过计量部门的校准，并在校准有效期内
测试条件	在开始冷冻水、冷却水系统平衡调试前，需要确认所有影响冷水流量的每项工作已预先做好准备，例如各管路平衡阀已由平衡阀厂家预先计算初步设置好确保平衡阀在全开状态；管路的过滤器已检查清洁系统各个末端设备、支管主管路的设计流量已在系统图上标出并做好准备
接受标准	空调冷冻水、空调冷却水系统的总流量实际测量值与设计流量的偏差不大于 10%，主要空调设备冷冻水冷却水系统的实测流量与设计流量偏差不大于 5%
数据记录格	参见表 11.6.2、表 11.6.3
空调冷水系统平衡测试前提（在水平衡测试前需确认以下工作完成）	
1	水系统相应水泵、定压装置、冷却塔等的单机调试单已经完成
2	相应水系统管路的单机调试单已经完成
3	承包商已完成相应系统的管路冲洗并递交报告
4	在开始平衡测试前自控系统已完成安装和相应的调试

表 11 – 43　空调冷却水系统

测试流程	预期的结果	通过与否
a）确认末端所有管路的手动调节阀和隔离阀处于全开状态；电动阀处于全开状态，旁通阀处于全关状态。 b）系统管道已进满水。 c）管路自动排气装置已开启，所有平衡阀都预先初设设置好，确保平衡阀在全开位置。 d）相应管路已清洗，过滤器滤网已拆出检查清洁并安装回。 e）手动开启相应的水泵变频器，确认水泵的吸入压力和出口输出压力之差在设计范围之内并接近水泵的流量特性曲线，并确认马达运行电流，不超过电机额定值 f）采取合适的方法和措施确定系统水泵总输送水量。 g）统计系统实际的输送流量，与设计流量作比较，手动通过变频器调整水泵转速，调整系统总的输送流量到设计流量的 100% ~ 110%并确保水泵运行电流未超水泵设计电流。	1）平衡阀的安装符合要求	
	2）所有手动调节阀、电动阀、平衡阀已在全部开启状态	
	3）管路已按要求注满水，管路排气阀开启	
	4）管路已清洗，过滤器已拆装清洁	
	5）水泵运行正常，管路压力稳定，管路空气已经排尽，系统流量调整到设计流量	
	6）系统水平衡已经完成	
	7）末端系统的水流量均满足要求，并填完水平衡调试记录表，实测系统流量与设计流量的偏差值不大于 10%	
	8）相关平衡阀和手动调节阀的开度位置已标定并做记号，有压差控制的平衡阀的压差设定值已按要求设定	

续表 11−43

测试流程	预期的结果	通过与否
h)将相应冷却水系统管路平衡阀和手动调节阀分组编号。 i)测试每台冷却塔的实际流量(通过平衡阀厂家或超声波流量计)。 j)将每台冷却塔的实测流量与冷却塔设计流量作比较,以比例最低的冷却塔的冷却水流量作为基准开始调整比例第二低的冷却塔静态平衡阀的开度,使冷却水比例第二低的冷却塔冷却水流量与比例最低的一台冷却塔流量值匹配	9)BMS 控制点相关的静压、流量数据已标定	
k)依次调整主冷却水管路主分支管路的冷却塔平衡阀门,最终使主分支管路上的冷却塔冷却水流量都平衡。 l)如果主冷却水管路还有其他主分支管路,如上所述调整主分支管路的冷却塔,使第二条主分支管路的冷却塔冷却水流量都平衡。 m)比较两条主分支管路的冷却水流量实测值,与设计值作比较,以比例低的那条主支管路为基准,调整另外条主冷冻水支管路的静态平衡阀最终使两条主支管冷却水管路相互平衡。 n)此时测量冷却水系统的总流量,提升每台冷却水泵变频器的频率数,使实际冷却水系统总流量达到系统设计流量的110%,此时测量各台冷却水泵的实际电流值和电压值,并确认不超过额定电流值和电压值。 o)此时记录所有冷却水平衡阀的开度值,和手动调节阀的开度值,水泵的所有运行参数,及变频器的最大频率设定值。 p)因为配合冷却塔最低通过流量的确认分别开启三台冷却塔匹配三台冷却水泵。两台冷却塔匹配两台冷却水泵;单台大泵匹配单台大的冷却塔;单台小泵匹配单台小的冷却塔的水流量。分别记录下变频器的最大、最小频率值。各种情况最小变频器频率值需要满足过冷却塔的最低流量不低于设计流量的30%。 q)针对冬季冷却塔免费供冷情况下冷却水泵对应免费板换做平衡测试。 r)统计系统实际的冷却水输送流量,与设计流量作比较,手动通过变频器调整水泵转速,调整系统总的输送流量到设计流量的100%~110%,并确保水泵运行电流未超水泵设计电流。	10)系统调整平衡后水泵的参数满足要求,并填完水泵运行调试记录单,水泵电机转速不超过额定转速,水泵的总流量偏差值不大于10%,运行电流不超过电机额定电流,水泵的吸入压力、水泵出口压力、水泵的扬程在设计范围	

续表 11 –43

测试流程	预期的结果	通过与否
s)调整两台板换的平衡阀使两台免费板换的冷却水流量平衡。 t)测量此时冷却水系统的总流量调整水泵变频器转速使冷却水系统的总流量达到设计流量的110%。此时记录平衡阀开度和水泵的各个参数和变频器设定频率值 u)调整冷却水泵的频率使之的最小频率不低于单台大冷却塔额定流量的30%。 v)记录此时水泵的相关运行数据值和变频器最低频率的设定值。		

表 11 –44　冷冻水一次定流量二次变流量系统

测试流程	预期的结果	通过与否
a)考虑到当前实际情况冷冻水的平衡目前只能做冷冻水管路。	1)流量计、平衡阀的安装符合要求	
b)确认所有管路的手动调节阀和隔离阀处于全开状态;电动阀处于全开状态,旁通阀处于全关状态。	2)所有手动调节阀、电动阀、平衡阀已在全部开启状态	
c)管路自动排气装置已开启,所有平衡阀都预先初设设置好,确保平衡阀在全开位置。	3)管路已清洗,过滤器已拆装清洁	
d)相应管路已清洗,过滤器滤网已拆出检查清洁并安装回。	4)水泵运行正常,管路压力稳定,管路空气已经排尽,系统流量调整到设计流量	
e)冷冻水膨胀水箱已安装就位水位在合适位置,确认系统管路已注满水。	5)系统水平衡已经完成	
f)根据调试实际情况统计当前的冷冻水设计流量计算所需开启泵的台数;首先手动开启一台大的一次冷冻水循环泵,先将水泵出口阀门处于接近关闭的开度,然后缓慢打开水泵出口阀门,直到水泵进、出口压差满足水泵流量特性曲线下合适流量的位置,其中如果由于管路气体的关系,需要在小开度稳定一段时间,待系统压力平稳后,再缓慢调节出口阀门,使一次泵流量达到设计范围。	6)末端系统的水流量均满足要求,并填完水平衡调试记录表,实测系统流量与设计流量的偏差值不大于10% 7)相关平衡阀和手动调节阀的开度位置已标定并做记号,有压差控制的平衡阀的压差设定值已按要求设定 8)BMS 控制点相关的静压、流量数据已标定	
g)开启两台二次泵,在开之前的水泵频率设在较低频率,通过同时调整两台并联水泵的频率使其二次冷冻水的流量接近设计流量和一次泵运行流量,约在设计值的110%。	9)系统调整平衡后水泵的参数满足要求,并填完水泵运行调试记录单,水泵电机转速不超过额定转速水泵的总流量偏差值不大于10%运行电流不超过电机额定电流,水泵的吸入压力、水泵出口压力、水泵的扬程在设计范围	
h)此时分别测量一次水泵和二次水泵的电流和电压确认其在额定范围之内		

续表 11 – 44

测试流程	预期的结果	通过与否
i)将相应水系统管路的平衡阀和手动调节阀分组编号采取,通过平衡阀测量统计每个立管和实际二次冷冻水流量和设计冷冻水流量的比值,以比值最小的立管开始作空调冷冻水管路平衡。 j)以最不利立管的最不利楼层 AHU 实测流量和设计流量的比值为基准,开始调起其他楼层的 AHU 平衡阀使该立管的每台 AHU 的实测流量和设计流量的比值都趋于平衡。 k)同理以另外根立管最不利楼层 AHU 实测流量和设计流量的比值为基准,调整其他楼层的 AHU 平衡阀使该立管的冷冻水流量均平衡。 l)调整两根立管的平衡阀,使其冷冻水流量相互平衡。 m)测量整个楼冷冻水流量调整两台二次泵的频率,使其二次冷冻水流量在设计流量,调整一次泵的出口阀门使一次泵水流量匹配二次泵水流量并稍大于二次冷冻水流量,并确保其运行电流不超过额定电流。此时 BMS 校核冷冻水管路的压差值以此作为最大压差记录值。 n)当满足条件后,同理单独做冷冻水平衡。 o)待冷冻水平衡好以后开启两台冷冻水一次泵,使其一次泵流量达到设计流量值以上,此时开启二次泵,当同时开出后,先调整一次泵组出口阀门使其与二次泵流量匹配,再比较实测流量和设计流量的比值,调整主平衡阀,使冷冻水流量相互平衡;再次调整一次泵的流量使其比设计流量和二次冷冻水流量偏大一点。 p)轮流切换泵组的各台水泵,并记录下各台水泵的实际运行数据。 q)记录各个平衡阀和调节阀的开度参数。 r)针对免费供冷系统调整调整每台板换的平衡阀使其过免费板换的流量平衡。		

11.3 系统联动调试

带冷(热)源空调系统联动调试见表 11 – 45 和表 11 – 46。

表 11 – 45　带冷(热)源空调系统联动调试

系统描述(空调系统)
本项目的空调冷(热)源系统是指提供建筑物空调的所有设备和输送管路。 系统的主要组成:冷冻机、冷却塔、水泵、板换、膨胀水箱等;HU、PAU(含带转轮热回收)、VAV、FCU 平衡阀,电动阀、手动调节阀等;气控:DDC 控制器、变频器、静压传感器等 BMS 服务器、操作界面、 冷机群控界面

空调系统带冷源联动测试	
目的	确保整个系统带冷热负荷联动测试满足系统使用各项功能
调试工具	风量罩、微压计、CO_2 浓度计、声压计、流量计、管路平衡阀供应商的压差流量计量装置、压力表、万用表、钳形电流表、红外线温度仪等,所有测试工具都经过计量部门的校准,并在校准有效期内
测试条件	建筑物现场施工完毕,土建条件具备测试要求
接受标准	空调系统设备自动控制的联动运行功能达到设计要求 室内温度达到 25℃ ±2℃,相对湿度 55% ±10%
数据记录格	参见表 11.7.2
调系统带冷源联动测试前提(在测试前需确认以下工作完成)	
1	空调供冷所有设备的单机调试已经完成
2	空调风系统的平衡调试已经完成
3	空调水系统的平衡调试已经完成
4	冷源测试已经完成
5	冷机群控系统和 BMS 系统已施工完成并完成保证联动的所有工作

表 11 – 46　带冷(热)源空调系统联动调试测试流程和记录

测试流程	预期的结果	通过与否
a)冷冻机启动前通过冷机群控自动开启相关辅助设备。	1) 对应冷却塔冷却水电动蝶阀自动开启延时__s 后,冷却塔风扇自动开启,冷机冷却水管路电动蝶阀自动开启延时__s 后,冷却水泵自动开启延时__s 后,冷机冷冻水蝶阀自动开启延时__s 后,冷冻水一次泵自动启动延时__s 后,冷冻水二次泵自动启动所有电动阀门在 BMS 操作界面有开关和反馈数据。所有水泵有手自动反馈和运行状态反馈变频水泵有频率反馈,二次水泵供回水有压差反馈冷机冷冻水、冷却水有压差反馈(流量开关显示通断),冷却塔风扇有手自动反馈和运行状态反馈和变频器频率反馈,冷却水、冷冻水有供、回水温度反馈,自动加药装置运行正常,冷却水旁通水处理仪运行正常	

续表 11 –46

测试流程	预期的结果	通过与否
b)冷冻水泵冷却水泵故障的自动切换备用泵功能检查，分别短接冷却水泵和冷冻水泵的故障点。	2)BMS 操作界面分别有报警提示，同时自动切换备用冷却水泵和备用冷冻水泵	
c) BMS 末端所有楼层空调箱和 VAV 开启。	3)楼内的所有 AHU 和 PAU 按照 BMS 预设的时间程序依次开启所有 AHU 和 PAU 有手自动反馈和运行状态反馈，风机频率有反馈所有 AHU 和 PAU 的温、湿度传感器、静压传感器、CO$_2$ 浓度传感器、风压开关、滤网压差开关、冷热水阀开度、电动风阀、新风 VAV、排风 VAV 开度都有反馈信号 PAU 转轮启停、高压微雾相关监控点都有反馈所有 VAV 风阀开度，和风量都有数据反馈	
d)冷机开启。	4)冷机开启运行正常，BMS 操作界面有该冷机的运行状态和相关集成数据，运行一段时间后，冷机出水温度达到设定值 6.5℃，对应冷却塔风扇根据实际冷负荷变频运行，对应冷却水水泵根据实际冷却水供、回水温度变频运行	
e)由于 VAV 温控器没有安装，将预设的每台 AHU 空调箱回风温、湿度控制在 25℃/55% 降低到 23℃/55%，该操作在 BMS 操作界面上实际实施。	5)AHU 冷冻水阀根据实际设定回风温度值，开大冷冻水控制阀开度，楼层内的综合回风温度从 25℃ 控制到 23℃ 并趋于稳定	
f)调整 AHU 静压传感器的预设值从 150 Pa(需静态风平衡后实测)升到 200 Pa，调整 AHU 静压传感器的预设值 150 Pa 降到 100 Pa，该操作在 BMS 操作界面上实际实施。	6)当静压预设值升高后，AHU 风机变频器降低转速运行，当静压预设值降低后，AHU 风机变频器提高转速运行	
g)针对 AHU 和 PAU 的 BMS 功能性测试所有 CO$_2$ 先预设值预设在低于环境的浓度下 BMS 上自动关闭楼层内同 PAU 立管的 AHU 再次在 BMS 上开启该 AHU 该操作在 BMS 操作界面上实际实施。	7)AHU 风机关闭后，新风 VAV 风阀、排风 VAV 风阀关闭，冷冻水电动调节阀关闭 PAU 的送风和排风立管的静压传感器压力升高，PAU 的送风机和排风机变频器自动调节转速降低新风量和排风量 AHU 风机开启命令后，新风 VAV 风阀和排风 VAV 风阀再度开启后，AHU 风机启动，冷冻水调节阀根据回风总管温、湿度设定值自动调整，PAU 的送风和排风立管的静压传感器压力降低，PAU 的送风机和排风机变频器自动调节转速升高新风量和排风量	

续表 11 - 46

测试流程	预期的结果	通过与否
h)将 PAU 立管所带的 AHU 空调箱 CO_2 浓度设到以后使用的正常值 900 ppm 左右,随后将 CO_2 浓度设定值修改到低于环境 CO_2 浓度,该操作在 BMS 操作界面上实际实施。	8)AHU 新风 VAV 风阀开度变小,排风 VAV 风阀随着变小直到 CO_2 浓度值稳定,PAU 的送风和排风立管静压值随着增大,送风机和排风机的频率降低,直到新风、排风系统稳定;楼层 AHU 新风 VAV 风阀开度变大,排风 VAV 风阀随着变大直到 VAV 风量调节阀调整到最大开度 PAU 的送风和排风立管静压值随着变小,送风机和排风机的频率升高,直到新风、排风系统稳定	
i)选取一台 AHU,短接其故障点调整滤网压差开关到 150 Pa 调整风压开关高于实际运行风压值将 AHU 复位开启。	9)现场有故障指示灯,BMS 操作界面有故障报警,滤网压差开关在 BMS 操作界面有报警,风压开关有相关联动停风机,同时操作界面有报警信号,和相关风阀、水阀在 BMS 操作界面有反馈信号	
j)选取一台 PAU,短接其故障点调整滤网压差开关到 150 Pa,调整风压开关高于实际运行风压值,将 PAU 复位开启。	10)现场有故障指示灯,BMS 操作界面有故障报警,滤网压差开关在 BMS 操作界面有报警,风压开关有相关联动停风机,同时操作界面有报警信号,和相关风阀水阀在 BMS 操作界面有反馈信号	
k)选取 VAV,如有温控面板升高温控面板的温度设定值到 28℃,如果没有温控面板,BMS 手动调整 VAV 风阀开度减小恢复温控面板的设定温度到 25℃,恢复 VAV 风阀开度到原有位置。	11)VAV 根据温控面板的温度设定值,风阀开度减小,直到最小设定开度;BMS 手动调整 VAV 风阀开度,风阀能按开度要求动作,当 VAV 风阀开度变小后,变频风机的运行频率会减小,VAV 根据温控面板的温度设定值,风阀开度增大;BMS 手动调整 VAV 风阀开度风阀能按开度要求动作,当 VAV 风阀开度变大后,变频风机的运行频率会增大	
l)选取某个楼层的某台 AHU,将该台 AHU 所带 VAV 全部调整到最小开度,将该台 AHU 所附带区域的温度设定到 30℃,将 VAV 开度恢复到最大,将该台 AHU 所附带区域的温度设定改到 25℃。	12)该台 AHU 的静压值会根据阀门开度重新设定,设定的静压值比原预设值小,AHU 的风机首先运行到 AHU 最小频率,其后冷冻水阀开度变小,直到该区域的回风温度满足要求该台 AHU 的静压值会根据阀门开度重新设定,设定的静压值比原预设值大其后冷冻水阀开度大,直到该区域的回风温度满足要求	
m)PAU 出风温、湿度的设置检查。	13)PAU 出风温、湿度达到设计要求,PAU 热转轮动作	

续表 11 – 46

测试流程	预期的结果	通过与否
n)将所有 AHU 的回风温、湿度设到25℃稳定一段时间后，开始测试数据，在 VAV 全开静态风平衡下测试楼层各区域的温、湿度，相关数据记录表格。	14)由于是按设计风量开启 VAV，同时 VAV 没有温控面板操作房间内的温、湿度，和实际应该会有偏差，只是测一个整体数据做递交，此时在 BMS 操作界面上观察二次泵运行的频率值和二次冷冻水供、回水上的压差值在合适范围冷机的负荷，冷冻水的供回水温度，冷却水的供、回水温度，冷却水泵的变频频率和冷却塔风扇的变频频率都在合适范围(此项需要取决于当天的实际负荷情况)	
o)PAU 防冻控制的检查：阀与新风机联锁；防冻程序。	15)PAU 新风机开启时，新风阀联动开启，新风机关闭时联动关闭；冬季夜间及节假日期间，风机处于停止状态，当出风段的温度低于5℃时，PAU 电动二通阀开启、水泵开启，保证盘管中的水流运转，BMS 应能正确反馈以上信息。	
p)手动将所有楼层的冷冻水阀开度开到10%。	16)冷冻水二次泵最小频率工作，二次泵压差旁通阀开启，压差旁通阀开度有反馈	
q)关闭冷冻机。	17)冷冻机正常关闭，冷机群控和 BMS 操作界面冷机运行状态有显示	
r)按 BMS 时间顺序依次关闭末端 PAU 和 AHU 等末端设备。	18)PAU 和 AHU 等末端设备能按 BMS 时间顺序依次启停，相应自控风阀水阀都到正确位置	
s)冷机相应辅助设备依次关闭。	19)冷机手动关闭后冷机延时__ s，冷冻水二次泵停止，冷冻水一次泵停止延时__ s，冷冻水电动蝶阀关闭，冷却水温度旁通电动阀动作延时__ s，冷却水泵停止延时__ s，冷却塔风扇停止延时__ s，冷却塔电动蝶阀关闭，所有设备的状态反馈都在冷机群控和 BMS 操作界面显示正确	

说明：免费冷源的测试由于室外季节原因需要放到过渡季节实际(室外干球温度低于10℃)。

参考文献

［1］李志生.中央空调施工与调试［M］.北京：机械工业出版社，2010

［2］邵宗义，曹兴，邹声华.建筑设备施工安装技术［M］.北京：机械工业出版社，2012

［3］黄翔.空调工程.第二版.北京：机械工业出版社，2014

［4］廉乐明，谭羽非，吴家正，朱彤.工程热力学［M］.第五版.北京：中国建筑工业出版社，2007

［5］李树林，南晓红，冀兆良.制冷技术［M］.北京：机械工业出版社，2003

［6］薛志峰编著.既有建筑节能诊断及改造［M］.北京：中国建筑工业出版社，2007

［7］王志毅，谷波，周卫东，赵敬源.管道气压试验的应用［J］.暖通空调，2002，32（3）：119－120

［8］李金川.空调运行管理手册——原理、结构、安装、维修［M］.上海：上海交通大学出版社，2000

［9］冯玉琪，王佳慧.最新家用、商用中央空调技术手册——材料、选型、安装与排障［M］.北京：人民邮电出版社，2002

［10］谷波，王志毅，黎远光.空调房间风机停转故障的神经网络诊断.制冷空调新技术进展［M］.王如竹、丁国良主编上海交通大学出版社，2003：77－80

［11］李建军，王志毅，潘祖栋，杨松杰.降膜蒸发器螺杆冷水机组设计创新［J］.能源与环境，2013（3）：44－45

［12］方修睦.建筑环境测试技术［M］.北京：中国建筑工业出版社，2002